Zurück zum Schiff

Die Sorge-Bai

Aus den Schicksalstagen der Schröder-Stranz-Expedition

Von

Dr. Hermann Rüdiger

Mit 46 Bildern im Text und 5 Tafeln nach Zeichnungen u. photographischen Aufnahmen des **Marinemalers Christopher Rave** sowie einer Übersichtskarte

Berlin 1913

Druck und Verlag von Georg Reimer

Denen, die nicht heimkehrten,

Herbert Schröder-Stranz
August Sandleben
Dr. Max Mayr
Richard Schmidt
Dr. Erwin Detmers
Dr. Walter Moeser
Wilhelm Eberhard
Knut Stave

ein Denkmal der Erinnerung!

Vorwort.

An der Nordküste Spitzbergens unter dem 80. Breitengrad liegt die Sorge- oder Treurenberg-Bai. Sie bildet den Mittelpunkt in der Leidensgeschichte der Schröder-Stranz-Expedition; denn auf dem Wege nach oder von der Sorge-Bai sind die meisten Teilnehmer der Expedition verunglückt.

Die Geschicke der Schröder-Stranz-Expedition werden auf diesen Blättern geschildert. Das ist das erste, was dieses Buch will, ein Bericht sein über die vielleicht unglücklichste Expedition der bisherigen deutschen Polarforschung; ein Bericht, sich an den Fachmann wie an den Laien wendend, an jeden, der in irgendeiner Beziehung zu der deutschen Polarforschung steht, wie auch an alle, die in rein menschlicher Teilnahme um das Schicksal dieser Expedition gebangt haben.

Zum anderen will dieses Buch ein schlichtes Denkmal der Erinnerung sein den Männern, die voll stolzer Hoffnungen hinauszogen und nicht wieder heimkehren durften, den Verunglückten und Verschollenen unserer Expedition.

Und zum dritten will es Dank sagen. Vor allem meinem Freunde und Leidensgefährten, Marinemaler Christopher Rave, für die Rettung meines Lebens, eine Tat, für die Ein Hoher Senat der Freien und Hansestadt Hamburg ihm am 10. September 1913 die Rettungsmedaille verliehen hat. Nicht minder herzlich ist der Dank, der allen denen gilt, die durch Wort und Tat, daheim und draußen, in Deutschland und in Norwegen, die Hilfsexpeditionen organisiert und durchgeführt haben. Es sind ihrer so viele, daß es unmöglich ist, hier ihre Namen zu nennen.

Nur eins will dieses Buch nicht: Es polemisiert nicht. Von dem Kampf, der die Tagespresse durchtobt hat, in dem auch ich nicht schweigen durfte, hat sich nicht der leiseste Hauch in diesen Blättern niedergeschlagen. Verhüllt wird nichts, aber auch niemand wird angegriffen. Die Frage, warum die Expedition scheiterte, mußte deswegen letzten Endes offengelassen werden. Wer jedoch aufmerksam und ohne Vorurteil liest, dem werden — vorausgesetzt natürlich, daß er überhaupt in der Lage ist, sich über arktische Fragen ein Urteil zu bilden — die Gründe für das Scheitern der Expedition nicht verborgen bleiben.

Hamburg, den 11. Oktober 1913.

Dr. Hermann Rüdiger

Inhalts-Verzeichnis.

Verzeichnis der Abbildungen.

Die mit * versehenen Bilder nach Zeichnungen, die übrigen nach photographischen Aufnahmen des Marinemalers Rave.

I.

Vorbereitungen.

Die wissenschaftlichen und nautischen Mitglieder waren bereits längst für die Expedition gewonnen, als ich als letzter und jüngster Teilnehmer dazukam und aus der beschaulichen Stille der mecklenburgischen Landesuniversität in die Reichshauptstadt übersiedelte, um die wenigen Wochen, die mir noch bis zur Abreise nach Norden zur Verfügung standen, auf die Vorbereitung für meinen neuen Beruf zu verwenden.

Es ist immerhin ein bedeutungsvoller Moment im menschlichen Leben, der Entschluß Polarforscher zu werden, auch wenn es sich nur um die Teilnahme an einer einzigen Expedition handeln sollte, wird er immer irgendwie bestimmend fürs Leben sein. Es drängt mich daher, hier kurz zu entwickeln, wie ich zu dieser Entschließung kam. Sie beruht, wenn ich mich nicht selbst täusche, auf zwei Wurzeln, die bereits früh in meiner Entwickelung zutage traten und sich dann immer weiter und kräftiger entfalteten. Die eine ist die Freude an der Natur und die Lust zum Wandern, die schon den Schüler nach Wandervogelart nicht nur die nähere Umgebung der Vaterstadt Hamburg, sondern auch die anderen deutschen Gaue durchstreifen ließ, die dann dem Studenten die majestätische Pracht der Alpen erschloß. Sie veranlaßte mich auch, auf der Universität mich hauptsächlich geographischen Studien zuzuwenden, während eine vom Vater ererbte Neigung mich daneben zur Geschichte trieb. Die zweite Wurzel ist ein von jeher reges Interesse an der Polarforschung, das zuerst wohl nur in der Lektüre polarer Reisebeschreibungen bestand und das rasch entflammte Knabenherz mit dem sehnsüchtigen Wunsch erfüllte: „Ach, wer da mitreisen könnte!" Bald sammelte ich dann jede Zeitungsnotiz, die sich auf irgendein polares Ereignis bezog, und fing auch selbst an, literarisch tätig zu sein; so war mein erstes literarisches Erzeugnis eine Huldigung, die ich Fridtjof

Nansen zu seinem 45. Geburtstag (1906) darbrachte. Meine historisch-geographischen Studien und das Glück, an der Münchener Universität Schüler eines Geographen zu werden, der beide Polarzonen aus eigener Anschauung kannte, wirkten weiter in dieser Richtung und ließen mich in meiner Doktordissertation „Deutschlands Anteil an der Lösung der polaren Probleme" bearbeiten. Immerhin wußte ich wohl, daß von der Theorie zur Praxis noch ein weiter Weg war, und das war mir eine stete, geheime Sorge. Da fügte es der Zufall gelegentlich einer literarischen Arbeit, daß ich mit dem Geographen der „Deutschen Arktischen Expedition" Dr. Max Mayr, der mir bereits von München her persönlich bekannt war, in Verbindung trat, und so wurde ich Ozeanograph der Expedition.

Der Plan der „Deutschen Arktischen Expedition" verdankte seine Entstehung dem Kolberger Infanterieoffizier Schröder-Stranz. Wenn sich auch Leutnant Schröder-Stranz vorher weder als geographischer Forschungsreisender überhaupt, noch im besonderen auf dem Gebiete der Polarforschung betätigt hatte, so wußte man doch aus seiner Teilnahme an dem Feldzuge in Deutsch-Südwestafrika und aus seinen verschiedenen Reisen in Amerika, Russisch-Lappland und anderen Gegenden der Erde, daß man es hier mit einem energischen, an Strapazen gewöhnten Manne zu tun hatte, der wohl dazu befähigt schien, etwas wirklich Großes zu leisten. Jedenfalls zeigte der Plan seiner arktischen Expedition eine nicht zu leugnende Großzügigkeit und, was weit bedeutungsvoller ist, ein geschicktes Erfassen des richtigen Augenblicks.

Gewiß, der Schein des Epigonenhaften wird einer zweiten Bezwingung der nordöstlichen Durchfahrt, des Seewegs im Norden von Europa und Asien durch die Beringstraße zum Großen Ozean, immer anhaften, es ist eben doch nur eine Wiederholung der berühmten „Vega"-Fahrt A. E. v. Nordenskiölds. Und trotzdem gilt es hier eine Lücke in der modernen Polarforschung auszufüllen. Seitdem Amundsen die Nordwestpassage, den Seeweg im Norden Amerikas, durchfahren, seitdem die Umrisse der grönländischen Nordküste entschleiert, seitdem Peary von der amerikanischen Seite aus den Nordpol erreicht, darf man hier von einem gewissen Abschluß der Großforschung sprechen. Unbekannt ist noch der Teil des arktischen Beckens, der sich von der Beringstraße im Westen bis nach Crokerland — westlich von Nord-Grönland — im Osten erstreckt; es ist das Wirkungsfeld einer neuen amerikanischen

Expedition. Unbekannt ist auch die innerste Arktis nördlich des Streifens, der im Osten durch die Drift der „Jeanette", im Westen durch Nansen und die Route der „Fram" erforscht wurde; hierhin ist die Wiederholung der „Fram"-Drift unter Amundsens Leitung von der Beringstraße bis zur Grönlandsee gerichtet. Überall ist das Kartenbild erweitert und umgestaltet worden, werden auch in den nächsten Jahren neue Werte geschaffen werden. Nur an der asiatischen Seite regt sich nichts, und da wollte eben die Expedition von Schröder-Stranz eingreifen und gleichsam den Angriffsring rings um das Nordpolargebiet schließen. Daher ist ihr Plan auch von strengwissenschaftlicher Seite aufs lebhafteste begrüßt worden, ganz abgesehen von der Förderung, die Handel und Schiffahrt aus der Erkundung und Vermessung eines europäisch-sibirischen Seeweges erfahren können.

Sorgfältigste Vorbereitung ist eine der Vorbedingungen für das Gelingen jeder Polarexpedition. Erprobung des Proviants und der Ausrüstung wie Einarbeitung der Teilnehmer war daher der Hauptzweck der im Sommer 1912 unternommenen Studienreise oder Vorexpedition. Ähnlich wie Wilhelm Filchner im Jahre 1910 wählte Schröder-Stranz als Ziel derselben Spitzbergen, und zwar dessen unbekanntesten Teil, das Nordostland. Das entsprach weniger dem Rahmen einer sommerlichen Studienfahrt als der energischen Persönlichkeit dieses Mannes, die eben gleich etwas Ganzes leisten wollte, und der als Ziel ein Eindringen in das fast völlig unbekannte Innere des Nordostlandes und womöglich dessen Durchquerung vorschwebte.

Außer Mayr, der Geographie und Geologie vertrat, und mir nahmen an der Vorexpedition als Zoologe Dr. Erwin Detmers aus Hannover, als Botaniker Dr. Walter Moeser aus Berlin und als Künstler der Marinemaler Christopher Rave aus Hamburg teil. Die nautische Abteilung bestand aus dem für die Hauptexpedition in Aussicht genommenen 1. und 2. Offizier: Alfred Ritscher, bisher 2. Offizier bei der Hamburg-Amerika-Linie, und Kapitänleutnant a. D. August Sandleben, der zugleich meteorologisch arbeitete, während der Kapitän W. Berg, ein im Sibirischen Eismeer erprobter Schiffsführer, zur Aufsicht beim Bau des Schiffes für die Hauptexpedition in der Heimat zurückblieb.

* * *

Auf dem Land- oder Seewege reisten die verschiedenen Teilnehmer nach Tromsoe. Während der Geograph zu Studienzwecken noch in Kopenhagen, Stockholm und Kiruna, der Zoologe in Bergen Station machten, fuhren die Seeleute direkt auf dem schnellsten Wege, um ein geeignetes Schiff zu chartern und für dessen Instandsetzung Sorge zu tragen.

Ich selbst fuhr am 20. Juli von Hamburg aus mit dem norwegischen Dampfer „Capella", der unsere ganze Ausrüstung wie den Proviant als Ladung mit sich führte, bis auf die 24 Zughunde, gegen deren Mitnahme der Kapitän in Rücksicht auf die Ruhe seiner etwa 60 Passagiere aufs energischste protestiert hatte. Meine beiden Reisegefährten waren Dr. August Wedemeyer, ein Mitarbeiter der Deutschen Seewarte, dessen neues Ortsbestimmungsinstrument zum ersten Male während unserer Expedition praktische Verwendung finden sollte, und Leutnant Haupt, ein alter Regimentskamerad des Expeditionsleiters, dem dieser die Sorge für die richtige Überführung der wertvollen Ladung übertragen hatte. Diese Sorge übernahmen wir drei nun gemeinsam, aber viel Sorgen machte sie uns nicht, höchstens die Unterbringung einiger besonders diffiziler Instrumente wie der Chronometer oder des Marinebarometers, wobei uns jedoch der Kapitän des Schiffes sehr liebenswürdig entgegenkam. So konnten wir ungestört in vollen Zügen die herrliche Seereise genießen, das „ungestört" betone ich besonders, im Hinblick auf die drei Expeditionsteilnehmer, welche drei Tage später auf dem Dampfer „Castor" Hamburg verließen, und denen die Sorge für unsere Hunde, wie wir später erfuhren, die Fahrt recht verleidete. Wir dagegen hatten nichts weiter zu tun, während das Schiff gegen eine leichte nordwestliche Dünung anstampfte, als höchstens einmal nach unseren Kajaks und Schlitten zu sehen, die an Deck festgelascht waren.

In 34stündiger Reise wurde die norwegische Küste erreicht, und nun begann für uns jene reizvolle Fahrt entlang der Küste nach Norden, die alljährlich Tausende von Touristen aus aller Herren Länder anlockt, bald draußen am Rande des Ozeans vorbei an schildkrötenhaft abgerundeten Felsenriesen, bald durch das Gewirr niedriger Schären, und dann wieder zwischen den steiler werdenden Ufern eines Fjordes zu irgendeinem idyllisch gelegenen Hafenplätzchen. In Bergen hatten wir einen Tag Aufenthalt, den wir dazu benutzten, um Stadt und Umgegend kennen zu lernen, da uns ein Verweilen beim Umladen unserer Fracht zu langweilig erschien. Diese geschah in echt norwegischer Langsamkeit von der „Capella“ in den Leichter, vom Leichter in den Zollschuppen, von diesem wieder in den Leichter und dann endlich in den „Sigurd Jarl“, den Dampfer der uns weiter nach Norden führenden Schnellroute.

Unsere Fahrt wurde immer interessanter, die Bergformen großartiger und alpiner. Die wundervolle blaue Färbung des Wassers — besonders bei Molde —, die reizvollen Effekte, welche die Sonne auf den fernen mit Schnee und Eis bedeckten Höhen hervorzauberte, die immer heller werdenden Nächte, alles rief unser ganzes Entzücken wach, hielt uns ständig auf dem Oberdeck und ließ uns fast die Nachtruhe vergessen. So kam es, daß wir das Passieren des Polarkreises, das am 27. Juli 8 Uhr morgens erfolgte, glatt verschliefen.

In Bodö setzten wir zum ersten Male den Fuß auf polaren Boden, ohne daß uns irgend etwas Besonderes aufgefallen wäre, auch die Menschen, die sich wie überall bei der Ankunft und Abfahrt der Dampfschiffe am Kai einfanden, unterschieden sich in nichts von denen der gemäßigten Zone. Doch halt! eins war ja auffallend: Die Pelzkragen der jungen Mädchen — mitten im Sommer. Wir schauten auf das Thermometer, und wirklich war es erheblich kälter geworden; es zeigte kaum noch + 12° C. Außer dem Sinken der Temperatur erinnerte etwas anderes noch an die höhere Breite, die Klarheit der Luft, die das Schätzen von Höhen und Entfernungen so außerordentlich erschwert. Ein Berg, an dessen Fuß wir vorüberfuhren, dem ich 300—400 m zubilligte, war laut Karte 994 m hoch!

Am nächsten Morgen, es war ein Sonntag, näherten wir uns Tromsoe. Waren uns am Abend zuvor bei trübem, regnerischem Wetter die zackigen Felsen der Lofoten in ihrer ganzen hochnordischen Rauheit erschienen, so staunten wir jetzt: Je nördlicher wir kamen, desto lieblicher wurde die Landschaft. Auf beiden Seiten grüßten uns grünbewaldete Höhen, die sich mit den dahinterliegenden schneebedeckten Bergen in der ruhigen Flut spiegelten. Mittags 12 Uhr machte der „Sigurd Jarl“ an der Landungsbrücke von Tromsoe fest, auf der wir von Detmers, Mayr, Ritscher und Sandleben freundlichst begrüßt wurden.

* * *

Wenn uns auch in Tromsoe noch alle Segnungen der europäischen Kultur gleichsam zum Abschied in besonders reichem Maße zuteil wurden, so konnten wir doch an manchem merken, daß uns eine fremde Welt umgab. Drüben auf dem Festlande — Tromsoe liegt auf einer Insel — besuchten wir das Lager der dort im Sommer ansässigen Lappen, das aus wenigen, zerstreut liegenden Zelten besteht. Ihre Bewohner sind schmutzige, zwergenhafte Gestalten, die von dem Verkauf kleiner aus Renntiergeweih und -leder gefertigter Gegenstände leben. Daß sie unter der ständigen Berührung mit der Kultur entschieden gelitten haben, und daß auch ihre Ansiedelung mehr den Charakter eines Sonntagsnachmittagsausflugsortes der Tromsoeer trägt, konnten wir uns allerdings nicht verhehlen.

Da war es doch ein anderer Genuß, höher bergan zu klimmen, wo bald auch die niedrigen Birkenstämme aufhörten, wo nur Moose und Flechten ihr bescheidenes Dasein fristeten, und wenn plötzlich aus dem Nebel eine Herde flüchtiger Renntiere auftauchte, erst neugierig den Wanderer betrachtend, aber bald scheu von dannen stiebend, dann fühlte man die unmittelbare Nähe und den Zauber der arktischen Natur. Während eines solchen Ausfluges bestiegen Mayr und ich den etwa 800 m hohen Floifjeld; von der Besteigung des gut 400 m höheren Tromsdalstinds hielt uns leider ein plötzlich aufziehendes Unwetter ab.

Überhaupt war die Woche unseres Tromsoeer Aufenthalts reich an ergiebigen Regenfällen. Da war es nur gut, daß wir im „Grand Hotel" des Herrn Hansen so trefflich aufgehoben waren. In dem freundlichen „Laesevaerelse" desselben haben wir manche Stunde verplaudert, oft bis spät in die Nacht hinein, bei der dauernden Helligkeit uns über die Zeit täuschend, ähnlich wie die biederen Tromsoeer, die bis zur mitternächtlichen Stunde und länger in der Hauptstraße auf- und abpromenierten. Es gab ja auch so mancherlei zu erzählen und zu besprechen. Neben unserer eigenen nächsten Zukunft war es vor allem das jüngste Ereignis der Polarforschung, das unser aller Interesse erregte: Die Rückkehr des dänischen Kapitäns Mikkelsen und seines Begleiters Iversen aus Grönland, die man bereits für verloren gegeben, und die nun gerade in diesen Tagen nach dreijähriger Abwesenheit in Norwegen gelandet waren. Damals freilich konnten wir nicht ahnen, daß einigen von uns Ähnliches, wenn auch nicht solche jahrelangen Strapazen bevorstanden. Damals hatten wir ja auch alle Hände voll zu tun, um mit den Vorbereitungen bis zur Abreise fertig zu werden.

Am 1. August kamen Leutnant Schröder-Stranz, der Rest der Teilnehmer und die Hunde an. Tags zuvor war der Motorkutter „Sterling" für die Expedition gekauft worden. Der Abschluß des Kaufes hatte sich so lange hinausgezögert, weil man mit den Besitzern mehrerer Fangschiffe in Unterhandlungen stand. Die Wahl fiel schließlich auf den „Sterling", das seetüchtigste und geräumigste der in Betracht kommenden Schiffe. Es ist im Jahre 1878 aus Eichenholz erbaut und sein Rumpf zu zwei Dritteln durch eine eichene Eishaut verstärkt. Die Länge mißt 26 m, die Breite 5½ m, die Höhe von der Kiellinie bis zum Deck 5½ m; der Rauminhalt beträgt brutto 138, netto 61 Registertons. Es ist ein Zweimastschoner mit einem zweizylindrigen Bolinderpetroleummotor, dessen 45 Pferdekräfte ihm eine Geschwindigkeit von 5½ Seemeilen verleihen, während die Maximalgeschwindigkeit bei gleichzeitiger Benutzung von Motor und Segel 8 Seemeilen in der Stunde beträgt. Wenn auch beides, Größe wie Geschwindigkeit, nur bescheidenen Ansprüchen genügte, so durften wir trotzdem mit dem Kauf zufrieden sein, zumal das Schiff schon äußerlich einen schmucken Eindruck machte. Vorläufig sah es allerdings an Deck wild genug aus, und das wurde während der letzten Tage des Einladens und Auspackens bis zum Augenblick der Abreise eher schlimmer als besser.

Der Tag der Abreise rückte näher. Zum Abschied gab uns der österreichisch-ungarische Konsul Aagaard in seinem oberhalb der Stadt reizend im Grünen gelegenen Landhause, von dessen Terrasse man einen entzückenden Blick auf Stadt, Fjord und die Gebirgsszenerie des Festlandes genoß, ein Festessen. Bei dieser Gelegenheit lernten wir auch die schottischen Polarforscher Bruce und Brown kennen, die sich auf der Durchreise nach West-Spitzbergen befanden, wo sie geologische Untersuchungen vornehmen wollten.

Zwei Tage darauf, am Sonntagvormittag um 11 Uhr, waren der deutsche Konsul Jebens und Gemahlin und Konsul Aagaard nebst Tochter Gäste an Bord unseres Schiffes. Aus dem Tromsoeer Fangschiff „Sterling" wurde in feierlicher Taufhandlung, zu der allerdings das scheußliche Regenwetter wenig passen wollte, ein deutsches Expeditionsschiff „Herzog Ernst", benannt nach dem hohen Protektor der Expedition, dem Herzog Ernst von Sachsen-Altenburg. Der deutsche Konsul hielt die Taufrede, seine Gattin zerschlug eine Flasche deutschen Schaumweins an dem Buganker und unter dreifachem Hurra ging die deutsche Flagge am Großmast in die Höhe.

Eine Stunde später verließ „Herzog Ernst" den Tromsoeer Hafen und dampfte fjordabwärts, um am jenseitigen Ufer, wo bei einem Gehöft die Hunde untergebracht waren, vor Anker zu gehen. Von hier aus sollte am nächsten Vormittag die Ausreise angetreten werden. Ihr endgültiger Termin hatte sich ja leider allzuweit hinausgeschoben, so daß Leutnant Schröder-Stranz uns mitteilte, es müßte immerhin wegen der vorgerückten Jahreszeit nicht nur mit der Möglichkeit, sondern sogar mit der Wahrscheinlichkeit einer Überwinterung gerechnet werden. Das war für die meisten von uns, die wir darauf nicht vorbereitet waren, eine höchst unliebsame Überraschung, aber deswegen im letzten Moment umkehren, dazu mochte sich doch keiner entschließen. Lieber gab man sich der Hoffnung hin, daß es eben doch anders käme und man vor Anbruch der Winternacht wieder in der Heimat wäre. Wie sehr wir uns freilich in dieser Hoffnung täuschten, das konnten wir damals noch nicht ahnen!

Abfahrt von Tromsoe.
Ritscher. Schröder-Stranz.

Mitternachtssonne.

II.

Von Tromsoe bis zur Magdalena-Bai.

In der Nacht vom 4. auf den 5. August schliefen wir vier Gelehrten bereits an Bord, mittschiffs in unserer kleinen Sechsmännerkajüte, während Rave und Schmidt noch in Tromsoe blieben. Der Montagmorgen brachte nach den letzten Regentagen frisches, sonniges Wetter. In zweistündiger Arbeit wurden die Hunde vom Lande herübergeschafft und an Deck festgemacht. Bis zur Abfahrt vergingen aber doch noch mehrere Stunden: Photographische Aufnahmen und das Nachholen einiger in Tromsoe vergessener Sachen ließen es fast Mittag werden. Endlich wurde der Anker gehievt, und wir dampften dem Meere zu. In einem kleinen Motorboote gaben uns Dr. Wedemeyer und unser Hotelwirt Hansen ein Stück Wegs das Geleite. Dann ein kurzer Abschiedsruf, ein Winken her- und hinüber, und ein jeder von uns ging an seine Arbeit.

Es gab mehr als genug zu tun, uns einzurichten und alles einigermaßen fest zu verstauen, bevor wir auf die offene See kamen. Über und unter Deck herrschte immer noch ein wüstes Durcheinander, bei den beengten Raumverhältnissen und den vielen Menschen, Hunden und tausenderlei Sachen, die alle Platz haben wollten, schließlich kein Wunder. Allein die 24 Hunde auf dem im ganzen nur 26 Meter langen Schiff, wieviel Platz nahmen sie in Anspruch! Jeder mußte so angebunden sein, daß er mit seinem lieben Nächsten keine Rauferei anfing. Aber 24 Hunde nehmen nicht nur Platz fort, — sie machen auch unbeschreiblich viel Lärm und — Dreck, und sie wollen außerdem gefüttert und getränkt sein. Kurz sie bringen Arbeit und Unruhe in Menge mit sich, so daß selbst ein Hundefreund gelegentlich darüber in Verzweiflung geraten kann.

An Deck war es sowieso schon eng genug. Ganz vorn stand die Ankerwinde, dahinter der Eingang zum Mannschaftslogis. Zu beiden Seiten lagen Haufen von Ankerketten und weiter rückwärts an jeder Seite ein Wasserfaß. Zu Füßen des Großmastes befanden sich Oberlicht und Treppenüberdachung der Mittschiffskajüten. Ohne weitere Zwischenräume folgten dann die Luke zum Laderaum, eine große Proviantkiste, die Kombüse, Oberlicht und Eingang zum Maschinenraum und — nach dem schmalen Querweg für die Taljen des Großgaffelbaums — die Oberbauten der eigentlichen Kajüte, aus welcher der Besanmast emporragte. Dahinter schließlich das Steuerruder und die W.-C.

Zwischen und neben alledem wäre wohl hinreichend Platz für die Hunde und für das Bewegen der Schiffsbewohner gewesen, wenn nicht eben noch erheblich viel mehr, was im Laderaum nicht hatte verstaut werden können, dort gestanden hätte, wie Schlitten und Kajaks, Tonnen und Kisten, Ballen und Säcke. Da ist es begreiflich, daß ein Gang von nur ein paar Schritten über Deck nicht ohne Schwierigkeiten und Gefahren war, sei es daß man über irgend etwas stolperte, sei es daß man jemand bei irgendeiner Arbeit in den Weg lief oder endlich einem Hunde auf die Pfoten trat und zum Dank dafür auch noch gebissen werden konnte.

Unter Deck war man — zunächst wenigstens — von den Hunden verschont, aber im übrigen sah es hier nicht besser aus. Der Mannschaftsraum mochte wohl eine rühmliche Ausnahme bilden, denn erstens nehmen Seeleute nicht viele Sachen mit auf die Reise und zweitens sind sie an die engen Verhältnisse gewöhnt. Hier wohnten unsere fünf norwegischen Matrosen, sämtlich gebürtige Tromsoeer und mit den Gefahren des Eismeeres vertraut: August Stenersen, zugleich Eislotse, Einar Rotvold, die Brüder Julius und Jörgen Jensen und der Koch Knut Stave. Auch in der Kajüte, dem Wohn- und Schlafraum Ritschers, Sandlebens und des Maschinisten Eberhard herrschte bereits leidliche Ordnung, da sie zugleich während der Fahrt als Navigations- und Kartenraum dienen mußte. Am schlimmsten war es im Mittschiff. Hausten wir hier doch zu siebent: Die Expeditionsleitung im Verein mit Kunst und Wissenschaft! Rechts des schmalen Mittelganges lagen zwei kleine Einzelkammern, die erste für den Leutnant, die zweite als Dunkelkammer für Rave bestimmt. Links befand sich die Sechsmännerkajüte, in der die vier Gelehrten, der Künstler und Schmidt, der Sekretär des Leiters, wohnten. Vier Kojen lagen hier längs der Schiffswand, zwei quer dazu — je zwei übereinander; eine Kommode, die gleichzeitig als Tisch diente, ein Waschtisch, eine Bank, unmittelbar vor den unteren Längskojen befestigt, und ein Ofen bildeten die gesamte Einrichtung. Zum Schlafen war genügend Platz vorhanden, wenn auch die Längsten von uns einen Teil ihrer Glieder aus der Koje heraushängen lassen mußten, aber zum Sitzen reichte der Raum nicht. So mußte sich bei den Mahlzeiten mindestens einer draußen im Flur niederlassen. — Wo sollten wir all' unsere Sachen lassen? An ein Auspacken war gar nicht zu denken. Das Wichtigste kam in die Kojen, als Kopfkissen oder unter die Matratze; das meiste blieb im Zeugsack und Rucksack, die unter den Kojen verstaut wurden. Zum Glück konnten die Bücher, Instrumente und Apparate zum Teil in der Dunkelkammer und in einem Wandschrank auf dem Flur untergebracht werden. Vieles mußte jedoch zunächst unausgepackt an Deck oder im Raum stehen bleiben.

Über all' der Packerei blieb uns wenig Zeit, die Fahrt selbst zu genießen. Bei herrlichem Sonnenschein dampften wir durch eine malerische Fjordlandschaft mit grün prangenden Uferhügeln, von denen freundliche Gehöfte wie grüßend zu uns hinübersahen. Allmählich, je näher wir dem Ozean kamen, desto kahler wurden die Höhen, desto monotoner das ganze Bild; nichts als nackter Fels!

Um 7 Uhr abends erreichten wir das offene Meer und nahmen Kurs N ¼ O. Es war fast windstill, aber von Osten kam eine hohe Dünung, die unser kleines Schiff bald tüchtig rollen ließ. Nur gut, daß alles einigermaßen weggestaut oder festgelascht war! Auch die Menschen verschwanden bald von Deck und stauten sich in ihre Kojen. Als ich um 10 Uhr in unsere Kajüte kam, lagen hier bereits vier Kranke. Bei diesem Anblick hatte ich nichts Eiligeres zu tun, als noch einmal rasch hinaufzustürzen, um mich dann zu ihnen zu legen.

Der zweite Tag brachte wenig Veränderungen. Der Kurs blieb derselbe, die Dünung war gleich stark. Gegen Morgen waren die Segel gesetzt worden, aber da der Wind von Norden kam, halfen sie dem Motor nur wenig. Längst war die norwegische Küste hinter uns versunken; nur Wasser und Himmel umgaben uns ringsum, so weit das Auge reichte, und man glaubte bei der Klarheit des Himmels unermeßlich weit blicken zu können. Mittschiffs blieben die meisten in den Kojen liegen, da unser Schiff unaufhaltsam wacker auf- und niederstampfte. Außerdem war es an Deck trotz des warmen Sonnenscheins unangenehm naß und kalt. Das merkte ich erst, als ich, von der Kombüse kommend, plötzlich auf dem Maschinisten lag, während der Teller in Stücke sprang, Fisch und Kartoffeln aber ein paar Hunden ins Maul rollten.

Am folgenden Tage, dem 7. August, kam um 11 Uhr vormittags die Bäreninsel in Sicht. Die Dünung hatte sich gelegt, und eine frische Brise kam auf. Alles stand an Deck; kein einziger blieb in der Koje. Zuletzt tauchte der Geograph auf, zwar noch etwas blaß, aber erleichtert aufatmend, als er die Insel erblickte: „Herrgottsakra, endlich amal a Land! Wenn i bloß aussteigen könnt!" — Eine Landung war nicht beabsichtigt, da wir möglichst schnell weiter nach Norden wollten. Aber während der Vorbeifahrt an der Westseite der Insel von 2 bis ½4 Uhr war das Wetter so gut und die Aussicht so günstig, daß wir wohl von besonderem Glück reden durften.

Die Bäreninsel wird nur selten einmal besucht. Um die letzte Jahrhundertwende war sie und ihre wirtschaftliche Ausbeutung das Ziel mehrerer von Deutschland ausgehender Expeditionen: Man wollte der buchtenlosen Insel einen künstlichen Hafen schaffen, wollte die dort anstehenden Kohlen abbauen und möglichst rationellen Fischfang treiben. Über die Vorexpeditionen, die mit wissenschaftlichen und praktischen Untersuchungen betraut waren, sind diese Unternehmen nicht hinausgelangt — vielleicht zu ihrem Vorteil! Bis heute hat die Insel keine Bewohner gehabt, außer einigen russischen Jägern und anderen Fangleuten, die dort freiwillig oder unfreiwillig überwintert haben. In trostloser Einsamkeit liegt sie da, umtost von Winden und Wellen, meist durch dichten

Nebel dem Auge des Vorüberfahrenden verborgen, denn warme und kalte Meeresströmungen berühren hier einander.

Auch wir, an der Westseite der Insel, konnten deutlich die abkühlende Wirkung des Polarstromes spüren: Luft- und Wassertemperatur, die am Tage zuvor noch + 9,75° bzw. + 8,32° betragen hatten, sanken auf + 3,6° bzw. + 2,02° herab. Aber die Nebelwolken waren von dem frischen Wind vertrieben, und so sahen wir mit gespanntestem Interesse vom Schiff, das jetzt zum ersten Male allein mit Hilfe der Segel vorwärtseilte, zu dem felsigen Eiland hinüber. Nur der Gipfel der höchsten Erhebung der Insel, des Mount Misery, blieb hinter Wolken verborgen. Sonst erkannte man deutlich den allgemeinen Charakter der Insel: Ein völlig ödes Plateau, eine Wüste von Steinbrocken, mit ein paar noch übrig gebliebenen Schneeflecken dazwischen, zum Meer hin steil abstürzend. An dem steilen Felsufer schien das einzige auf der Insel überhaupt vorhandene Leben zu herrschen, Scharen unzähliger Vögel — meist Möven —, die auch kreischend unser Schiff umflogen und besonders den Zoologen, dessen Spezialstudium gerade die Ornithologie ist, begeisterten.

Mit nordöstlichen Kursen ging es weiter auf Spitzbergen zu. Über Nacht begann es aus Nordosten zu stürmen, so daß das Schiff — zwei Segel festgemacht, die anderen gerefft — hart gegen den Wind lag. Erst am Mittag des nächsten Tages — die Mittagsbestimmung ergab 76° 33′ n. Br. und 19° 35′ ö. L., wir waren also am Eingang des Stor-Fjords — wurde die See in der Nähe des Eises ruhiger. Es waren zunächst einzelne Schollen, deren Entfernung und Größe unser ungewohntes Auge gänzlich verkannte: Wir hielten für einen weit entfernten, zackigen Eisberg, was dann ein paar Minuten später als unbedeutende Scholle, von den nagenden Wellen phantastisch umgeformt, an uns vorübertrieb. Es folgten größere Treibeisfelder, und schließlich erblickte man am Horizont den weißschimmernden Streifen des dichten, ungebrochenen Packeises. Wir suchten ostwärts auszuweichen, aber bald zwang uns das Eis wie der Nebel zum Beidrehen. In unserer Nähe trieben zwei Fangschiffe, ebenfalls besseres Wetter abwartend. Der Kapitän eines derselben, den wir zu uns hinüberbaten, wußte wenig über die Eisverhältnisse weiter im Osten von Spitzbergen, aber dies wenige genügte, um unsere Hoffnung hier weiterzukommen auf ein Mindestmaß zu beschränken.

Trotzdem entwickelte sich in der Mittschiffskajüte bei der Wärme eines Petroleumofens ein ganz behagliches Leben. Ein jeder freute sich, daß das ungemütliche Schwanken endlich aufgehört hatte; über die Eisverhältnisse machte man sich vorläufig weniger Sorge. Doppelt angenehm war es auch unter Deck, weil draußen ein feiner Nebelregen niederging, der sich überall als Eis niederschlug; klatschend fielen die Eisstücke von den Wanten und Tauen herab. Die Temperatur war auf + 0,8° gesunken, die des Wassers sogar auf — 0,3°.

Die Hunde im Beiboot.

Die Hunde hatten, wie an den vorherigen Tagen unter dem Seegang, jetzt sehr unter der Nässe zu leiden. Zwei mußten bereits getötet werden. Daher traf der Leutnant die Anordnung, daß sie über Nacht in den Kajüten untergebracht werden sollten. Wir konnten dies zwar wohl begreiflich finden, uns aber in Anbetracht der Enge schlecht mit diesem Gedanken vertraut machen. Zum Glück kam Schmidt, der für die Hunde zu sorgen hatte, auf die Idee, einem Teil derselben in dem einen Beiboot, das während des Sturmes ganz auf Deck genommen war, unter einem großen Persenning sein Lager zu bereiten. So brauchten wir wenigstens nur fünf Hunde nachts bei uns aufzunehmen, immerhin schon genug!

Am folgenden Morgen (9. August) sollte eine ozeanologisch-zoologische Station gemacht werden. Brannten wir doch förmlich darauf, endlich etwas Wissenschaftliches leisten zu können. Bisher war dazu kaum Zeit und Gelegenheit gewesen, einmal, weil wir möglichst rasch nordwärts wollten, und weil außerdem die von uns, welche nicht seekrank waren, wegen der kleinen Zahl der Besatzung bei den Schiffsarbeiten halfen, sei es beim Proviantauspacken im Raum oder beim Tragen von Frischwasser für die Maschine. Der Leutnant ging uns hierin mit dem besten Beispiel voran, indem er den Maschinisten bei dem halbstündlichen Ölen des Motors ablöste.

Aber es kam anders, als geplant war. Früh um ½7 Uhr klarte es auf, und mit frischem südwestlichen Winde fuhren wir gen Nordwesten, wo vor uns die hohen Bergspitzen des Westufers des Stor-Fjords, also der Ostküste von West-Spitzbergen, auftauchten. Wir wollten versuchen, den hier liegenden Treibeisgürtel zu durchbrechen. Glückte uns dies, so war die Möglichkeit vorhanden, bis in das Innere des Stor-Fjords und von dort durch die Walter-Thymen-Straße oder den Helis-Sund in das östlich der Spitzbergen-Gruppe gelegene Meer zu gelangen und die fast völlig unbekannte Ostküste des Nordostlandes zu erreichen.

Zum besseren Verständnis des hier Gesagten wie des Folgenden verweise ich den Leser auf die Übersichtskarte am Ende des Buches. Die Spitzbergen-Gruppe besteht aus fünf größeren und einer großen Zahl kleiner Inseln. West-Spitzbergen und Nordostland, bei weitem die bedeutendsten der ersten Gruppe, werden durch die Hinlopen-Straße voneinander geschieden, gehören aber ihrer Geologie wie ihrer Form nach durchaus zusammen. Sie haben, wie E. v. Drygalski [1]) näher ausgeführt hat, die Form eines Keils, dessen breite Basis am 80. Breitengrad liegt und dessen Spitze — Spitzbergens Südkap — etwas über 76° n. Br. nach Süden hinabreicht. Diesem Keil sind die drei anderen Inseln vorgelagert: Seiner Westseite Prinz-Karl-Vorland, durch den Vorland-Sund von West-Spitzbergen getrennt, seiner Südostbegrenzung Barents-Land und Edge-Insel, durch einen vom Helis-Sund durchbrochenen, schmalen Isthmus fast mit West-Spitzbergen verknüpft. Barents-Land und Edge-Insel werden durch die Walter-Thymen-Straße voneinander geschieden, während sich zwischen ihnen und West-Spitzbergen der breite Stor-Fjord einschiebt, in dem wir uns jetzt befanden.

Die Ostseite Spitzbergens ist meist vom Eise blockiert, im Sommer wie im Winter. Ja, gerade im Sommer, wo das feste Eis weithin aufbricht, drängt hier von Osten und von Norden immer wieder neues Eis nach, ständig ernährt durch die das ganze Nordpolarbecken von der Beringstraße her durchziehende Eisdrift. Das Eis versperrt dann die Nordküste des Nordostlandes, die gesamte Ostküste Spitzbergens, erfüllt den südlichen Teil der Hinlopen-Straße und den Stor-Fjord und dringt sogar in einem Streifen längs der Küste West-Spitzbergens bis etwa zu deren Mitte wieder nordwärts. Demgegenüber ist die nördliche Hälfte der Westküste und ein Teil der Nordküste bis zur Hinlopen-Straße besser gestellt und häufig eisfrei, denn der erwärmende Einfluß der atlantischen Strömung macht sich bis hierhin geltend. Für die hervorragende Rolle, welche die Meeresströmungen spielen, hier vornehmlich in der Zugänglichkeit und Nichtzugänglichkeit der Küsten, ist dies einer der schönsten Beweise. Auch wir sollten ihre Gunst wie Ungunst nur zu bald kennen lernen!

Es gelang uns nicht, das Eis vor uns zu durchbrechen. Auf 77° 3′ n. Br. und 19° 17′ ö. L. mußten wir mittags wenden, und unverzüglich wurde der Entschluß gefaßt, im Westen um Spitzbergen herumzugehen und dann an der Nordküste, so weit es ging, ostwärts vorzudringen. Das war die einzige Möglichkeit, die uns noch blieb, nachdem wir es im Osten wie auf dem Mittelwege — eben dem Stor-Fjord — vergeblich versucht hatten. Zunächst mußten wir in südöstlicher Richtung wieder aus dem Treibeis heraus.

Bei den Fahrten durch das Eis trat an diesem Tage zum ersten Male der Eislotse in Tätigkeit. Wohlverstanden, ist ein norwegischer Eislotse nicht dasselbe oder auch nur annähernd etwas Ähnliches wie ein deutscher Lotse. Wir verstehen darunter einen älteren, erfahrenen Seemann, der meist bereits als Kapitän gefahren hat, jedenfalls das Patent als Schiffer für große Fahrt besitzen muß. An Tüchtigkeit und Verantwortlichkeit kann sich der Beruf des norwegischen Eislotsen nicht im entferntesten mit jenem messen. In einer amtlichen deutschen Veröffentlichung [2]) heißt es: „In Norwegen sind sogenannte Eis- und Spitzbergenlotsen zu erhalten. Dieselben sollen aber nur im Treibeis etwas nützen, da sie an der Himmelsfärbung feststellen können, wo die beste Durchfahrt durch das Eis ist. Das lerne man aber bald selbst, so daß man auch gut ohne Lotsen fahren könne.“ Unser Eislotse, ein älterer

Matrose, der zum ersten Male als Lotse fuhr, schien sogar von der Bedeutung der Himmelsfarbe — diesem ABC der Eisfahrer —, wie sich später herausstellte, keine Ahnung zu haben. Bei den ersten Fahrten im Eis, die für uns etwas ganz Neues waren, schauten wir voll Bewunderung hinauf zu dem Manne, der da oben in der Ausgucktonne, dem für alle Eisschiffe so typischen „Krähenneste", stand und durch laute Rufe das Schiff regierte. Unaufhörlich schallten die Kommandos zum Mann am Ruder herunter, abwechselnd „Backbord", „Steuerbord" und ein drittes Wort, halb norwegisch, halb englisch, dessen Orthographie mir nicht bekannt geworden ist; es entspricht unserem plattdeutschen Kommando „Stüdd em" (= stütz ihn) und bedeutet so viel wie ein Stützen oder Halten des Schiffes in dem augenblicklichen Kurse durch das Zurückdrehen des Ruders in die dem vorangegangenen Kommando entgegengesetzte Richtung und alsdann in die Längsrichtung des Schiffes. „Herzog Ernst" gehorchte dem Steuer außerordentlich gut; er drehte sozusagen wie auf dem Teller. Gespannt schauten wir diesen Manövern zu — ohne Zweifel war es einer der interessantesten Momente der bisherigen Reise. Schlag auf Schlag folgten Kommando und Ruderbewegung einander, und mit bewunderungswürdiger Sicherheit glitt das Schiff durch das Eis hin, überall die schmalen Rinnen und Durchlässe benutzend, ohne auch nur ein einziges Mal mit einem größeren Eisstück zu kollidieren.

Unmittelbar nachdem wir das Eis verlassen, begann der Seegang von neuem, der im Bereiche desselben fast völlig aufgehoben wird. Schwer stampfte unser kleiner Kahn gegen den Südwest an mit Kurs auf das Südkap. Abends um 7 Uhr mußten wir dann beidrehen, um bei dem Winde treibend ruhigeres Wetter abzuwarten.

Kurz vor Mitternacht ging es weiter, aber das Eis, welches rings das Südkap umlagerte, zwang uns zu einem weiten Umwege. Die Mittagsbeobachtung am 10. August ergab 76° 14′ n. Br. und 16° 55′ ö. L., also einen vollen Breitengrad südlicher als am Tage zuvor. Erst nachmittags um ½4 Uhr hatten wir im Westen die Breite des Südkaps erreicht, und nun strebten wir unaufhaltsam weiter nach Norden, immer entlang der Eisgrenze. Das Eis, das sich hier längs der Küste hinzog, wird am besten als Drifteis bezeichnet, da es um das Südkap herum in unmittelbarer Fühlung mit dem Lande nordwärts treibt. Dieselbe Erscheinung, in weit größerem Maßstabe allerdings, ist von den Küsten

Grönlands her bekannt: Der an der Ostküste südwärts gehende Polarstrom umströmt die Südspitze und versperrt oft längere Zeit den südlichen Teil der Westküste mit einer Eisbarre.

Das Wetter war regnerisch, die See jetzt ziemlich ruhig; die Temperatur betrug 2 Grad über 0. Trotz des Regens war uns doch gelegentlich ein Blick auf die Küste gegönnt, auf ihre zackigen Bergriesen und gewaltigen Gletscherbildungen. Die spitze Form der Berge erinnerte uns lebhaft an die Alpen; sie ist an der ganzen Westküste die vorherrschende, und ihr verdankt Spitzbergen auch seinen Namen.

Der erste Sonntag (11. August) an Bord war ein besonders langweiliger Tag. Wir fuhren auf nordwestlichem Kurse in 25 Seemeilen und mehr Abstand von der Küste, aber es war so trübe, daß wir vom Lande so gut wie nichts zu Gesicht bekamen. Auch gegen Abend, als wir in der Höhe des Prinz-Karl-Vorlandes der Küste näher kamen, blieb sie hinter einer undurchdringlichen Nebelwand verborgen. Eine Sonntagsfreude gab es aber doch, und das war ein besseres Mittagessen, womit es bisher traurig ausgesehen hatte. Unser norwegischer Koch konnte nämlich besser spucken als kochen. Das erstere verstand er ganz hervorragend, und mit tödlicher Sicherheit flogen aus seinem Munde die ausgekauten Tabakreste haarscharf an den Kochtöpfen vorbei zu Boden. Bewunderung und Grausen konnte darob den hierin nicht geübten Laien packen. Nur die Produkte seiner Kochkunst, Salzfisch, Salzfleisch und eine wässerige Kohlsuppe, fanden keine Bewunderer. Da er aber mit unserem deutschen Proviant nichts anzufangen wußte, mußten wir uns während der ersten Woche mit jenen begnügen. Am Sonntag wurde das nun zum ersten Male anders. Auf Bitten des Expeditionsleiters übernahm Rave die Verwaltung des Proviants, und wir lernten nun seine hervorragende Kochkunst kennen, die er im weiteren Verlauf der Reise unermüdlich in den Dienst der gemeinsamen Sache stellte. Wir waren ihm alle für diese selbstlose Aufopferung dankbar, zumal wir wußten, daß das Kochen in der niedrigen, engen Kombüse keineswegs ein Vergnügen war.

Der folgende Morgen fand uns alle an Deck in eifrigster Tätigkeit. Sollte doch kurz vor dem Erreichen der Nordküste im Smeerenberg-Sund Station gemacht werden! Während in dem einen Beiboot von einem Gletscherbach Frischwasser geholt werden sollte, wollten wir vom Schiff aus loten und dretschen wie überhaupt die ozeanologischen und zoologischen Apparate praktisch erproben. Dafür gab es noch mancherlei vorzubereiten; ich war zusammen mit dem Maschinisten damit beschäftigt, 500 Meter Draht auf die Trommel der Lotmaschine aufzuwickeln. Plötzlich — es mochte gegen 11 Uhr sein — tauchte aus dem Nebel die dunkele Silhouette eines großen Dampfers auf. Welcher der großen Touristendampfer mochte es wohl sein? Wir bedauerten, daß wir das bei dem Nebel nicht erkennen konnten, daß wir von dort aus auch kaum wahrgenommen würden, geschweige denn unsere deutsche Flagge, die sogleich am Mast in die Höhe gegangen war. Doch was ist das? Wir ändern ja den Kurs?! Da ruft auch schon der Leutnant über Deck: „Wir wollen dem Dampfer Post für die Heimat mitgeben." Im Nu war alles in den Kajüten verschwunden, suchte sich Bleistift und Papier — die paar noch vorhandenen Postkarten und Briefumschläge fanden reißenden Absatz — und schrieb im Fluge einige Zeilen an die Lieben daheim. Und wie im Fluge zogen auch die Gedanken heimwärts: Wie würden sie sich dort freuen über dieses unerwartete Lebenszeichen aus dem höchsten Norden! für wie lange — wer wußte das? — die letzte Kunde von uns!

Die zwei Seemeilen bis zur Küste waren viel zu rasch zurückgelegt. Als bald darauf das Kommando „Stopp, Maschine" ertönte, war der Maschinist nicht zu finden — natürlich, auch er saß beim Schreiben! Wir eilten wieder an Deck: Da lag vor uns einer jener modernen Schiffsriesen, die „Viktoria Luise" der Hamburg-Amerika-Linie, Deutschlands größter Vergnügungsdampfer! Hurra, ein deutsches Schiff also! Aber nicht das allein fesselte unseren Blick. Wo waren wir denn? Eben noch auf dem Meere, wo wir bei dem unsichtigen Wetter von der Küste nur einen schwachen Schatten gesehen hatten — und jetzt? — In einer der lieblichsten Baien ganz Spitzbergens, an einem seiner interessantesten Punkte, wo man auf verhältnismäßig kleinem Raum — die Bai ist etwa 6 Seemeilen lang und am Eingang 3 Seemeilen breit — von Berg- und Gletscherformen gleichsam eine Spitzbergische Mustersammlung vorfindet: in der Magdalena-Bai. Vier ihrer Gletscher reichen mit einer Steilwand bis ans Meer, der Waggonway-Gletscher, der in einer Breite von mehreren hundert Metern die Bai im Osten abschließt, an der Südseite der Gully- und der Adams-Gletscher und ein Gletscher an der Nordseite, während andere in starken Moränen endigen oder als Hängegletscher höher hinauf den Bergen ankleben.

Der Nebel war verschwunden. Vom Himmel, dessen Blau sich gegen einzelne schneeweiße Wolkenballen in seiner vollen Reinheit abhob, strahlte jetzt die Sonne herab und beleuchtete dieses eigenartig schöne Bild. Und inmitten dieser herrlichen Natur lag stolz und majestätisch das Riesenschiff, diese Schöpfung der vollendetsten Kultur — einer der denkbar größten Kontraste, für uns zugleich eine der lieblichsten Harmonien!

„Herzog Ernst" ging etwa eine halbe Seemeile vor dem Ostende des Adams-Gletschers, in der Mitte zwischen diesem und der „Viktoria Luise", vor Anker. Rasch sprangen alle, die irgend abkömmlich waren, in das herabgelassene Boot; nur der Botaniker hatte nichts für diesen Abstecher zur „Kultur" hinüber übrig.

Drüben war es ebenfalls lebendig geworden. Vielleicht war die Aufregung der zahlreichen Passagiere, ihre Erwartung, hier hoch im Norden etwas Besonderes zu erleben, größer als die unsrige. In dichten Reihen standen sie auf den Oberdecks, alle Augen, bewaffnet oder unbewaffnet, zahlreiche Kameras blitzten uns entgegen. Einzelne Hurrarufe ertönten, aber anscheinend hatte man unsere Flagge, die sich arg verwickelt hatte, nicht erkannt und wußte noch nicht recht, wer wir waren.

Oben empfing uns der erste Offizier Vollrath, der im Jahre zuvor als Kapitän die Yacht „Senta" des Herzogs von Sachsen-Altenburg auf einer Studienreise in den Spitzbergischen Gewässern geführt hatte, und geleitete uns zum Kapitän M. Meyer. Überall wurden wir aufs herzlichste begrüßt, von den Passagieren angestaunt, umringt und ausgefragt. Im Grunde hatten wir ja erst so wenig in der einen Woche seit unserer Abfahrt von Tromsoe erlebt, und doch schien es uns, als ob wir mindestens schon wochenlang unterwegs wären. Wir fühlten uns so eigentümlich fremd in der glänzenden Umgebung, so ganz anders als all' diese vielfach elegant gekleideten Menschen. Wir betrachteten einander, und wirklich, wir sahen abenteuerlich genug aus in unseren dicken Lodenanzügen und derben benagelten Schuhen, mit den von der ungewohnten Arbeit zerschrammten Händen, die ebenso wie die Gesichter seit Tagen wegen des Mangels an Frischwasser nicht gewaschen waren. Wie eigenartig schwer ging es sich auf den blitzblanken Dielen; man glaubte alle Augenblicke stolpern zu müssen, so sehr hatte man sich bereits an die schwankenden Bewegungen unserer Nußschale gewöhnt.

„Herzog Ernst“ vor dem Adams-Gletscher.

Und wiederum fühlte man sich so unaussprechlich wohl in dem hohen, prächtigen Rauchsalon, durch dessen Spiegelscheiben wir gerade sahen, wie der „Herzog Ernst" herüberkam und sich längsseits neben das Fallreep legte, — und dann erst beim Lunch am Kapitänstisch im großen Salon. Es waren köstliche, unvergeßliche Stunden, in denen wir uns — warum soll ichs leugnen? — ein wenig stolz vorkamen, wenn auch ohne unser Verdienst, so im Mittelpunkt des allgemeinen Interesses zu stehen. Einige von uns hatten das Glück, alte Bekannte zu treffen und Grüße aus dem Norden oder Süden unseres Vaterlandes zu erhalten; wer nicht so glücklich war, schloß bald neue Bekanntschaften. So lernten wir u. a. Professor Hergesell aus Straßburg und Professor Marcuse aus Berlin kennen. Sie wollten in Croßbai — der nächsten Bai, welche die „Viktoria Luise" auf ihrer Weiterfahrt nach Süden anlaufen würde — die seit Juli 1912 dort befindliche deutsche meteorologische Station mit den erforderlichen Apparaten für drahtlose Telegraphie ausstatten, so daß diese dann über die Station in Green Harbour (Eisfjord) mit Europa in Verbindung stände. Diese Mitteilung war für uns von größtem Interesse.

Als wir wieder an Deck kamen, sahen wir, wie es unten auf dem „Herzog Ernst" von Menschen wimmelte. Schnell begaben wir uns ebenfalls hinunter, um unseren Gegenbesuchern die Räume des Schiffes zu zeigen. Mit unverhohlener Neugier krochen sie — sogar einige junge Damen — bis in die äußersten Winkel hinein, bewunderten und bedauerten zugleich die Enge, in der wir hausten, und manch einer hätte wohl Lust gehabt, auf die Bequemlichkeiten seiner Vergnügungsreise zu verzichten und mit uns weiter gen Norden zu fahren. Da dies jedoch nicht anging, so ließ mancher liebenswürdige Besucher Zigarren, Süßigkeiten u. dergl. für uns zurück. Auch unsere Mannschaft erhielt von drüben reichliches Essen, und nicht am schlechtesten kamen die Hunde weg. Das wichtigste war aber, daß unsere sämtlichen Wasserfässer an Deck und im Raum frisch gespeist wurden. So brauchte deswegen kein besonderer Halt mehr gemacht zu werden, und daß aus der geplanten wissenschaftlichen Station wieder nichts wurde, darüber machte sich in diesen Stunden niemand von uns Sorgen.

Die „Viktoria Luise" hatte eigentlich schon um 2 Uhr ihre Reise fortsetzen wollen, aber es wurde nach 4 Uhr, bis die letzten Gäste von unserem Deck verschwanden. Die haltenden Taue wurden losgeworfen und während drüben die Bordkapelle vaterländische Weisen spielte, hievten wir den Anker. Da aber der Motor nicht anspringen wollte, konnten wir nicht zuerst die Bai verlassen. Während drüben spielend leicht mit Dampfkraft der Anker in die Höhe ging, flog noch manches Wort her- und hinüber. „Wie heißt Ihr Schiff eigentlich? Berlin oder Sterlin? es läßt sich nicht genau entziffern!" fragte laut eine Stimme. „Herzog Ernst" klang es zurück; aber wie kam denn das? wo war das

Besucher der „Viktoria Luise".

neue Namensbrett mit „Herzog Ernst. Hamburg" geblieben? Nur der hohe Seegang konnte es losgeschlagen haben! Eine diesbezügliche Erklärung folgte hinüber. Auch sämtliche Kameras waren wieder in Tätigkeit, und einem ganz Glücklichen ist es vielleicht gelungen, die blutige Rauferei, die einige Hunde gerade inszenierten, im Bilde festzuhalten.

Langsam setzte sich das Riesenschiff in Bewegung. Dreifache Hurras auf beiden Seiten. Sämtliche Oberdecks waren dicht besetzt mit Menschen, und kaum eins der zahllosen, kleinen Bullaugen bis zum untersten Heizraum hinab, aus dem nicht eine Hand oder ein Tuch uns zum Abschied zuwinkte. Schneller und schneller wurde die Fahrt. Wir standen, immer wieder grüßend, und schauten lange hinüber. Rasch hatte „Viktoria Luise“ das offene Meer erreicht; nun nahm sie Kurs nach Süden. Und während sie, immer kleiner werdend, allmählich ganz im Dunst der Heimat zu entschwand, merkten wir wohl, wie schwer uns auch dieser letzte Abschied von der Kultur gemacht worden war.

Spitzbergen.

III.

An der Nordküste Spitzbergens.

Die Magdalena-Bai liegt auf 79° 35′ n. Br. und 11° 13′ ö. L. Wir waren also nicht mehr weit vom 80. Parallel und damit von der Nordküste Spitzbergens entfernt. So unvergeßlich schön die Stunden in der Magdalena-Bai gewesen waren, nicht minder reizvoll war die Fahrt der nächsten Stunden. Da wir die ausgezeichneten Spezialkarten nach den Aufnahmen des Fürsten Albert von Monaco an Bord hatten, brauchten wir nicht die Nordwestecke Spitzbergens im offenen Meere zu umfahren, sondern konnten direkt unter Land und zwischen den Inseln, in welches dieses hier zerbrochen ist, bleiben. Zum ersten Male durften wir während der Fahrt den ganzen Zauber der arktischen Landschaft auf uns wirken lassen, als wir nun unmittelbar nach dem Verlassen der Magdalena-Bai durch das Süd-Gatt in den Smeerenberg-Sund einbogen. Zur Linken hatten wir Dänen- und Amsterdam-Insel, wo überall das nackte Gestein, anstehend oder tausendfältig zertrümmert, zutage tritt, aber nur kleine Gletscher entwickelt sind, während zur Rechten das Festland mächtige Gletscherbildungen trägt, auf denen das Auge voll Entzücken rötlich schimmernden Schnee erblickt; eine Alge (Sphaerella) ist es, die hier wächst und diesen Schimmer hervorruft. Außerdem durchfuhren wir hier eine Gegend, die in der Geschichte Spitzbergens eine bedeutende Rolle spielt. Ist doch der Smeerenberg-Sund Jahrhunderte hindurch einer der Hauptsammelplätze der europäischen Walfischfänger gewesen! Fanden doch auf der Dänen-Insel

Auf der Fahrt.

in neuerer Zeit die Luftschiffaufstiege Andrées und Wellmans statt, die zwar sämtlich scheiterten, aber eigentlich nicht so in einem Atem genannt werden sollten; denn wie Tragödie und Tragikomödie stehen sich diese beiden Unternehmen des Schweden und des Amerikaners gegenüber!

Vom Smeerenberg-Sund ging es ostwärts in den Fair-Haven, und nachdem wir auch den schmalen, nur 400 m breiten Norwegischen Sund glücklich passiert hatten, erreichten wir wieder das freie Meer. Wir waren jetzt an der Nordküste Spitzbergens, aber so weit das Auge blickte, war kein Eis zu sehen.

In der Breite des Horn-Sundes hatten wir zuletzt vereinzelte Treibeisbrocken gesehen; dort hatte die Wassertemperatur — 0,42°, die Lufttemperatur + 2° betragen. Je nördlicher wir kamen, desto mehr hatte sich der Einfluß der warmen atlantischen Strömung bemerkbar gemacht. In der Breite des Bel-Sundes waren die Temperaturen auf + 2,6° bzw. + 4,25° gestiegen, querab von der Südwestecke des Prinz-Karl-Vorlandes auf + 1,8° bzw. + 3,2° und im Fair-Haven auf + 2,82° bzw. + 4°. Nirgends waren wir in den beiden letzten Tagen auf Eis gestoßen, und jetzt schien auch die Nordküste offen vor uns dazuliegen.

Während das Schiff auf der spiegelglatten See weiter ostwärts eilte, fanden sich alle zehn Deutschen im Mittschiff ein, um diesen ereignisreichen Tag durch ein festliches Abendessen zu beschließen. Von der Speisenfolge will ich lieber schweigen, ihre Buntheit würde nur verwirren; sogar der Sekt fehlte nicht, wenn auch die Aluminiumbecher denen von uns, welche gerade keins der wenigen Wassergläser erwischt hatten, den Genuß etwas herabminderten. Jedenfalls waren wir in der fröhlichsten Stimmung, als wir nach dem Essen an Deck gingen. Während einer zur Ziehharmonika, dem wohl auf keinem Schiff fehlenden Matrosenklavier, griff, drehten sich ein paar im Tanze. Lange genossen wir die laue Luft der taghellen Nacht. Als wir endlich in den Kojen lagen, da mochte wohl mancher von uns daran denken, daß dies vielleicht der letzte ungetrübte Freudentag für ihn gewesen wäre. Und richtig — der Leutnant, der als letzter von Deck herunterkam, berichtete, am Horizont wären im Osten wie im Norden Eismassen aufgetaucht. Das erinnerte uns deutlich genug an den Ernst unserer Fahrt!

Am nächsten Tage mußte sich unser Schiff durch starkes Treibeis seinen Weg suchen. Zwar ist, wie im vorigen Kapitel auseinandergesetzt wurde, die Nordküste Spitzbergens häufig eisfrei, aber der Einfluß der warmen Meeresströmung ist doch bei weitem nicht stark genug, um die gewaltigen Eismassen für längere Zeit zu bewältigen. Wenn man sich klar macht, daß das eiserfüllte Nordpolarbecken etwa die 27fache Größe des Deutschen Reiches besitzt, daß sich dieses Eis in langsamer, aber ständiger Bewegung von der Beringstraße her über den Nordpol hin befindet, außerdem aber im Sommer infolge des immerwährenden Sonnenscheins allmählich aufbricht, von Wind und Wellen wie den wechselnden Gezeitenströmungen hin und her bewegt wird, dann dürfte es nicht mehr verwunderlich erscheinen, warum man hier bald offenes Wasser, bald loseres oder dichteres Treibeis, bald eine undurchdringliche Eisblockade antrifft, warum eine Umfahrung Spitzbergens im Norden und Osten immer nur als ein besonderer Glückszufall angesehen werden darf. Daher kommt es auch, daß eine völlige Umschiffung Spitzbergens meines Wissens überhaupt erst zweimal gelungen ist [3]).

Während dieser Eisfahrt erlegte der Leutnant die erste Bartrobbe, die sich auf einer nahen Eisscholle sonnte, durch einen wohlgezielten Schuß von Deck aus. Die Bartrobbe (Phoca barbata), auch Storkobbe genannt, ist heute die bei Spitzbergen am häufigsten vorkommende Seehundart; neben ihr findet sich auch häufig der kleine grönländische Seehund (Phoca groenlandica), während die Steinkobbe (Phoca hispida) weit seltener ist. Da sich auf dem Eise weiter entfernt noch mehrere Robben zeigten, wurde das eine Beiboot klargemacht und ging zur Jagd ab. Bald war es zwischen den Eisschollen verschwunden, so daß es uns nicht möglich war, die interessante Jagd zu beobachten. Du aber, freundlicher Leser, der du gewiß ebenso wie wir vor Jagdlust brennst, mögest vorläufig diese Leidenschaft bezähmen; du wirst uns später einmal auf einer Jagdfahrt begleiten. Ob du freilich Neigung verspürst, zusammen mit dem Ozeanographen, dem diese Gelegenheit, wo das Schiff mitten auf dem Meere zum ersten Male still lag, höchst willkommen war, das Lot in die Tiefe zu schicken und alsdann die hundert Meter Draht wieder emporzuwinden, das vermag ich nicht zu sagen. Mehr interessiert dich vielleicht das Ergebnis dieser ersten Lotung: Auf 80° 26′ n. Br. und 17° 30′ ö. L., also nördlich der Hinlopen-Straße und querab vom Nordkap Spitzbergens, betrug die Meerestiefe 98 Meter. Wir befanden uns hier demnach nicht in der Tiefsee, sondern in der Flachsee, die streng geographisch als Kontinentalstufe oder sogenannter Schelf bis etwa zur 200 m-Tiefenlinie hin zum Land und nicht zum Meer gerechnet wird. Auch die mit dem Schnapplot — einer Art kleinem Greifbagger — gewonnene Grundprobe, die aus kleinen Steinen, Quarziten, Hornstein, Tonschiefer u. a. bestand, war terrigen, d. h. sie war vom Lande her, sei es durch Wellen, Wind oder Eis, hierher verfrachtet. Auch Zoologe und Botaniker waren inzwischen nicht untätig geblieben. Der Schwabber, ein großes Bündel ausgefranster Taue, wurde ins Meer hinabgelassen und schon nach kurzer Zeit mit reicher Ausbeute wieder hervorgezogen. Über und über war es mit Lebewesen durchsetzt, und in die vielen

Seesterne und -igel, Korallen und Muscheln, Algen, Schnecken und Würmer durften sich die beiden Gelehrten redlich teilen.

Nun kam das Boot zurück mit zwei prächtigen Exemplaren. Die Matrosen hatten die Robben sogleich auf dem Eise aufgeschnitten und ausgeweidet, und nur das, was für uns Wert hatte, die gut genießbaren Rückenstücke und das Fell mit der mächtigen Speckschicht, wurde an Bord geschafft.

Einüben der Hunde im Schlittenziehen.

Ostnordöstlich ging es weiter durch das Eis, jetzt an der Nordküste des Nordostlandes entlang. Gegen Abend wurde das Schiff 2 bis 3 Seemeilen nördlich der Bird-Bai an einem riesigen Eisfelde festgemacht. Bald entwickelte sich auf dem Eise ein reges Leben. Die Hunde wurden heruntergelassen und tollten sich voll Freude herum; ein Teil wurde vor einen Schlitten gespannt, was natürlich nicht ohne allerlei Verwirrungen abging. Der Zoologe begab sich mit der Schrotflinte auf die Vogeljagd, während die anderen Gelehrten von Deck oder vom Eise aus Netze auswarfen, loteten und meteorologische Beobachtungen anstellten. Die Mannschaft schöpfte währenddessen vom Eise Wasser für die Maschine, was im Sommer eine überaus leichte Arbeit ist: Man braucht nur die obere, etwas härtere Schneekruste zu entfernen, darunter liegt weicher Schneebrei; in einer schnell hergestellten Vertiefung sammelt sich sogleich das beste Wasser von der Welt an. Inzwischen hatte Rave den kinematographischen Apparat aufgestellt, um dies lebhafte Treiben aufzunehmen. Und wahrlich, einen schöneren Rahmen konnte er sich für sein Bild nicht wünschen: Unter einem wolkenlosen Himmel die weite, weiße Fläche des Eises, unterbrochen von zahlreichen offenen Stellen, deren spiegelglattes Wasser fast schwarz erschien, dazwischen vereinzelte größere oder kleinere Blöcke bläulich schimmernden Gletschereises, Miniatureisberge, und als Hintergrund die dunkelen Berge der Küste von Shoal Point bis zum Nordkap und nördlich davon bis zu den Sieben Inseln, über den Bergen schließlich wie ein weißer Nebelstreifen die leichtgewellte Fläche des Inlandeises.

Als nach drei Stunden der Gezeitenstrom das Eis gegen das Land zu treiben begann, mußten wir schleunigst unsere Fahrt nach Osten fortsetzen. Fast den ganzen Tag über hatte der Eislotse seinen Platz in der Ausgucktonne nicht verlassen können. Jetzt fiel uns auf, wie er fortwährend mit dem großen Fernglase die Küste absuchte. Den Grund dafür sollten wir bald erfahren, denn plötzlich rief er herunter: „Isbjörn" (Eisbär). In ein paar Sekunden war das Boot heruntergelassen, der Leutnant und der Zoologe sprangen hinein und wurden von zwei Matrosen in der vom Eislotsen angegebenen Richtung an Land gerudert. Der Maler, der hinabgestürzt war, um einen photographischen Apparat zu holen und, wo möglich, den lebenden Bären auf die Platte zu bannen, mußte im Kajak hinterherrudern. Während das Schiff langsam in das Innere der kleinen Bai — hart südwestlich vom Nordkap — nachdampfte, standen wir alle an Deck und spähten mit unseren Gläsern nach dem Bären aus. Aber obwohl wir immer näher kamen und genau die Richtung wußten, in der wir zu suchen hatten, sahen wir so gut wie nichts; es gehört eben eine ganz beträchtliche Gewöhnung des Auges dazu, um einen Eisbären, der sich in nichts von seiner Umgebung unterscheidet, auf Kilometer weit zu erkennen!

Wer von uns die Schilderung eines abenteuerlichen Jagderlebnisses erwartete, der wurde durch den Bericht der an Bord zurückkehrenden Jäger arg enttäuscht. Der Bär war ruhig am Rande des Eises entlang getrabt und gleichsam in die beiden Kugeln hineingelaufen, die ihm der Leutnant und der etwas temperamentvoll veranlagte Zoologe

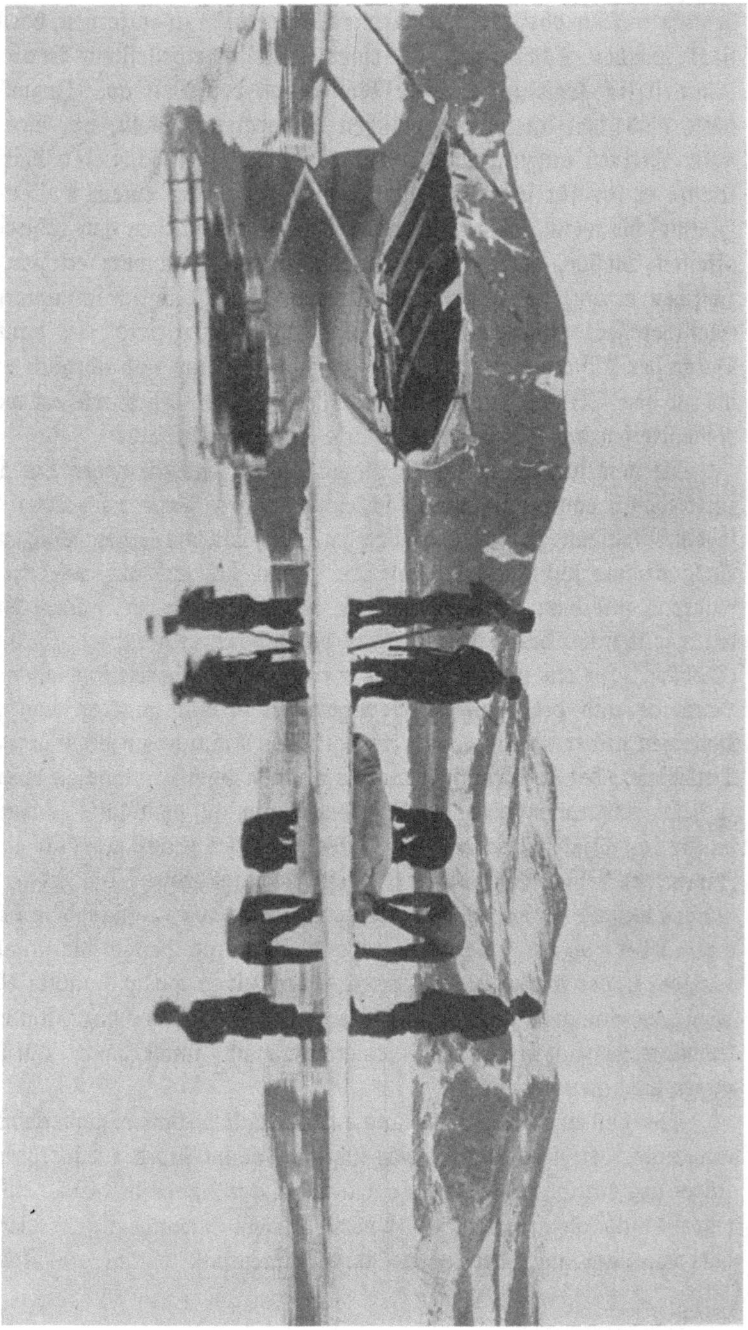

Der erste erlegte Eisbär.

— letzterer aus dem Kugellauf seines Schrotdrillings — in den Schädel entgegensandten. Jedenfalls war er sofort verendet, und dem nachkommenden Maler blieb nichts weiter übrig, als die glücklichen Schützen und die Leute beim Ausweiden aufzunehmen. Zum ersten Male war uns allen Gelegenheit geboten, „Eisbärenbeefsteak" zu essen. Das Bärenfleisch ist ebenso wie das Robbenfleisch grobfaserig, aber außerordentlich wohlschmeckend; letzteres besitzt eine dunkelrote, fast schwarze Farbe, ist aber von einer so angenehmen Milde im Geschmack, daß die meisten von uns es dem etwas strengeren und mehr wildähnlichen Bärenfleisch vorzogen.

Auf der Weiterfahrt passierten wir bald darauf das Nordkap, nördlich von dem nur noch die Sieben Inseln, die nördlichste Inselgruppe der alten Welt, liegen. Die Mitternachtssonne beleuchtete zauberisch schön seine felsigen Hänge. Wir hatten jetzt — wie einer von uns treffend auf die Hauptexpedition anspielte — in verhältnismäßig kurzer Zeit das Kap Tscheljuskin unserer Vorexpedition[4]) glücklich überwunden und durften uns, mit diesem Erfolge vorläufig zufrieden, zur Ruhe legen.

Aber schon 3 Seemeilen östlich vom Nordkap — auf 80° 30′ n. Br. und 21° 17′ ö. L. — mußte gewendet werden. Dichtes Treibeis verhinderte ein weiteres Vordringen, und deutlich war die Packeisgrenze zu erkennen, die sich von Kap Platen westwärts bis zwischen die Sieben Inseln hinzog.

Daher entschloß sich der Leutnant, den Plan der Schlittenexpedition zur Erforschung des Nordostlandes insofern zu ändern, als die Teilnehmer an derselben zunächst in einem der Beiboote so weit, wir irgend möglich, an der Küste ostwärts vordringen und dann erst die Landreise antreten sollten. An der Schlittenexpedition sollten der Leutnant selbst, Kapitänleutnant a. D. Sandleben, Dr. Mayr und Schmidt teilnehmen. Von einer Basisstation an der Küste wollten sie einige Vorstöße in das unbekannte Innere des Landes unternehmen. Es handelte sich hierbei um die Lösung der heute noch offenstehenden Frage, ob das Innere des Nordostlandes von einer einheitlichen Inlandeisdecke überzogen wird oder nicht. Denn seit der ersten und einzigen Durchquerung dieser Insel durch Nordenskiöld und Palander im Juni 1873[5]) hat die Gletscherforschung derartige Fortschritte gemacht, daß von einem neuen Marsch über dieses mächtige Binneneisgebiet wohl wichtige Resultate zu erhoffen waren.

Zu diesem Zweck sollte eine teilweise Durchquerung des Inneren bis zur Hinlopen-Straße durchgeführt, alsdann diese auf Kajaks durchfahren werden, um dann über Treurenberg-Bai, Wijde-Bai, Liefde-Bai, also durch den nördlichsten Teil Neu-Frieslands und West-Spitzbergens, bis zur Croß-Bai an der Westküste zu gelangen.

Die weitere Schiffsexpedition sollte — nach der Instruktion des Leiters — unter Führung des Kapitäns zunächst die Buchten der westlichen Hälfte der Nordküste des Nordostlandes besuchen und alsdann in der Treurenberg-Bai für die Teilnehmer an der Schlittenexpedition ein Proviantdepot errichten. In der Wijde-Bai, Wood-Bai, Liefde-Bai und bei der Moffen-Insel sollten Reihenlotungen und andere ozeanographische Untersuchungen vorgenommen und den Teilnehmern außerdem möglichst häufig Gelegenheit zu Landexkursionen geboten werden. Am nördlichen Teil der Westküste sollten diese Arbeiten fortgesetzt und auch ein Vorstoß ins offene Meer zu Tiefseeforschungen [6]) unternommen werden. In der Croß-Bai sollte das Schiff bis zum 15. Dezember die Schlittenexpedition erwarten; falls diese bis dahin nicht eingetroffen war und die Eisverhältnisse eine Heimreise noch gestatteten, sollte dieselbe — unter Zurücklassung von Proviant in der dortigen deutschen meteorologischen Station — sogleich angetreten werden.

Den 14. August über lag das Schiff am Rande des festen Eises des Beverly-Sundes, südsüdwestlich vom Nordkap. Von morgens 4 Uhr bis 12 Uhr nachts hatten wir alle hart an den Vorbereitungen für die Schlittenexpedition zu arbeiten. Wir waren so rechtschaffen müde, daß wir uns glücklich preisen durften, als am Tage darauf ein Maschinendefekt unsere Weiterfahrt bis zum Mittag verzögerte und wir wenigstens ausschlafen konnten. Es sollte der Versuch gemacht werden, mit dem Schiff, das schwer beladene Beiboot im Schlepptau, unsere Schlittenleute möglichst weit ostwärts zu bringen. Zum zweiten Male passierten wir das Nordkap. Bald danach begann wieder Treibeis das Weiterkommen zu erschweren, und auf 80° 26′ n. Br. und 21° 10′ ö. L. widerriet der Eislotse ein weiteres Vordringen. Doch um 4 Uhr nachmittags erreichten wir etwa die Mitte zwischen dem Nordkap und Kap Platen — 80° 25′ n. Br. und 21° 15′ ö. L. —, wo das ungebrochene Packeis uns ein unwiderrufliches Halt gebot.

Rasch wurde die gesamte Schlitten- und Bootsausrüstung ausgeladen: Sie bestand außer dem großen Beiboot aus drei Kajaks, zwei

Schlitten, den acht besten Hunden, zwei Zelten, den wissenschaftlichen Instrumenten, Waffen, Skiern, Schlafsäcken usw. usw. Dazu kam noch als wichtigstes der für etwa zwei bis drei Monate berechnete Proviant; ebensoviel sollte in der Treurenberg-Bai deponiert werden. Trotz der größten Eile und trotzdem alle mit Hand anlegten, dauerte es doch fast zwei Stunden, bis alles aufs Eis geschafft war, und es war nun die höchste Zeit, daß das Schiff aus dem Eis herauskam; denn unsere Lage am Rande des Packeises war höchst unsicher und die Bedenken des Eislotsen, so weit vorzugehen, wurden uns nun verständlicher. Mit dem Kentern des Gezeitenstromes begann sich das Treibeis gegen das Packeis zu schieben. Schon hatte sich vor dem Bug des Schiffes das Eis so dicht gestaut, daß ein Entweichen hier ausgeschlossen und nur noch rückwärts möglich war. Da versagte abermals der Motor! Kritische Momente folgten. Eine größere Scholle drängte gegen das Achterschiff und schob langsam das ganze Schiff gegen den Rand des festen Eises. Dadurch gerieten das Beiboot und ein Kajak unserer Schlittenleute in Gefahr zerquetscht zu werden. Glücklicherweise gelang es, sie in eine kleine Einbuchtung des Eises zu bugsieren und hier in Sicherheit zu bringen.

Aber der „Herzog Ernst" saß gefangen; ringsum hatte sich das Eis zusammengeschoben, und nicht die kleinste Rinne war offen geblieben. Zu unserem Glück herrschte völlige Windstille, so daß die unmittelbare Gefahr einer Eispressung nicht bestand, zumal auch die das Schiff umgebenden Eisschollen, die teilweise bis zu sieben Metern dick waren, keine scharfen Sporne, diese gefährlichsten Feinde eines Schiffsrumpfes, hatten. Unser Abschied von den Gefährten zögerte sich um einige Stunden hinaus, was ihnen und uns schließlich nicht unangenehm war, denn — wie zu erwarten — ging das Eis bei dem abermaligen Kentern des Stromes wieder so weit auseinander, daß wir um ½11 Uhr abends die Rückfahrt wagen konnten.

Die Stunde der endgültigen Trennung hatte nun geschlagen. Es war nur ein kurzer Augenblick, ein Abschiednehmen ohne Tränen und ohne viele Worte, wie es sich für Männer ziemt; aber wir waren doch ernst gestimmt, als ob mancher von uns ahnte, daß es der letzte Händedruck war, den er mit dem Gefährten austauschte. Was diese Trennung bedeutete, ihre ganze Tragweite zu ermessen, das war für uns unmöglich. Es war aber doch ein eigenartiges Gefühl, die vier Menschen mitten in

Nördlich vom Nordostlande — eine Stunde vor dem Abschied der Schlittenexpedition am 15. August 1912.

dieser Eiswüste zurückzulassen. Harte Arbeit harrte ihrer — das wußten wir wohl —, allein ihre ganze Habe an Land zu schaffen. Denn wenn auch das Eis, auf dem wir sie abgesetzt hatten, vom arktischen Seefahrer als „ungebrochenes Packeis" bezeichnet wird, so war es keineswegs eine ungebrochene, völlig ebene Fläche, sondern hatte der Spalten, Risse, Aufwölbungen und unsicheren Stellen genug, die ein Vorwärtskommen — und vor allem das Fortschaffen einer solchen Last — ungemein erschwerten und gefährdeten. Darüber lange Erwägungen anzustellen, hatten wir jetzt keine Gelegenheit; ja, wir hatten kaum Zeit, einmal nach den Zurückgebliebenen unsere Blicke zu wenden, während sie uns lange und vielleicht nicht ohne Wehmut nachgeschaut haben mögen.

Die Fahrt durch das Eis nahm unser aller ständige Aufmerksamkeit in Anspruch. Mit langen Stangen mußten wir die gegen das Schiff drängenden Schollen zurückhalten, auf jeden Fall aber zu verhindern suchen, daß sie mit den Schraubenflügeln in Kollision kamen. Geriet doch einmal eine mit ihrem scharfen Sporn unter das Heck, so mußte im Nu die Maschinenkuppelung ausgeschaltet werden. Oft schien ein Weiterkommen unmöglich; aber immer wieder entdeckte das spähende Auge des Eislotsen einen Ausweg. Manchmal allerdings mußte der Weg gewaltsam erzwungen werden. Dann rannte das Schiff mit voller Kraft dorthin, wo sich ein schmaler Spalt öffnete. Ein lauter Krach, ein Erzittern des ganzen Schiffsrumpfes, ein Schwanken der Masten, aber das Eis gab nach, die Schollen wichen auseinander, gerade so weit und so lange, um hindurchzuschlüpfen und sich dann ebenso rasch wieder zusammenzuschließen.

Endlich nach mehrstündiger Fahrt mehrten sich die offenen Rinnen. Statt des vielfach gewundenen Zickzackkurses konnte jetzt ziemlich geraden Wegs auf das Nordkap zugehalten werden. Alles atmete erleichtert auf. Auch der Eislotse, oben in der Ausgucktonne, brauchte seine Pflicht nicht mehr so ernst zu nehmen. „Backbord voraus zwei Storkobben auf dem Eise!" schallte es herunter. Der Kapitän eilte sogleich in die Kajüte, um ein Gewehr zu holen, — aber zum Schuß kam er nicht, denn die Storkobben entpuppten sich als zwei Tonnen, die wir vor einigen Tagen auf dem Eise hatten liegen lassen. Und das Gesicht des Eislotsen, der gerade, über den gelungenen Scherz schmunzelnd, aus seiner Höhe in elegantem Bogen herabspuckte, sagte uns deutlich, daß nicht er, sondern wir die Getäuschten waren.

Westwärts vom Nordkap waren im Laufe des 15. August gewaltige Eismassen zur Küste getrieben. So fanden wir unseren alten Liegeplatz im Beverly-Sund vom Eise besetzt und fuhren sogleich weiter nach Westen. Die enorme Veränderlichkeit der Eisverhältnisse zu dieser Jahreszeit konnte uns nicht deutlicher vor Augen geführt werden: Die Lage des Eises im Beverly-Sund gestern und heute wie auch die beiden, uns begegnenden Tonnen waren die besten Beweise dafür. Es wurde fast 6 Uhr früh, bis wir am festen Eise der Bird-Bai einen geeigneten Liegeplatz für das Schiff fanden.

* * *

Auf dem Eise beim Nordostlande.

An Bord des „Herzog Ernst" war es mit dem Abgang der Schlittenexpedition etwas ruhiger geworden. Zwar vermißten wir in den ersten Tagen schmerzlich die von uns geschiedenen Gefährten: Uns fehlte die ruhige, energische Persönlichkeit des Leutnants, uns Gelehrten das kundige Auge des Geologen, dessen wir bei unseren Landexkursionen bedurften, dem Kapitän die Hilfe des Kapitänleutnants oder des „Mr. Baas", wie ihn die Mannschaft titulierte, und nicht zum mindesten uns allen der immer lustige, stets gleich hilfsbereite Schmidt. Ihn mochten auch die an Bord zurückgebliebenen Hunde vermissen, denn der Botaniker, der jetzt ihre Pflege übernahm, vergaß es gelegentlich, sie zu füttern. — Ein Gutes hatte das Scheiden der Schlittenexpedition aber doch! „Wir haben — so schrieb ich am 16. August in mein Tagebuch — wenigstens etwas mehr Platz und beginnen uns jetzt auszudehnen und einzurichten, um endlich intensiv mit unseren wissenschaftlichen Arbeiten zu beginnen.“ In der Leutnantskammer wurden unsere Instrumente und Bücher untergebracht, und sie diente uns künftig als Arbeits- und Lesezimmer. Die Sechsmännerkajüte, die jetzt nur noch vier zu beherbergen hatte, wurde nun weit wohnlicher. Und nicht zuletzt auch an Deck war endlich mehr Platz. An der Steuerbordseite, wo das Beiboot, mehrere Schlitten, Kajaks und Hunde fehlten, wurde die Sigsbeesche Lotmaschine aufgestellt und auf der Reling eine kleinere Handwinde befestigt. Letztere diente für die Lotungen bis zu 200 Meter Tiefe, erstere für die Tiefseelotungen, das Messen von Tiefentemperaturen, das Schöpfen von Wasserproben und andere Arbeiten.

Während die drei anderen bereits in der Nacht an Land gegangen waren, machte ich mich in der Frühe des 17. auf den Weg, um zum ersten Male meinen Fuß auf spitzbergischen Boden zu setzen. Bis zur Nordecke der Bird-Bai waren es vom Schiff etwa dreiviertel Stunden. Über festes Baieneis führte der Weg dorthin. In der Nähe des Ufers hörte das wundervolle Schweigen auf, das einen bei windstillem Wetter fast überall in der arktischen Natur umfängt und ganz feierlich stimmt, und ein ständiges Knacken und Knistern im Eise war zu vernehmen. Infolge des Gezeitenwechsels hebt und senkt sich hier das Eis, und das sich in der Zwischenzeit bildende Jungeis verursacht diese Geräusche. Das Ufer besteht hier aus wild übereinandergetürmten, von der Gewalt der Meereswogen allseitig gerundeten Felsblöcken. Trotzdem ich nur Stock und Gewehr bei mir hatte, war das Klettern von Block zu Block äußerst schwierig, und ich mußte an die Gefährten der Schlittenexpedition denken, wenn sie ihre Schlitten etwa über solches Gelände auf das Hochplateau des Innern hinaufschaffen müßten. Verwitterungsboden schien zwischen den Geröllen, jedenfalls höher hinauf, ganz zu fehlen; nur weiche Moospolster breiteten sich aus, auf deren leuchtendem Grün das Auge voll Entzücken weilte. Unter den Moosen und zwischen den Steinen hörte man das Rieseln kleiner Wasserläufe, die unsichtbar hier zu Tal rannen. Südlich der Nordecke fand sich ein breiterer Bach, dessen Wasseradern sich weit zwischen und über dem Geröll ausbreiteten. Er entströmte einem kleinen Hängegletscher, der höher hinauf in einer Terrasse — die Küste steigt in zwei bis drei schwach erkennbaren Terrassen an — eingebettet lag. Eigentliche Gletscher finden sich in der Bird-Bai nicht, nur unbedeutende Hängegletscher, die wie Schneehalden an den höher gelegenen Partien der Berge hängen. Über das ziemlich flache innere Ende der Bai blickte man auf eine völlig schneebedeckte Hochfläche.

Gern wäre ich bis dorthin gestiegen, um festzustellen, ob diese Hochfläche mit dem vereisten Inneren des Nordostlandes im Zusammenhang steht, aber der Kapitän halte mich gebeten, wegen der veränderlichen Eisverhältnisse meine Tour nicht zu weit auszudehnen. Und in der Tat sah ich vom Lande aus deutlich, daß das Schiff in einer winzig schmalen Rinne offenen Wassers lag, während sich bis an den Horizont hin starkes, festes Treibeis erstreckte.

An der Küste des Nordostlandes.

In dieser Wasserrinne längs des Landes, das aus hohen Bergen besteht, die entweder steil abfallen oder in einem gewaltigen Geröllwall — ähnlich wie in der Bird-Bai — am Meere endigen, fuhren wir am Nachmittag desselben Tages nach Westen weiter und machten nach zweistündiger Fahrt am Eise der nächsten Bucht — der Brandy-Bai — fest. Die ganze Bai war noch vom festen Eis bedeckt, während sich draußen davor bereits eine dünne Jungeisdecke bildete, welche allerdings bei der Durchfahrt des Schiffes wie Glas klirrend zersprang.

Kaum war das Schiff festgemacht, so zeigte sich in der Ferne auf dem Eise ein Bär. Zwei Matrosen pürschten sich sogleich auf Schneeschuhen in weitem Bogen an ihn heran und suchten ihn dem Kapitän entgegenzutreiben, der sich in der Marschrichtung des Bären aufs Eis begeben hatte. Aber der Bär war dieses Mal schlauer als die Menschen; mit einer Kugel im Bein, die ihm der eine Matrose nachgeschickt zu haben behauptete, entwischte er zum Lande hin. Glücklicher waren wir am folgenden Tage — wir waren inzwischen weiter westwärts gedampft und befanden uns nordwestlich von Low-Island — in der Erbeutung eines Walrosses. Es lag am Rande eines größeren Eisfeldes und wurde

Erlegtes Walroß.

vom Boot aus — allerdings erst durch fünf Schüsse — getötet, ohne daß es Zeit fand, sich ins Wasser zu wälzen, wo uns die Beute, ob getroffen oder nicht, verloren gegangen wäre. Ein kapitales Exemplar: Allein das Fell ohne die Speckschicht mochte an 300 kg wiegen! Über und über war es mit Narben bedeckt, die von den vielen und heftigen Kämpfen zwischen diesen Tieren ein beredtes Zeugnis ablegten. Heute trifft man das Walroß in den spitzbergischen Gewässern nur noch vereinzelt an, es ist ein Opfer der unerbittlichen Verfolgungswut nordischer Fangleute geworden. Von der Westküste ist es schon lange ganz verdrängt; an der Nordküste traf man vor hundert Jahren noch Herden von 100 bis 200 Exemplaren, vor einem halben Jahrhundert — zur Zeit der ersten schwedischen wissenschaftlichen Expeditionen — nur mehr Haufen von 30 bis 40 Stück; an der Ostküste, wohin selten Schiffe vordringen, mag es auch heute noch zahlreicher vertreten sein.

Inzwischen trieb das Schiff. Während wir von der Brandy-Bai her durch ziemlich dichtes Treibeis uns unseren Weg hatten suchen müssen, war das Wasser hier in der Nähe von Low-Island verhältnismäßig offen und daher der Motor während der Jagd auf das Walroß abgestellt worden. Dies wäre fast unser Verhängnis geworden! Denn trotz der herrschenden völligen Windstille war die Strömung recht stark, so daß das Schiff in die bedrohliche Nähe eines Eisberges geriet.

Die Kollision mit einem Eisberg gehört nächst der Pressung durch Packeis zu den furchtbarsten Gefahren der polaren Schiffahrt. Schon durch die geringste Erschütterung kann ein Eisberg zum Kentern gebracht werden, wieviel mehr noch durch den Zusammenstoß mit einem Schiffe, das dann in den meisten Fällen verloren sein wird. Der Eisberg, den wir hier vor uns hatten, war etwa 50 Meter lang und 15 Meter hoch; da die Eisberge in der Regel nur mit einem Siebentel ihrer Gesamthöhe aus dem Wasser aufragen, die Wassertiefe beim Schiff aber nur 17 Meter betrug, so saß er anscheinend auf Grund fest. Trotzdem war es geraten, um jeden Preis eine Kollision zu vermeiden. Diese schien aber unvermeidlich, da der Zwischenraum sich immer mehr verringerte und der Motor wieder nicht anspringen wollte. Sowie daher das Boot mit dem erlegten Walroß zurück und dieses an Deck geschafft war, mußten die drei Matrosen sogleich wieder in das bluttriefende Boot, um das Schiff im Schlepptau aus der Nähe des Eisberges zu rudern. Einige aufregende Minuten vergingen. Endlich lag das Schiff sicher an einer größeren Eisscholle. Im Moment, als der Eisanker auf dieser eingeschlagen werden sollte, sprang die Maschine an, und wir konnten nun an einen sicheren Ankerplatz etwa drei Seemeilen westlich von Low-Island dampfen.

Gegen 12 Uhr nachts hatten wir hier Anker geworfen, aber bei dem wunderbar schönen Wetter, das wir nunmehr schon seit vier Tagen hatten, beschlossen wir, noch in dieser Nacht der Insel einen Besuch abzustatten. Rasch wurden wir vier an Land gerudert oder vielmehr bis an den Rand des festen Eises, das an der Westküste in einer Breite von mehreren hundert Metern vor der Insel lag. Low-Island, die Niedrige Insel, trägt mit Recht diesen Namen, da sie als ein niedriges Flachland sich eben über den Meeresspiegel erhebt und nur an einer Stelle zu einem Berg, der nach Parry kaum 50 Meter hoch ist, ansteigt. Sie ist 1773 von Phipps, 1827 von Parry und 1861 von der schwedischen Expedition unter Torell und A. E. Nordenskiöld besucht und beschrieben worden; letztere hielt das flache, ebene Terrain der Insel besonders geeignet als Basis für eine Gradmessung.

Hinter dem Strande liegt eine flache Lagune, die mit der See in Verbindung steht. Dann folgt erst die eigentliche Strandlinie, bis zu der bei Hochfluten das Meer hinaufspült, und 18 Doppelschritte dahinter ein länglich schmaler Süßwassertümpel, an den sich weiter landeinwärts kleinere Tümpel anschließen. Ungeheure Massen von Treibholz, die sich vor und hinter der Lagune in wallartigen Streifen längs des Strandes hinziehen, erregten hier zum ersten Male unsere staunende Bewunderung. Es ist ein eigenartiges Walten im Haushalt der Natur, daß an diese baum- und strauchlosen Gestade durch die Strömungen des Meeres die zahllosen Treibhölzer getragen werden, die dem hier überwinternden Polarfahrer Heiz- und Baumaterial genug liefern. Das Treibholz an der Nordküste Spitzbergens stammt wohl fast ausschließlich aus Sibirien; es wird mit der Schnee- und Eisschmelze des Frühjahrs durch die großen sibirischen Ströme zum Meer geschwemmt und wandert dann langsam mit der Packeisdrift durch das Nordpolarbecken. Vereinzelt werden auch Hölzer aus dem fernen Westindien durch die atlantische Strömung bis hierher verfrachtet; etwas häufiger finden sie sich an der Westküste und am Südkap Spitzbergens, während sich an den Küsten Islands Hölzer westindischen und sibirischen Ursprungs miteinander mischen. Am Strande entlangwandernd, fanden wir zwischen den Haufen weiß gewaschenen, aber durchweg gut erhaltenen Treibholzes auch manche Knochen von Meerestieren und einzelne Schiffstrümmer. Was für mich aber von größerem Interesse war, das war die auffallende Erscheinung von zwei Treibholzwällen hintereinander, die beide hinter der Lagune lagen. Wenn immerhin die Möglichkeit nicht geleugnet werden darf, daß eine besonders hoch hinaufgehende Springflut den zweiten Wall gebildet hat, so hat doch auch eine Erklärung vieles für sich, die A. E. Nordenskiöld seinerzeit für diese Erscheinung gegeben hat.

Er hat bei Shoal Point — südwestlich von Low-Island — ebenfalls zwei Treibholzwälle gefunden, von denen das Holz des zweiten viel älter und zerfallener war, so daß es wahrscheinlich zusammen mit dem Lande gehoben wurde — eine Hebung, für die auch paläontologische Funde und historische Tatsachen sprechen [7]).

Dann lenkten wir unsere Schritte inseleinwärts. Unser Weg führte über eine flache, öde Steinwüste; fast überall ist das Gestein — Tonschiefer und Hyperit — in kleine und kleinste Brocken zersprungen, und auch an zwei Stellen, wo wir es anstehend fanden, ist es durch die Einwirkung von Wasser, Frost und Wind sehr stark verwittert. Der deutsche Leser wird sich von der Trostlosigkeit dieser Landschaft kaum eine Vorstellung machen können, zumal das belebende Weiß des Schnees gänzlich fehlte. Gewiß, zwischen den Gesteinstrümmern sproßten auch Pflanzen und an feuchteren Stellen hatten sich in größerer Zahl Moose angesiedelt, aber es wäre verkehrt, durch Aufzählung der verschiedenen, hier vorkommenden Arten dem Nichtfachmann ein ganz falsches Bild der tatsächlichen Vegetationsverhältnisse zu entrollen. Denn die Pflanzen sind so außerordentlich klein, nur einen oder wenig mehr Zentimeter hoch, so vereinzelt, so in Farbe und Form dem Boden angepaßt, daß sie in keiner Weise das Landschaftsbild beleben und von einem rasch dahinschreitenden Wanderer sogar ganz übersehen werden. Erst bei aufmerksamem Betrachten des Bodens nimmt das Auge diese kleinen Lebewesen wahr und kann sich dann wohl auch an der zartweißen, ins Gelbliche nuancierenden Farbe bescheidener Mohnblümelein freuen. Noch geringer als das Pflanzenleben schien das Tierleben der Insel zu sein; denn nur ein paar Vögel kamen uns während unseres Besuches zu Gesicht. Dafür fesselte uns eine andere geographische Erscheinung um so mehr.

Das war die regelmäßige, beetförmige Anordnung des zu Schieferbrocken oder ganz zu Ton verwitterten, ursprünglich anstehenden Tonschiefers. In den langen Streifen, die sich wie Ackerfurchen weithin nebeneinander im Inneren der Insel erstreckten, fanden sich diese Beete meist kreisförmig, auf geneigten Flächen ellipsoid. Außen um dieselben herum lagen Schieferbrocken in spiralförmiger Anordnung, innen fand sich über einen Fuß tiefer, feuchter Tonboden, bald mit Moosen bewachsen, bald von Wasserspalten durchzogen. Alles spricht dafür, daß diese Kreise und Ellipsen Strudellöcher sind, durch das abfließende Wasser einer periodischen Überschwemmung zur Zeit der Schneeschmelze ausgestrudelt.

Eine periodische Ansammlung von Schmelzwässern scheint auch der auf der Karte angegebene See zu sein, je nach der Masse der Niederschläge, den Temperaturverhältnissen und der durch sie bedingten Art der Schmelze an Größe wechselnd. Wir fanden ihn bedeutend zurückgetreten, einen etwas größeren und mehrere kleine Tümpel, die kaum die Bezeichnung eines einheitlichen Sees verdienen.

Von der mehrstündigen Wanderung über die Steinwüste ermüdet, beschlossen wir auf die Besteigung des oben erwähnten Berges, von dem man einen guten Überblick über die Insel und die Küste Spitzbergens haben soll, zu verzichten. Auch so schon war die Aussicht, die sich uns bot, von großartiger Schönheit! Im Süden und Osten die Berge der Küste, die sich — da das dazwischenliegende Meer nicht zu sehen war — unmittelbar auf der flachen Ebene der Insel zu erheben schienen. Im Nordosten die Sieben Inseln, die ganz eigenartige Formen angenommen hatten, welche wir uns erst nicht recht zu erklären wußten. Doch bald erkannten wir, daß wir hier eine der bei der Klarheit der arktischen Luft häufig vorkommenden Luftspiegelungen vor uns hatten. Wir sahen die Inseln doppelt übereinander, das obere Bild auf den Kopf gestellt, so daß die Berge in der Mitte sich zuzuspitzen, nach oben und unten aber breit auseinanderzugehen schienen und eigentümliche Formen wie von Säulen und Altären bildeten. Der Himmel war im Westen und Osten verschieden gefärbt; hier schimmernd weiß, dort dunkelblau, fast ins Schwärzliche spielend. Doch lag der Grund für diese Verschiedenheit nicht darin — wie einer von uns glaubte —, daß im Westen augenblicklich Nacht, im Osten Tag herrschte, während wir uns des ständigen Sonnenlichtes erfreuen durften, sondern es beruhte vielmehr ebenfalls auf einer Reflexwirkung: Im Westen über offenem Wasser dunkeler Wasserhimmel, im Osten der helle Widerschein des Packeises und der Inlandeisdecke.

Als wir an die Küste zurückgelangten, hatte uns inzwischen die Flut einen Streich gespielt: Überall große Tümpel auf dem Eise und weit verzweigte Spalte, die uns zu vielen Umwegen und manchem Sprunge zwangen, so daß wir nur mit Mühe das Boot erreichten, das uns — einen von uns sogar bis auf die Haut durchnäßt — wieder an Bord des „Herzog Ernst“ brachte.

Mit dem guten Wetter war es fürs erste vorbei. Die beiden folgenden Tage waren naßkalt und neblig. Der Nebel kam uns äußerst ungelegen, mitten im Treibeise und in der Nähe seichten, klippenreichen Wassers. So mußte die Weiterfahrt nach der Treurenberg-Bai häufig unterbrochen, und das Schiff an größeren Eisschollen verankert werden, um sichtigeres Wetter abzuwarten. Freilich, dann waren wir der Willkür der wechselnden Strömungen preisgegeben und trieben mit dem Eise

Unterwaschener Eisberg.

dahin, wohin es diesen gefiel. So trieb das Schiff in der Nacht vom 19. auf den 20. August innerhalb von zehn Stunden etwa 9 Seemeilen nach Südosten und am Morgen des 20. wieder 4 Seemeilen zurück, so daß wir uns ganz in der Nähe der felsigen Untiefen östlich der Nordspitze Low-Islands befanden. Allerdings waren in diesen Tagen wegen des Nebels astronomische Ortsbestimmungen nicht möglich, und auch die Landpeilungen des Kapitäns konnten nur ungenaue sein, aber daß solche Versetzungen des Schiffes durch die Strömung in keiner Weise übertrieben sind, zeigt eine Beobachtung, die ich am Morgen des 19. vom verankerten Schiffe bei Low-Island machte: Bei völliger Windstille trieb eine Eisscholle in 1 Minute 4 Sekunden an der Längsseite des Schiffes vorüber von Südwesten nach Nordosten; da das Schiff 26 Meter lang ist, so legte diese Scholle also 0,8 Seemeile in der Stunde zurück. — Ständige Aufmerksamkeit und häufiges Loten konnten allein das Schiff vor einer Strandung bewahren; wurde die Tiefe zu gering, so mußte sofort trotz des Nebels und trotz der durch diesen erschwerten Navigation im Treibeise das Schiff losgeworfen und ein anderer Liegeplatz über größerer Tiefe aufgesucht werden. Die halbstündigen Lotungen

Gekenterter Eisberg.

am Nachmittag des 20. ergaben dauernd verschiedene Tiefen, die zwischen 20 und 65 Metern schwankten, und zeigten aufs deutlichste die Drift des Schiffes, von der das Auge gar nichts wahrnahm.

Am Morgen des 21. klarte es endlich auf, und die Berge zwischen Verlegen-Hook und der Hinlopen-Straße und weiterhin im Südosten das hohe Inlandeis des Nordostlandes tauchten vor unserem Blick auf. Rasch näherten wir uns der Küste, und rasch stieg auch die Wassertemperatur — von + 0,1° auf + 1,3° und + 3,0° —, was nicht nur dem Fehlen des Eises, sondern auch dem erwärmenden Einfluß der atlantischen Strömung zuzuschreiben ist. Seit zehn Tagen zum ersten Male stampfte das Schiff wieder; regelmäßig hob und senkte es sich gegen einen mäßigen Südost, der die Wellen lustig kräuselte. Erwartungsvoll standen wir alle an Deck, achteten nicht der kleinen Spritzer, die ab und zu von vorn herüberkamen, und schauten der ersehnten Treurenberg-Bai entgegen.

„Herzog Ernst“.

IV.

Die Sorge-Bai.

Die Treurenberg-Bai oder Sorge-Bai, wie sie die Norweger nennen, spielt in der Geschichte der Polarforschung eine bedeutende Rolle. Von hier aus unternahm im Jahre 1827 der berühmte englische Polarfahrer, Kapitän Parry, mit Booten und Schlitten seinen Vorstoß zum Nordpol, bei dem er die Breite von 82° 45′ erreichte, über die erst mehr als zwei volle Menschenalter später ein Nansen hinauszugelangen vermochte. Parrys Schiff „Hekla" blieb während seiner Abwesenheit vom 21. Juni bis zum 22. August 1827 in der Bai zurück, und seine Offiziere untersuchten und vermaßen die Bai, ihre nähere und weitere Umgebung aufs genaueste. Die Spezialkarte der Treurenberg-Bai, von der Britischen Admiralität im Jahre 1896 herausgegeben, die wir an Bord hatten, ist von Leutnant Foster, einem der Offiziere Parrys, damals aufgenommen worden.

Als um das Jahr 1860 die im modernen Sinne wissenschaftliche Erforschung Spitzbergens von Schweden aus in Angriff genommen wurde und im Juni 1861 die schwedische Expedition unter O. Torell und A. E. Nordenskiöld die Bai besuchte, schrieben diese Forscher schon damals unter Hinweis auf die Tätigkeit Parrys und seiner Offiziere in ihrem Reisebericht: „Wir durften nicht hoffen, eine naturhistorische Nachlese halten zu können, da wir diesen Teil Spitzbergens für einen der am besten gekannten halten mußten [s])." Wider Willen durch die Ungunst der Eisverhältnisse wurden die beiden Schiffe dieser Expedition „Aeolus" und „Magdalena" vom 6. Juni bis zum 8. Juli in der Bai zurückgehalten, so daß der von Torell geplante Vorstoß nach Norden aufgegeben werden mußte und die Bai abermals aufs eingehendste erforscht wurde.

Ende des vorigen Jahrhunderts begann die Ausführung einer spitzbergischen Gradmessung, die bereits zu Torells und Nordenskiölds

Zeiten vorbereitet war und nun von Schweden und Russen gemeinsam durchgeführt wurde, indem die Schweden von der Treurenberg-Bai aus, die Russen vom Horn-Sund im Süden an diesem großen Werk arbeiteten. 1899 und 1900 bestand in der Treurenberg-Bai unter E. Jäderins Leitung eine wissenschaftliche Station der schwedischen Gradmessungs-Expedition, die auch im Sommer 1901 und 1902 ihre Arbeiten hier fortsetzte und vollendete.

So brauchten wir uns keinerlei Hoffnungen hinzugeben, durch unseren Besuch der Treurenberg-Bai die Wissenschaft in irgendeiner Hinsicht zu bereichern. Es war eben ein bloßer Besuch, auf den wir uns trotzdem freuten, da wir nun diese historische Stätte kennen lernen sollten. Und das ist immer von besonderem Reiz!

„Herzog Ernst" warf am 21. August mittags in Hekla Cove, Parrys ehemaligem Hafen, Anker. Hier am Ufer erheben sich das Wohnhaus, die Schuppen und Observatorien der früheren schwedischen Gradmessungs-Station, geschützt durch einen niedrigen Quarzitberg, der von Osten in die Bai hineinspringt — seine äußerste Spitze heißt nach einem Offizier Parrys Point Crozier — und auch den sicheren Hafen, in dem wir jetzt lagen, gegen Norden abschließt. Die Hunde wurden sogleich an Land gebracht, damit sie sich dort einmal austoben konnten und uns an Deck nicht im Wege waren, die wir alle vollauf mit dem Auspacken des Proviants für das Depot zu tun hatten. Am folgenden Tage wurde das Depot an Land geschafft und in einem Zimmer des großen Wohnhauses untergebracht. Das Haus macht von außen einen stattlichen Eindruck, aber wenn man das Innere betritt, dann muß man staunen, wie furchtbar hier in den zwölf Jahren, seitdem es verlassen ist, nordische Fangleute gehaust haben. Ihr Vandalismus, dem — wie Torell vor fünfzig Jahren berichtete — auch die von Parry auf dem nahen Hügel errichtete Flaggenstange mit einer Inschrifttafel nicht heilig war, hat die Fenster und Fensterläden zum Teil zerbrochen, Schlösser herausgerissen, das Mobiliar beschädigt und überall Haufen von Dreck zurückgelassen. Und warum dieses sinnlose Wüten? Vielleicht wohl um verborgene Schätze oder gar alkoholische Getränke zu finden, aber meist nur aus reiner Zerstörungswut — ein barbarisches Austoben in einem herren- und gesetzlosen Lande! Auch aus dem ausliegenden Fremdenbuch waren alle weißen Blätter bis auf eines herausgerissen, auf das wir unsere Namen und den Grund unseres Besuches schrieben.

Außerdem hefteten wir unsere Visitenkarten an die Wand und ebenfalls einen Brief an den Expeditionsleiter wie Anschläge, die das Depot betrafen, in deutscher, norwegischer und englischer Sprache.

Während wir das Haus und die umliegenden kleineren Baulichkeiten — Schuppen für Kohlen und Hunde, Maschinenhaus, Observatorien — besichtigten, konnten wir uns nicht verhehlen, daß die seinerzeit hier überwinternde Expedition — sie bestand aus zwölf Personen — sich sehr wohlgefühlt haben muß. Die vielen, geräumigen Zimmer,

In der Sorge-Bai, Anfang September 1912.

die wir mit unseren engen Räumen an Bord verglichen, die noch erhaltenen Mobilien, die elektrische Lichtanlage und vieles andere sprachen jedenfalls dafür. Falls der Leutnant und seine Begleiter hier zu spät eintreffen würden, zu spät, um vor Einbruch der völligen Dunkelheit bis nach Croß-Bai zu gelangen, würden sie hier ganz gut mit dem Proviant des Depots überwintern können, wenn ihnen außerdem noch gelegentlich das Jagdglück lächelte. Daß zweien von uns die Station später ein Heim werden sollte, das konnten wir nicht einmal ahnen, denn wir kannten die Sorge-Bai noch nicht!

Am Abend desselben Tages saßen wir in unserer kleinen Kajüte bei einem Glase Punsch beisammen und unterhielten uns von den Gefährten der Schlitten-Expedition. Wann würden sie wohl die Treurenberg-Bai erreichen? Auch eine Schlittenreise, die wir Gelehrten zur etwa 20 km entfernten Mossel-Bai unternehmen wollten, währenddessen das Schiff um Verlegen-Hook herum dorthin gehen sollte, wurde eifrig besprochen. Vorläufig war allerdings weder an eine Landexkursion noch an ein Auslaufen des Schiffes zu denken, da es aus Nordwesten gewaltig stürmte, so daß sogar der zweite Anker fallen gelassen werden mußte. Überhaupt schien es mit dem arktischen Sommer vorüber zu sein, denn seit dem 22. August schneite es fast täglich. Die umliegenden Berge, so weit sie zu sehen waren — ein Blick über die ganze Bai war uns noch nicht beschieden worden — hatten bereits ein dünnes Winterkleid um sich gehüllt. Unsere Hoffnung, daß aus der geplanten Landtour doch etwas würde, schien am 23. in Erfüllung zu gehen, da der Sturm abflaute, um jedoch in der Nacht zum 24. aufs neue und noch heftiger aus Westen loszubrechen. Das Schiff zerrte gewaltig an seinen beiden Ankerketten und stampfte unaufhörlich auf und nieder. An Deck war es mehr als ungemütlich, zumal das Thermometer, das sich bisher meist über dem Gefrierpunkt gehalten hatte, auf — 1,7° sank, und ab und zu ein heftiges Schneetreiben einsetzte. Fröstelnd zog man sich in die warme Kajüte zurück. Auch die Hunde, die an Land geblieben waren, verschwanden in den schützenden Gebäuden.

Am Sonntagmorgen — den 25. August — weckte uns der Kapitän gegen ¼4 Uhr. Wegen der geringen Zahl unserer Besatzung halfen wir bei besonderen Anlässen mit, da nur der Eislotse und die drei Matrosen abwechselnd zu zweit Wache gingen. Während der Zoologe und der Botaniker zu den Matrosen nach vorn an die Ankerwinde gingen, begab ich mich nach achtern, wo neben dem Steuerruder der Stand zum Bedienen der Maschine lag. Unser Motor hatte oft seine Launen und hatte uns bereits manches Mal in Verlegenheit gebracht: Entweder wollte er nicht anspringen, oder er lief sich bei häufigeren Maschinenmanövern bald heiß, bald kalt. Deswegen mußte während der Fahrt der Maschinist zur ständigen Aufsicht im Maschinenraum bleiben, und ich übernahm die Bedienung an Deck.

Man rieb sich den letzten Schlaf aus den Augen, zog sich Mütze und Handschuhe fester über und spähte neugierig nach der Ursache unseres plötzlichen Aufbruches. Da — was war das? Über die Ecke von Point

Crozier sah man deutlich eine spitze Eiszunge auftauchen; ein größeres Eisfeld folgte, das sich in rascher nord-südlicher Fahrt in die Bai hineinschob. Also das Eis kam! Durch die nachwirkende Gewalt der letzten West- und Nordweststürme wurden Eismassen in die Bucht getrieben, die unserem Schiffe den Rückweg abzuschneiden suchten. Höchste Eile war geboten, um einem Eingeschlossenwerden zu entgehen! Während die beiden Anker gehievt wurden, trieb das Eis näher und näher. Die Hunde jetzt an Bord zu holen, blieb keine Zeit mehr. Kläglich heulend liefen sie am Ufer hin und her, als sie das Schiff in langsamer Fahrt sich entfernen sahen. Glücklich kamen wir um das Eis herum und konnten an der Westseite bis hinter die Landzunge, die im Nordwesten die Bai abschließt, dampfen, wo wir einen gegen das andringende Eis vorläufig gesicherten Ankerplatz fanden.

Mittags ließen der Zoologe und ich uns ans Land setzen und begaben uns zunächst auf den Hügel der nahen Landzunge, der aus durch die Einwirkung des Frostes vielfach zersprengten Hyperitblöcken besteht. Es ist der Trauerberg, der der Treurenberg-Bai einst den Namen gegeben hat, denn Treurenberg heißt nichts anderes als Trauerberg. Hier liegen dreißig niedrige Steinhügel, Gräber holländischer Fangleute aus dem 17. und 18. Jahrhundert, aus der längst entschwundenen Blütezeit des Walfanges, wo die Nord- und Westküste Spitzbergens von ganzen Flottillen europäischer Fangschiffe belebt waren. Keine einzige Grabinschrift gibt noch Kunde von denen, die hier fern ihrer Heimat ruhen. Die Holzkreuze mögen vom Sturm zerbrochen und fortgetragen sein. Auch zwei Steinzeichen, die wohl von früheren Expeditionen errichtet sind, fanden wir leer; diese „Varden" dienen zum Hinterlegen von Nachrichten. Nur auf dem hohen, düsteren Kreuz, das den Gipfel des Hügels krönt, war die Inschrift erhalten. Es stammt aus dem Jahre 1855 und ist von dem Führer des norwegischen Schoners „Aeolus" errichtet worden — ein Warnungszeichen für den einfahrenden Schiffer! „Aeolus" war hier in den fünfziger Jahren des vorigen Jahrhunderts einmal neun und ein anderes Mal sechs Wochen vom Eise eingeschlossen; später als Schiff der erwähnten schwedischen Expedition ein drittes Mal über einen Monat. Wie höhnend schaute das Aeoluskreuz auf den „Herzog Ernst" herab, der jetzt in seiner Nähe lag, ebenfalls durch die Macht des Eises am Verlassen der Bai gehindert. Würde auch unsere Gefangenschaft wochenlang dauern? Würden auch wir einmal Grund haben, ein ähnliches Kreuz zu errichten? Wir hofften es nicht. Wir wagten gar nicht daran zu denken, als wir nun über das flache Vorland nach Westen unsere Schritte lenkten.

Eine flache Ebene umgab uns hier, deren Boden aus Gesteinsgrus besteht und wohl der abradierenden Tätigkeit der Meereswogen ihre Entstehung verdankt. Schon war sie zum größten Teil von einer dünnen Schneedecke überlagert. Ein Schmelzwasserbach unterbricht die Eintönigkeit der Landschaft; er hat sich eine bald breitere, bald schmalere Rinne gegraben, in der sein Wasser nach Durchströmen einer länglichen Lagune in die Bai fließt. Leicht kamen wir, von Stein zu Stein springend, hinüber und erreichten bald den unteren Rand der Berge, die im Westen die Bai begrenzen. An dem nördlichen Abfall eines Berges vorbei, in dem wir an seiner langgestreckten Kesselform den Magdalenen-Berg — so von Torell und Nordenskiöld nach dem einen ihrer Schiffe benannt — erkannten, gelangten wir über seine allmählich in das Vorland abflachenden Ausläufer an den Rand eines hocharktischen Tales. Staunend blieben wir stehen. Der Magdalenen-Berg liegt isoliert und bildet nicht wie die übrigen Berge um die Treurenberg-Bai, die von der Bai aus sämtlich ebenfalls eine isolierte Lage zu haben scheinen, den Abfall des vereisten Hochplateaus des inneren Landes. Wir hatten also in dem Eise, welches teils das kleine Tal ganz erfüllte, teils seine Westseite in einem Steilabfall begrenzte, ein Stück, und zwar eine der nördlichsten Verzweigungen jener Eiskappe vor uns, die ganz Neu-Friesland — die große Halbinsel West-Spitzbergens zwischen Wijde-Bai und Hinlopen-Straße — überzieht. In der Talsohle murmelte ein Gletscherbach, an dem eine reizende kleine Schneeammer mitten zwischen Eis und Schnee von Frühling und Liebe sang, wie der Zoologe schwärmerisch zu hören glaubte. Wir schritten talaufwärts, uns der wundervollen Gletscherpracht und des erhabenen Schweigens der Natur freuend. Durch ein Quertal an der Südseite des Berges gelangten wir wieder zur Bai hinab, wo es mit jeder Poesie rasch zu Ende war, denn ein eisiger Wind und heftiges Schneetreiben umfingen uns. — Die Bai war jetzt zur Hälfte von Eis erfüllt. Wir sahen, wie das Boot am Eise entlang nach Hekla Cove hinüberfuhr, jedenfalls um die Hunde von dort zu holen. So konnten wir noch eine Zeitlang geduldig warten, bis w i r an die Reihe kamen, geholt zu werden. Das war bei dem kalten Winde kein Vergnügen, und zum ersten Male empfanden wir bitter, wie sehr seit dem Abgange der Schlittenexpedition das zweite Beiboot fehlte. Auch zu jagen gab es nichts, oder wir gaben vielmehr, nachdem wir beide gleichzeitig auf 150 Meter Distanz eine Eiderente getroffen, aber ohne Boot die Beute nicht hatten erreichen können, diese nutzlose Jagd auf.

* * *

Der August ging zu Ende unter beständigen Schneefällen und anhaltenden westlichen oder nordwestlichen Winden. Das Eis veränderte seine Lage kaum. Am 28. hatten wir versucht, die Bai zu verlassen, hatten nach Westen nicht durchkommen können, da Verlegen-Hook vom Eise blockiert war, und waren dann ein Stück nordwärts gedampft. Mit genauer Not waren wir am folgenden Tage einer Umklammerung durch ringsum andrängende Treibeisschollen draußen im freien Meere entronnen und zur Treurenberg-Bai zurückgekehrt. Und wir durften noch froh sein über unsere Umkehr; denn, sobald wir an unserem alten Ankerplatz lagen, begann ein wahnsinniger Schneesturm aus Westen zu toben, der draußen zwischen dem Eise unseren sicheren Untergang bedeutet hätte.

Eine Woche nach dem ersten Ausflug zum Magdalenen-Berg gingen wir zu viert wiederum dorthin. Während Rave in dem Tale, dessen Bach jetzt völlig überfroren war, eine über drei Meter hohe Eisbrücke, unter der man bequem hindurchgehen konnte, malte, bestiegen wir den Magdalenen-Berg. Es war der erste Berg Spitzbergens, den wir erkletterten, und gern hätte einer von uns seinen Namen in Margareten-Berg umgewandelt, aber das ging nicht an, da wir nicht seine ersten Besteiger waren. Der Anstieg von der Nordseite war ziemlich steil, aber, da das Gestein gut griffig, nicht schwierig, wenn auch die vielen losen Gerölle Vorsicht geboten. Die Oberfläche des Berges ist ein leichtgewelltes Plateau, von Norden nach Süden langgestreckt. An schwach geneigten Stellen fanden wir wiederholt dieselbe Erscheinung wie auf Low-Island: Die regelmäßige Anordnung der am Boden liegenden Gesteinstrümmer in Kreisen oder Polygonen, in Streifen nebeneinander, die auf eine Ausstrudelung wie auf eine Versetzung des Bodens talabwärts durch Wasser deuten. Der Gipfel des Berges, 250 bis 300 Meter hoch, liegt etwa Dreiviertel des Längsdurchmessers vom Nordabfall entfernt und ist durch mehrere Steinhaufen gekennzeichnet. Die Buchstaben auf den Holzbrettchen, die hier umherlagen, waren leider nicht zu entziffern. Die Aussicht entschädigte für den eisigen Nordwest, der den Aufenthalt hier oben nicht angenehm machte: Im Osten die Bai, dahinter die Hinlopen-Straße, voll von Eis; im Nordosten die Küsten und die Hochfläche des Nordostlandes bis zum Nordkap und zu den Sieben Inseln hin; im Norden das weite Meer, nichts als Eis, und nur bis Verlegen-Hook einige offene Waken; nach Westen ist der Blick durch das vorliegende Hochland beschränkt, um dafür im Südwesten und Süden auf dem vereisten Inneren des Landes, aus dem sich nur einzelne Bergspitzen erheben, mit um so größerem Entzücken zu verweilen.

Beim Abstiege verkletterten wir uns allerdings einmal, gelangten aber glücklich hinunter und zum Aeoluskreuz, wo wir Rave trafen und gemeinsam das Schiff erwarteten. Dieses war inzwischen aus der Bai herausgedampft und hatte zum Wassereinnehmen an einer größeren Scholle festgemacht, war aber zusammen mit dieser weiter hinausgetrieben, so daß es erst abends an seinen alten Ankerplatz zurückkehrte.

Am 3. September machten wir einen zweiten Versuch, die Bai zu verlassen, dampften etwa 8 Seemeilen nordwärts, um wohl oder übel vor dem Eise, das Verlegen-Hook blockierte, umzukehren. Wiederum war es diese Ecke, die unserer Weiterfahrt nach Westen ein Halt gebot — diese alte Verlegenheitsecke, wie wir sie nannten, die uns wie schon manchem anderen Schiffe vorher den Weg verlegte. Übrigens dürfte die in Wirklichkeit wohl zutreffende Etymologie des Namens Verlegen-Hook nicht richtig sein; vielmehr stammt dieser Name von den Holländern, welche die am weitesten nach Norden vorspringende Spitze Neu-Frieslands — das eigentliche Nordkap der Insel West-Spitzbergen — so benannten. Warum stauten sich hier so oft die Eismassen? Daß bei nördlichen und nordwestlichen Winden hier ebenso wie in der Bai Eis zusammentrieb, ist ohne weiteres verständlich. Warum veränderte es aber seine Lage hier nicht, während es in der Bai bei dem Wechsel von Ebbe und Flut fast regelmäßig sich ein Stück hinaus- und wieder hineinschob? Der Grund hierfür ist darin zu suchen, daß bei Verlegen-Hook die Hinlopen-Straße und die Wijde-Bai in einem Winkel zusammenlaufen. Aus diesen breiten, an beiden Seiten von Gebirgen eingeschlossenen Windbahnen strömt wie aus zwei Schornsteinröhren — dieser Vergleich stammt von Torell [9]) — beständig Luft aus. Und daher kommt es, daß sich bei Verlegen-Hook das Eis, das durch nördliche Winde angetrieben sein mag, staut und selbst bei südlichen Winden nicht weicht.

Der „treuen Bai" schien unsere Umkehr höchst gleichgültig zu sein, ja, sie schien sich sogar noch darüber zu freuen, denn sie zeigte sich uns zum ersten Male von ihrer lieblichsten Seite. Rave, der lange an Deck blieb, schildert diese wunderbare Polarnacht und eine Jagd während derselben in seinem Tagebuch folgendermaßen: „Kein Lufthauch läßt Kälte verspüren. Die verschneiten Berge und Gletscher heben sich leuchtend weiß von einem zartblauen Streifen des Himmels ab. Das Wasser, wie ein Spiegel glatt und durchsichtig bis auf den Grund, rings eingefaßt vom Eise, ist der Tummelplatz von vielen hundert Vögeln und Möwen.

„Aus der Ausgucktonne kommt unser norwegischer Matrose Julius und fragt mich auf Englisch, ob ich pulen (rudern) könne, und ob ich Lust habe mitzukommen; es seien ganz in der Ferne Storkobben auf dem Eise. Natürlich bin ich dabei. Das Boot wird weggefiert, und für uns gibt es nun, in der hellen Polarnacht, eine schöne, wenn auch harte Arbeit. Nach halbstündiger, glatter Fahrt wird es schwieriger. Überall eine dünne Eisdecke, dazwischen mächtige Schollen. Unser Sprechen wird sehr leise, vorsichtig wird weiter gerudert. Ab und zu erhebt sich Julius und späht durch ein Görz-Binocle nach vorne. Übrigens will er zuerst von dem Glase nichts wissen und lehnt es, ironisch lächelnd, ab; als ich es ihm jedoch fertig eingestellt zurückgebe, steckt er es eilig zu sich.

„Endlich ist die Robbe gesichtet und nicht allzu weit eine zweite. Wir beide rudern nun mit größter Vorsicht in ganz gebückter Stellung. Immer größer und deutlicher hebt sich der große, dunkle Körper vom Eise ab. Ab und zu richtet sich der kleine Kopf hoch und macht eine langsame, spähende Wendung. Näher und näher kommen wir. Auf einen Wink lasse ich die Riemen fahren, und die letzte Strecke macht Julius allein. Bald hat die Robbe uns gesichtet, an ihrer stutzenden Bewegung merken wir Argwohn. Tiefer niedergekauert verharren wir mit angehaltenem Atem. Nicht lange, und die Robbe zieht befriedigt den Kopf zurück. Schnell zwei vorsichtige, kräftige Ruderschläge, und wieder erhebt sich drüben der Kopf. Das Spiel beginnt von neuem und wiederholt sich noch viele Male. Endlich sind wir fast an der Scholle. Julius schiebt sich ganz vorn in das Boot, das Gewehr liegt fest im Anschlag, ein atemloser Augenblick, ein Knall und drüben ein Ruck im massigen Körper, und die Robbe zuckt zur Seite. Nun werfen wir uns wie wild in die Riemen, um den Rückzug zum Wasser abzuschneiden; sonst ist die schon sichere Beute verloren. Schnell schiebt sich das Boot durch die dünne Eisdecke und stößt dann gegen die Scholle. Julius springt heraus auf die Robbe zu, welche noch eine Bewegung nach dem nahen Wasser macht. Doch von dem Schläger getroffen, sinkt sie ganz zur Seite. Nun wird der Körper weiter vom Rande weggezogen, die Schlagader geöffnet, und die Jagd auf die zweite Robbe kann beginnen.

„Mit derselben Vorsicht schieben wir uns im Boote leise durch das Eis. Je näher wir kommen, desto leiser werden wir. Da plötzlich stößt Julius einen kräftigen Fluch aus, — die Eisscholle ist leer. Diese Robbe hat es also vorgezogen, im letzten Augenblick zu verschwinden. Wir fahren zurück und häuten resp. specken die erlegte Beute ab. Die Filetstücke schneide ich heraus; herzlich froh darüber, nach längerer Zeit wieder einmal ein schönes, frisches „Beefsteak" zu haben, statt Suppen von Knorr und Maggi, die zwar sehr gut sind, aber Tag für Tag genossen, doch die stille Sehnsucht nach Abwechselung aufkommen lassen. Mit Beute beladen geht es auf die Rückfahrt nach dem Schiffe."

Aber schöne Tage und Erlebnisse wie das eben geschilderte waren doch verhältnismäßig selten. Auf uns allen lastete es wie ein lähmender Druck, dieses wochenlange Gefangensein! Nicht, daß wir uns etwa nicht zu beschäftigen gewußt hätten, aber es war nicht das richtige Feld für eine wissenschaftliche Betätigung, diese Bai, die schon vor einem halben Jahrhundert als der am besten erforschte Platz an der Nordküste Spitzbergens gegolten hatte! Wie sehr beneideten wir jetzt die Gefährten der Schlittenexpedition, die ein unbekanntes Stück Erde der Wissenschaft neu erschließen durften! Wie hatten wir uns darauf gefreut, weiter im Westen in der weniger erforschten Wijde-Bai, Liefde-Bai und Wood-Bai auch unser Scherflein zur Polarforschung, zur näheren Erkundung des nördlichen Spitzbergens beitragen zu können! Und nun hielt uns die Sorge-Bai gefangen. Wenn unsere Gefangenschaft in den Anfang des Sommers gefallen wäre, hätten wir sie eher ertragen können, aber jetzt war es mit dem kurzen arktischen Sommer vorbei, bereits Ende August hatte zum letzten Male die Mitternachtssonne geschienen, die Nächte wurden schon dunkler — und die beste Arbeitszeit verstrich nutzlos.

Am meisten hatte noch der Zoologe zu tun, denn die Jagdbeute bot ihm zunächst genügend Material. Er konnte die Schädel von Eisbär und Walroß präparieren, den Mageninhalt der erlegten Storkobben und kleinen Seehunde untersuchen, ihre Eingeweidewürmer sammeln. Auch das Wasser bot ihm allerlei interessante Objekte, wie z. B. die kleinen schwarzen Flügelschnecken, die man fast täglich das Schiff umschwimmen sah, und andere, nur durch das Mikroskop wahrnehmbare Lebewesen. Allerdings war die Dretsche, ein dreieckiges Grundnetz, das über den Meeresboden hinwegkratzt, gleich zuerst verloren gegangen:

Zoologe Dr. Detmers mit Schneehühnern.

Sie war fast 150 Meter vom Schiff ausgeworfen worden, und erst wollte es den vereinten Kräften des Zoologen und des Botanikers gar nicht recht gelingen die Leine einzuholen, schließlich ging es besser; beide zogen und freuten sich schon auf die interessante Ausbeute, — da kam das Ende des Seils herauf o h n e die Dretsche, die friedlich auf dem Grunde liegen mochte, während die Enttäuschung oben um so größer war. Diesen Verlust mußte dann die Beobachtung der Vögel ersetzen, die noch nicht nach dem wärmeren Süden gezogen waren. Täglich umschwärmten sie kreischend das Schiff; ihr Gebaren in der Luft oder auf dem Wasser, ihr Tauchen und Erhaschen der

Nahrung, ihre Kämpfe und ihr Gekose boten viel Interessantes und ständige Abwechselung. Am meisten die Möwen: Die große, hellgraue Bürgermeister-Möwe (Larus glaucus), scheu und vornehm; die schimmernde Elfenbein-Möwe (Pagophila eburnea), stets in elegantem Auf- und Niederschweben, die Beute im Fluge erhaschend; seltener sind die schlanke Dreizehen-Möwe (Ryssa tridactyla), weiß mit schwarzen Streifen, und ihr gefährlicher Gegner die Raubmöwe (Stercorarius Parasiticus), ebenfalls nur klein, aber schwarz mit weißen Abzeichen. Am häufigsten kamen uns die grauen Sturmvögel, auch Mallemuck und Seepferd (Procellaria glacialis) genannt, zu Gesicht, die überaus dummdreist, neugierig und tölpelhaft sind und sich daher auch am leichtesten fangen ließen. An einen Haken wurde ein Stück Speck oder Fleisch befestigt und dieser dann an einem Faden ausgeworfen. Sogleich kamen die Sturmvögel herangeschwommen, erhoben oft ein gieriges Gezänk um den Bissen, erhaschten ihn auch manchmal, ohne gefangen zu werden, aber meist blieb einer am Haken hängen und wurde dann an Deck gezogen. Der Zoologe legte ihm um den einen Fuß einen Aluminiumring, mit der Aufschrift „Vogelwarte Rossitten (Germania)" und einer Nummer versehen. Dann wurde der Vogel wieder freigelassen, flog eilig davon, und es war spaßhaft anzuschauen, wie ihn zunächst der neue Schmuck beunruhigte. Aber bald hatte er sich daran gewöhnt, und es kam mehr als einmal vor, daß eine beringte Möwe wiederum gefangen wurde. — Diese Beringung hat den Zweck, möglichst viel Material zu sammeln darüber, wo die Vögel den Winter zubringen, und durch eine großzügige Durchführung dieses einfachen Verfahrens hat die Vogelwarte Rossitten bereits schöne Resultate erzielt.

Nicht alle waren so glücklich wie der Zoologe. Der Botaniker hatte eher Grund zum Klagen. Die zwar verhältnismäßig artenreiche, aber individuenarme, kümmerlich am Boden dahinkriechende Pflanzenwelt verschwand mehr und mehr unter einer Schneedecke, die von Tag zu Tag höher wurde. Auch der Meeresboden und das Ufer waren arm an Algen und anderen Gewächsen. Dem Maler bot sich bei dem meist bedeckten Wetter nur selten eine günstige Gelegenheit oder ein dankbares Motiv zu Skizzen und Studien. Und auch ich hatte ein wenig befriedigendes Feld der Betätigung: Immer die gleiche oder wenig wechselnde Wassertiefe und -farbe, derselbe Muddboden, die um wenige Zehntelgrade auf- und abschwankenden Wassertemperaturen. Zwar boten die

Beobachtung der Eisverhältnisse wie auch der Witterungserscheinungen — letztere hatte ich seit dem Fortgange des Meteorologen Sandleben mit übernommen — stets etwas Abwechselung, aber sie hatten fast nie etwas Tröstliches. Denn die Hauptsache blieb: Das Eis versperrte die Bai. Kam einmal eine große Scholle in bedrohliche Nähe, dann mußte höchstens der Ankerplatz verlegt werden. Der Wind blies beständig aus Norden und Nordwesten. Regte sich einmal ein südlicher Hauch, dann war er so schwach und vorübergehend, daß er das Eis nicht zurückzutreiben vermochte.

Eigentliche Langeweile haben wir freilich nie verspürt, und wir waren stets besser daran als die Mannschaft, die oft untätig herumhockte und daher launisch wurde. Vormittags saßen wir im Mittschiff beisammen: Der Maler in seinem kleinen Atelier, trotz der geringen Produktivität in künstlerischer Hinsicht immer der Tätigste von uns allen; ich in dem Raum daneben, lesend oder schreibend; der Zoologe auf dem Zwischenflur beim Präparieren oder Konservieren; und auf der anderen Seite der Botaniker beim Lösen einer Schachaufgabe, denn die gesammelten Pflanzen waren bereits im Herbarium geordnet. Gelegentlich flackerte die Unterhaltung lebhafter auf; hier- und daher aus den einzelnen Zellen flog ein Wort dazu, bald ein Seufzen, bald ein kräftiger Fluch über die Sorge-Bai und unsere Gefangenschaft. Dann wurde wohl auch in einer Ruhepause ein Lied angestimmt, das laut an Deck hinaufschallte, bis es wieder stiller wurde, und nur der Rauch aus Pfeifen und Zigaretten in langsam schwerfälligen Windungen sich zusammenballte, höher hinauf unter dem Oberlicht einen rascheren Tanz vollführte und schließlich ins Freie entwich.

Nachmittags ging es öfter an Land. Dort übten wir uns im Skilaufen und benutzten die Hügel, um das Abfahren zu lernen. Zur Bereicherung des Mittagstisches wurden Eiderenten und Gänse geschossen; Rave erbeutete einmal vier Enten und Detmers sogar sieben der weit seltener vorkommenden Schneehühner, die zusammen ein treffliches Sonntagsmahl abgaben. Besonders die zarten Schneehühner erweckten allgemeine Begeisterung, und selbst der größte Feinschmecker unter uns mußte zugeben, daß dies unser delikatestes arktisches Gericht war. Bei der schwedischen Station stieß ich einmal auf drei Schneehühner, die ruhig auf dem Boden herumpickten und, als ich näher kam, stets vor mir hertrippelten. Leider hatte ich nur eins der Bordgewehre, eine schwere Kugelbüchse, bei mir, womit ich die zarten Geschöpfe nicht zerreißen wollte. Mit einem Steinwurf tötete ich eins, worauf die anderen rasch davoneilten.

Auch kleinere Kajakpartien wurden gelegentlich unternommen. Als wir während einer derselben über die in der Nähe des Aeoluskreuzes angetriebenen Schollen und Grundeisblöcke kletterten, rutschte einer von uns aus und fiel ins Wasser. Ein unfreiwilliges kaltes Bad ist weder hier noch anderswo eine besondere Annehmlichkeit, aber es hat doch hier bei weitem nicht das Schreckliche an sich, wie ein mit den Verhältnissen nicht vertrauter Leser fürchten zu müssen glaubt. Einmal ist das Wasser meist, mit Ausnahme der Sommermonate, wärmer als die Luft, und dann sichert die Keimfreiheit der Luft vor der Gefahr einer Erkältung. So war es auch in diesem Fall: Gleich auf dem Eise wrangen wir die nassen Oberkleider aus und fuhren alsdann an Bord zurück, wo nach Anlegung trockener Kleider der kleine Unfall schnell vergessen war.

Nach den Arbeiten und Ausflügen des Tages saßen wir abends in unserer kleinen Kajüte bei gemeinsamem Spiel. Oder wir plauderten auch von der Heimat, von der Rückkehr dorthin, schmiedeten Zukunftspläne und konnten darüber ganz vergessen, daß uns immer noch die Sorge-Bai gefangen hielt.

Von unserem Ankerplatz hinter der Aeoluskreuz-Landzunge vertrieb uns am 7. September von neuem andringendes Eis. Wir gingen weiter in die Bai hinein und ankerten nahe ihrer Westseite, genau westlich der schwedischen Station. Das Thermometer sank nachts bereits auf — 7°; eine dünne Jungeisdecke bildete sich ringsum, die sich geräuschvoll an den Schiffsplanken rieb und nachts den Schlaf störte, so daß man nicht mehr von der Heimat träumte, sondern im Geiste schon das Schiff völlig eingefroren und sich zu einer langen, unfreiwilligen Überwinterung gezwungen sah. Aber solche Gedanken verscheuchte rasch der frische Südost, der endlich auch das Eis aus der Bucht zu treiben begann. Zwar schlief er bald darauf wieder ein, aber am 9. September machten wir dennoch den Versuch, die Bai zu verlassen.

Auch dieser dritte Versuch endete mit demselben negativen Erfolge. Wiederum sperrte bei Verlegen-Hook ein großes Eisfeld die Durchfahrt zu dem offenen Wasser im Westen. Aber wir hofften, daß der frische, aus der Hinlopen-Straße kommende Wind, von dem übrigens in der Treurenberg-Bai nicht der leiseste Hauch zu spüren war, auch in dieses Hindernis eine Bresche schlagen würde. Hiermit uns tröstend, kehrten wir um, konnten jedoch in der Bai durch das immer stärker werdende Jungeis nicht zu dem Ankerplatz an der Westseite gelangen und machten daher nördlich von Point Crozier am Eise fest, von wo wir aus der Ferne das Rauschen von Wind und Wellen wie eine liebliche Musik zu uns herübertönen hörten.

Als ich nachts um ½2 Uhr an Deck kam, um die Maschine zu bedienen, war der Wind bereits wieder nach Norden herumgesprungen. Langsam, aber ständig trieb das Eis in die Bai zurück, und heftige Schneeböen verhinderten jede Fernsicht. Mißmutig kam der Eislotse aus dem Ausguck herunter. Unter diesen Umständen war es unmöglich, den Versuch zu wiederholen, und wir gingen, um dem Eise auszuweichen, an unseren dritten Ankerplatz an der Westseite zurück; der frische Wind hatte rasch das junge Eis, das uns zwölf Stunden vorher den Weg versperrt hatte, zerbrochen und im Inneren der Bai zusammengeschoben.

Wieder blies der alte Nordwest, wieder sang er uns das alte Lied: Gefangen! Aber es sollte noch etwas schlimmer kommen! Nachmittags wurde der Wind zum Sturm. Um 2 Uhr rief uns der Kapitän an Deck: Das Schiff hatte sich losgerissen und trieb, der Anker schleifte auf dem Grunde! Alle Mann gingen sofort an die Ankerwinde, aber zweimal rauschte die Kette in ihrer ganzen Länge von 60 Faden (= 108 Metern) mit ungeheurem Getöse aus. Alles sprang zur Seite, um nicht von der schweren Kette erfaßt und zerquetscht zu werden. Nur dem Matrosen Julius gelang es, das Ende der Kette um die Spillachse zu schlagen und dadurch zu verhindern, daß Anker und Kette verloren gingen. Dann wäre das Schiff höchstwahrscheinlich verloren gewesen! Auch so schon trieben wir immer näher der Ostküste: Drohend tauchte hier aus den Wolken die steile Wand des Hekla Mount auf. Während das Schiff auf und nieder tanzte, ein Spielball der Wellen, die durch den rasenden Sturm zu einer ungewöhnlichen Höhe emporgepeitscht wurden, während wir unaufhörlich an der Ankerwinde arbeiteten, rückte eine neue Gefahr näher und näher: Das Eis, das von Norden in die Bai eindrang! Unsere Lage war eine verzweifelte: Von Westen der Sturm, von Norden das Eis, im Osten die felsige Küste — und der Motor noch immer nicht im Gange! Es kostete 2½ Stunden angestrengtester Arbeit von acht Mann, um den Anker heraufzubringen. Inzwischen war auch endlich der Motor angesprungen — dicht vor dem Eise, und wir konnten nun hinter die Aeoluskreuz-Landzunge an unseren zweiten Ankerplatz dampfen.

Kaum saßen wir, ermüdet von der ungewohnten Arbeit, aber froh, einem Schiffbruch noch glücklich entronnen zu sein, in unserer Kajüte beim Essen, als wir lautes Rufen und Hin- und Herlaufen an Deck hörten. Wir stürzten hinauf und sahen das Boot mit den Matrosen darin pfeilschnell durch die Wellen schießen. Ein Walroß war plötzlich beim Schiff aufgetaucht, der Eislotse hatte es vom Boot aus harpuniert, und dann war es, das Boot an der Harpunenleine im Schlepptau, durchgegangen. Es war ein überaus fesselndes Schauspiel: Wie das Boot dahinschoß, trotzdem die drei Matrosen sich mit den Riemen dagegenstemmten. Vorn im Boot stand der Eislotse mit einem Gewehr. Wieder und wieder tauchte das Walroß auf, Schüsse krachten und wahre Blutwellen spritzten auf. Das Boot entfernte sich mehr und mehr, so daß wir das Ende der Jagd leider nicht beobachten konnten. Um so enttäuschter waren wir, als die Norweger schließlich ohne Beute zurückkehrten: Die Fangleine wäre zu kurz gewesen und hätte gekappt werden müssen, um nicht Boot und Leute bei dem immer noch hohen Wellengange zu gefährden! Wahrscheinlicher ist jedoch, daß der Eislotse der langen Jagd überdrüssig geworden ist und in einer augenblicklichen

Laune die Leine durchgeschnitten hat; seine Launen sollten wir später noch zur Genüge kennen lernen.

Drei volle Wochen währte unsere Gefangenschaft in der Sorge-Bai nun schon, und unsere Zweifel wurden allmählich stärker, ob wir vor Einbruch des Winters und vor dem Beginn der völligen Dunkelheit überhaupt noch herauskommen würden. Zuerst waren die Gedanken an ein Verlassen des Schiffes und an eine Schlittenreise zu den nächsten menschlichen Siedelungen an der Westküste — Croß-Bai oder Advent-Bai — nur schemenhaft aufgetaucht, hatten aber nach und nach festere Formen angenommen, zumal seit dem 8. September, an welchem Tage der Kapitän zum ersten Male von diesem Plan offen gesprochen hatte. Zwar waren wir bereits in Tromsoe von dem Expeditionsleiter auf die Möglichkeit, ja sogar Wahrscheinlichkeit einer Überwinterung aufmerksam gemacht worden, aber als Überwinterungsort war nur die Croß-Bai in Betracht gekommen, wo sich die deutsche meteorologische Station und in der Nähe andere menschliche Wohnplätze befanden. Nun saßen wir in der Treurenberg-Bai gefangen und waren auf unser Schiff und den Proviant, den wir an Bord hatten, angewiesen. Der Proviant hätte ohne Zweifel für eine Überwinterung ausgereicht [10]), aber dann blieb immer noch die Frage offen: Wann würden wir im nächsten Jahre aus der Bai herauskommen und wäre es überhaupt möglich? Denn die Nordküste Spitzbergens wird nicht jedes Jahr eisfrei, und nach Aussagen der Mannschaft war in den Jahren 1909—1911 kein Schiff östlich von Verlegen-Hook und in die Treurenberg-Bai gelangt. Auch die Jagdgelegenheit und damit die Erlangung von frischem Fleisch wäre, wie die Mannschaft sagte, hier außerordentlich gering. Wenn das tatsächlich der Fall war, so würde der Proviant im Laufe eines Jahres sehr eintönig werden. Ob aber der Genuß von Pemmikan und Plasmon-Biskuits, worauf wir schließlich angewiesen wären, da wir hiermit am reichlichsten ausgestattet waren, uns vor der Gefahr einer Erkrankung an Skorbut schützen würde, das wußten wir nicht, und es blieb immerhin ein gewisses Risiko, es darauf ankommen zu lassen. Und ganz abgesehen von den Proviantsorgen, die allerdings niemals allein den Ausschlag hätten geben können, fehlte uns sehr viel für eine Überwinterung, wie vor allem der nötige Raum, Lektüre, wissenschaftliche Instrumente u. a. So reichte — um nur ein ganz drastisches Beispiel anzuführen — unser am tiefsten unter den Gefrierpunkt gehendes

Thermometer nur bis — 22°. Um aber eine wissenschaftliche Expedition auch für den Winter nutzbringend zu gestalten, müssen in der Heimat sorgfältigste Vorbereitungen getroffen und ein festes Arbeitsprogramm aufgestellt sein. Denn wir befanden uns hier nicht in geographischem Neuland, wo jede Beobachtung an sich schon von Wert ist.

Schließlich — was soll ich es leugnen? — reizte uns junge Gelehrte auch eine Schlittenreise durch einen großen Teil Spitzbergens, durch selten oder nie betretene Gebiete, reizte uns jedenfalls tausendmal

„Herzog Ernst" im Eise fest.

mehr als eine Überwinterung in der bis in den letzten Winkel erforschten Treurenberg-Bai. Vor allem aber — und das fiel am meisten ins Gewicht — lockte uns die Aussicht, von Advent-Bai oder Croß-Bai noch in diesem Jahre mit einem Dampfer in die Heimat zu gelangen. Rave, der älter und verständiger war als wir, war von Anfang an gegen ein Verlassen des Schiffes, und freilich verschlossen wir — jedenfalls ich — gleich ihm uns keineswegs der Gefährlichkeit und Schwierigkeit einer solchen Landreise, dem eventuellen Aufsspielsetzen von Leben und Gesundheit.

Am 12. September zwang uns das Eis, wiederum den Ankerplatz

zu wechseln, und wir gingen nach Hekla Cove hinüber, wo wir zuerst gelegen hatten. Am Abend dieses Tages fand ein gemeinsamer Schiffsrat statt, bei dem es sich um die Frage des Gehens oder Bleibens handelte. Es wurde beschlossen, bis zum 23. September mit dem Verlassen des Schiffes zu warten, da um die Zeit der Tag- und Nachtgleiche häufig eine Änderung der Wetter- und Windverhältnisse eintritt; nur wenn bis dahin dauernd westliche Winde wehten, sollte in einem neuen Schiffsrat über das Verlassen des Schiffes Beschluß gefaßt werden. — Immerhin wurde sogleich mit den Vorbereitungen für die Schlittenreise begonnen, und da gab es vielerlei zu tun.

Was an Bord zurückbleiben, wurde verpackt, was mitgenommen werden sollte, wurde gründlichst nachgesehen. Der eine besohlte und benagelte seine Stiefel, ein anderer stopfte Handschuhe und Strümpfe, ein dritter pauste Karten durch. Während einige aus Bambusrohr Skistöcke anfertigten, arbeiteten andere im Raum an der Zusammenstellung des Proviants. Auch schrieben wir Briefe an unsere Angehörigen in der Heimat, die wir uns gegenseitig zur Aufbewahrung übergaben; einige, die es vorsorglich zu Hause noch nicht gemacht hatten, machten ihr Testament.

Zwar hofften wir immer noch auf eine Befreiung des Schiffes, aber je mehr das Eis die Bai erfüllte, je weiter es auch nach Hekla Cove eindrang, desto tiefer sank auch unsere letzte Hoffnung. Mehrmals am Tage mußte der Ankerplatz gewechselt werden, und schließlich lag das Schiff ganz in der Nähe des Ufers auf nur 5 Meter Tiefe hinter einem riesigen Grundeisblock. Freilich so sehr wie die Stimmung der Mannschaft wechselte die unsere nicht, denn diese war ebenso veränderlich wie das Wetter. Kam einmal vorübergehend ein frischer Ostwind aus der Hinlopen-Straße herüber, dann war eitel Freude auf ihren Gesichtern zu lesen, und fast den ganzen Tag über schwieg die Harmonika nicht still. Blies es aber wieder aus Norden, dann war nur von „plenty ice“ und „plenty schit“ die Rede und davon, daß Expedition und Schiff nun „finished“ wären; denn unsere Unterhaltung mit den Norwegern fand auf Englisch statt, und jedes dritte Wort derselben war „plenty“ oder „finished“.

Am Abend des 16. September fanden die emsigen Vorbereitungsarbeiten ein plötzliches Ende, als der „Herzog Ernst“ noch einmal die Bai verließ, zunächst mühsam durch dichtes Eis seinen Weg suchend, aber dann draußen offenes Wasser findend, in dem wir nach Südosten in die Hinlopen-Straße hineindampften. „Trotz des Schnees und unsichtigen Wetters — man sieht in der Straße keine Küsten — blieben wir mehrere Stunden an Deck, aus Freude darüber,

Julius Jensen.

Jörgen Jensen. Einar Rotvold.

Kapitän Ritscher. Eislotse Stenersen. Koch Stave.

endlich im offenen Wasser wieder etwas von der Stelle zu kommen, nachdem wir schon jede Hoffnung aufgegeben und unsere Gedanken ganz andere Wege in der Richtung Advent- oder Croß-Bai über Land gewandert waren", hieß es in einem Tagebuch. Aber lange dauerte diese Freude nicht. Südlich der Lomme-Bai war die Hinlopen-Straße in ihrer ganzen Breite durch dichtes Eis versperrt, so daß wir bis in die

Lomme-Bai zurückgingen, wo wir um 2 Uhr nachts nach achtstündiger Fahrt an der Westseite in einer kleinen Nebenbucht ankerten.

In den Nächten wurde es jetzt bereits vollkommen dunkel. Um so größer war unser Erstaunen, als wir am anderen Morgen an Deck kamen, über die landschaftliche Szenerie, die uns umgab. Die Lomme-Bai liegt nicht nur südlicher als die Treurenberg-Bai, sondern greift auch tiefer in das Innere des Landes hinein. In der Treurenberg-Bai sind die Berge niedriger und abgerundeter, meist mit einem flachen Landstreifen davor, und der Gletscher am Südende der Bai reicht nicht unmittelbar bis ans Wasser, sondern verläuft, im wahren Sinne des Wortes, im Sande. Hier dagegen hatten wir einen Ausschnitt echt west-spitzbergischer Naturschönheiten vor uns: Schroffe Felswände, markante Bergspitzen und steil am Meere abbrechende Gletscher — Naturschönheiten, wie sie nur wenigen Sterblichen zu schauen vergönnt sind. Aber auch für uns war dieser Genuß kein ungetrübter: Wir sollten hier unser Schiff verlassen, über diese Gletscher und Berge unsere Schlitten schaffen, nicht etwa um das unbekannte Innere zu erforschen — das wäre fürwahr eine reizvolle Aufgabe! —, sondern um uns vor Anbruch der Winternacht in die Heimat zu flüchten!

Am Mittag dieses Tages versuchten wir noch einmal, durch die Hinlopen-Straße nach Süden zu entkommen, mußten aber unverrichteter Sache zur Lomme-Bai zurückkehren. Die unterbrochenen Vorbereitungen für die Schlittenreise konnten jetzt zu Ende geführt werden. Sollten wir aber zur Treurenberg-Bai zurückfahren oder hier in der Lomme-Bai das Schiff verlassen? Diese Frage wurde ernstlich erwogen: Von der Lomme-Bai aus war es bis zur Advent-Bai beträchtlich näher, aber dafür auch sicherlich der Anfang, wenn nicht sogar der größte Teil der Tour um so schwieriger. Wenn wir das Schiff in der Treurenberg-Bai verließen, so konnte es vor allem dem Leutnant und seinen Begleitern im Falle ihrer dortigen Überwinterung eine willkommene Zufluchtsstätte sein, die ihnen zusammen mit dem Depot alles Erforderliche bot; außerdem blieb uns aber die Möglichkeit, falls die Wijde-Bai offen wäre, von Mossel-Bai aus mit einem Boote sie zu überqueren und statt nach Advent-Bai nach Croß-Bai zu gehen. Die Vorteile überwogen entschieden zugunsten der Treurenberg-Bai.

Daher dampfte „Herzog Ernst" am 18. September 9 Uhr morgens aus der Lomme-Bai und ging wieder nordwärts in die Hinlopen-Straße hinein. Dieses Mal zeigte sich uns die Straße im schönsten Sonnenschein, und diese letzte Fahrt des „Herzog Ernst“ war ganz besonders reizvoll. Über der Ostseite lag ein leichter Dunsthauch, und gern hätten wir ihn mit unseren Blicken durchdringen mögen, um zu erfahren, ob die Gefährten der Schlitten-Expedition schon bis hierher gelangt wären. An der Westseite fesselte uns vor allem das Eiskap: Ein gewaltiger Gletscher, der aus dem ganz allmählich ansteigenden Hochlande kommt und mit einer Steilwand am Wasser endet, gerade deswegen besonders interessant, weil er gleichzeitig ein Kap bildet. Der Eisberg, in dessen bedrohliche Nähe wir seinerzeit bei Low-Island gerieten, stammte höchstwahrscheinlich hierher; denn mehrere hier treibende Eisberge deuteten auf eine starke Kalbungstätigkeit dieses Gletschers hin.

Draußen trafen wir weit mehr Treibeis an als vor zwei Tagen. Einmal erhielt das Schiff einen so heftigen Stoß, wovon es mehrere sicherlich nicht hätte aushalten können. Um 3 Uhr nachmittags mußte die Maschine gestoppt werden; wir befanden uns noch östlich der Treurenberg-Bai, nordöstlich von Hekla Cove. Wir konnten nicht weiter, denn der Eingang der Bai war durch Eis versperrt. Um 6 Uhr rief der Kapitän alle Mitglieder der Expedition und die Mannschaft zu einer kurzen Beratung an Deck und erklärte, daß er keine Möglichkeit sähe, das Schiff weiterzubringen; jedes andringende Eis könnte das Schiff gegen die Küste drücken; der einzige Ausweg wäre, das Schiff sogleich auf den Strand zu setzen und morgen die Schlittenreise zu beginnen. Da nur Marinemaler Rave und einer der Matrosen zum Abwarten rieten, während der Eislotse die Ansicht des Kapitäns vertrat, und daraufhin alle übrigen zustimmten, wurde das Schiff aufgesetzt: Ganz geräuschlos fuhr es auf den Grund auf, nur wenige Meter von dem flachen Strande entfernt.

Rave und der Matrose Julius, die zum Abwarten geraten hatten, sollten Recht behalten. Vorübergehender, frischer Südostwind trieb am folgenden Tage das Eis aus der Bai und schuf auch eine offene Rinne längs der Küste dorthin. Nach einem vergeblichen Versuch am Vormittag gelang es abends mit der Flut das Schiff wieder abzubringen und bis zur östlichen Eingangsecke der Treurenberg-Bai zu fahren. Nun klammerte man sich natürlich wieder an den Strohhalm von Hoffnung, daß der Wind weiter anhielte und uns in den nächsten Tagen auch um Verlegen-Hook herumführen würde.

Aber der 20. September brachte die endgültige Entscheidung. Das Eis trieb zurück; wir mußten in die Bai hineingehen. Da wir Hekla Cove bereits vom Eis erfüllt fanden, ging es weiter in das Innere, wo um 11 Uhr vormittags an der Westseite hinter einer kleinen Landzunge, die einen natürlichen, gegen andringendes Eis geschützten Hafen bildet, das Schiff auf den Grund gesetzt wurde. Die Sorge-Bai hatte den „Herzog Ernst" mattgesetzt.

V.

Die Schlittenreise.

Am Nachmittag des 20. September schafften wir die Ausrüstung für die Schlittenreise an Land: Den Nansen-Schlitten, ein kleines Zelt, die Schlafsäcke, eine Kiste mit dem Spiritusbrenner, eine Kanne Spiritus, drei Säcke Proviant und einen weiteren, ebenfalls aus wasserdichtem Segelleinen bestehenden Sack, der alle möglichen Ausrüstungsgegenstände, wie Seile, Decken, Laterne, Axt, Spaten, wissenschaftliche Instrumente und einige Reservekleidungsstücke enthielt; außerdem eine Werkzeugtasche, eine Tasche mit den bisher aufgenommenen Films und Platten, einen photographischen und einen kleinen kinematographischen Apparat, sechs Rucksäcke, in denen jeder seine Privatsachen wie Wäsche, Tagebücher u. a. hatte, die Skier und Skistöcke. Wir beluden mit allem den Schlitten, spannten uns zu viert davor — eine erste, große Enttäuschung: Der Schlitten ließ sich kaum von der Stelle bringen, trotz der größten Kräfteanspannung ruckte er nur zentimeterweise vorwärts. Wir überlegten, was von der Last zurückgelassen werden konnte, aber das war nicht der Rede wert, und so vertrösteten wir uns auf den nächsten, den Aufbruchstag, und hofften, daß es zu sechs mit Hilfe einiger Hunde leichter gehen würde.

Als wir an Bord zurückkehrten, teilte uns der Kapitän mit, daß die Norweger, die am Morgen beim Schiffsrat sämtlich gesagt hatten, sie wollten an Bord bleiben, beschlossen hätten, mit uns zu gehen. Von den wechselnden Stimmungen der Leute habe ich bereits einmal gesprochen, von ihrer hochgradigen Unentschlossenheit war dies ein neuer Beweis für uns. Erst waren sie durchaus für ein gemeinsames Verlassen des Schiffes; als es dann soweit war, wollten sie lieber bleiben, und nun hatten sie sich wieder anders besonnen. Schon Torell und Nordenskiöld berichteten von „einem bei diesen Eisfahrern nicht ungewöhnlichen Zug einer launischen, unerklärlichen Neigung zu Veränderungen und plötzlichen Entschlüssen" [11]). Und in der Tat war auch dies nichts anderes, nicht etwa eine Sonderheit der Norweger, sondern der Eisfahrer und Fangleute überhaupt. Sie sind so veränderlich wie das Eis, das sich bald zusammenschiebt, bald wieder auseinandertreibt; ihre Stimmung und Laune wechselt ebenso wie ihr Fangglück, das sie in dem einen Jahr mit reicher Beute, in dem anderen mit leeren Händen in die Heimat zurückkehren läßt.

Auch am anderen Morgen, als wir uns zum Verlassen des Schiffes rüsteten, verhielten sich die Leute zuerst wiederum passiv. Erst als wir fertig waren, packten sie ebenfalls ihre Sachen zusammen, so daß es 11 Uhr wurde, bis wir alle an Land rudern konnten. Das Boot wurde hoch auf die Landzunge heraufgezogen, und dann die Last auf die beiden Schlitten verteilt. Während wir sechs Deutsche — wir drei Gelehrte, Rave, der Kapitän und der Maschinist — den niedrigen, aber langen Nansen-Schlitten nahmen, auf dem 6 bis 7 Zentner verladen waren, benutzten die fünf Norweger das kurze Vordergestell des auf der Havelwerft in Potsdam von Ingenieur Müller konstruierten Schlittens. Dieser Müller-Schlitten, dessen Aufbau höher und dessen Kufen schmaler sind als die des Nansen-Schlittens — über die Konstruktion wie die Vor- und Nachteile beider Schlitten wird bei einer späteren Gelegenheit ausführlicher gesprochen werden — war mit 300 bis 400 Pfund beladen. Die acht Hunde wurden gleichmäßig verteilt. Während die Leute jedoch mit den Hunden nicht recht fertig wurden, zogen die drei bei uns eingespannten, jeder von einem von uns geführt, zunächst ganz gut; Tyras, die junge Dogge, folgte mit unseren sechs Paar Skiern. Wir selbst zogen zu fünft an Strängen, die verschieden — 2 bis 5 Meter — lang waren, damit wir uns gegenseitig nicht behinderten. Am Ende eines jeden Stranges war ein breiter Gurt befestigt, den wir um Schultern und Nacken legten, so ähnlich wie das Riemenzeug eines Rucksacks. Der sechste von uns schob hinten am Schlitten, was hauptsächlich beim ersten Anziehen in Betracht kam, aber er mußte auch durch Rufe, Bremsen oder Steuern zu verhindern suchen, daß die Schlittenkufen auf einen Stein auffuhren, und hatte gleichzeitig auf den Hund, der die Skier zog, zu achten.

Trotzdem das Vorland an der Westseite der Bai nur ganz allmählich zu dem Fuß der Berge ansteigt, war das Schlittenziehen eine überaus mühselige Arbeit. Zwar kamen wir vorwärts, aber nur sehr langsam, da an vielen Stellen der Schnee fortgeweht war und die breiten Kufen auf dem steinigen Boden sehr schlecht oder, richtiger gesagt, überhaupt nicht glitten. Für die gut 3 km bis ans Gebirge brauchten wir 2½ Stunden. Aber den verschneiten Taleinschnitt hinauf, den wir zum Anstieg wählten und dessen Steigung 1 zu 30 betrug, brauchten alle elf Mann 1½ Stunden um nur einen Schlitten hinaufzuschaffen — 1½ Stunden für eine Strecke von 1¼ km! Diese Zahlen reden deutlich genug und besser als viele Worte für die Schwierigkeiten, die hier zu überwinden waren. Nachdem rasch ein heißer Tee gekocht und eingenommen war, ging es zu neunt in nur 8 Minuten wieder bergab, um den kleinen Schlitten nachzuholen, was ¾ Stunden Arbeit kostete. Rave und der Koch waren währenddessen oben geblieben, um in dem kleinen Zelt, das gerade für diesen Zweck groß genug war, das Abendessen zu bereiten. Als wir um 7 Uhr abends auch den zweiten Schlitten bis an den oberen Rand des Hochplateaus geschafft hatten, waren wir alle rechtschaffen hungrig und müde. Die heiße Erbsensuppe, mit Pemmikan zubereitet, schmeckte daher vortrefflich, trotzdem einem dabei manche Schneeflocke in den Aluminiumbecher fiel. Das Thermometer zeigte — 4,3°, aber bei der rasch in Brand gesetzten Pfeife war es ganz warm. Noch wärmer wurde uns jedoch über Nacht in den Schlafsäcken, da wir je zu dritt in einem breiten, aber für drei doch zu engen Schlafsack lagen.

Bevor es am nächsten Morgen weiterging, warteten uns die Leute mit einem neuen, überraschenden Entschluß auf: Sie hatten bereits genug von der Schlittenreise und wollten zum Schiff zurückkehren! Eine kurze Strecke halfen sie unseren Schlitten mitziehen, da es immer noch, wenn auch nur wenig bergan ging; dann verabschiedeten sie sich und kehrten um. Wir sechs Deutsche zogen allein weiter westwärts in den Nebel hinein, der über der tief verschneiten Hochfläche lagerte und uns kaum 50 Meter weit blicken ließ. Der Schnee war sehr weich und fußtief, so daß sich die Kufen des Schlittens tief einwühlten und alle Augenblick der Schnee, der sich vor dem Schlitten zusammenschob, zur Seite geschafft werden mußte. Bei der geringsten Steigung kamen wir selbst unter ständigem Anrucken nur noch schrittweise vorwärts. Da dies auf die Dauer zu anstrengend war, beschlossen wir, zunächst die halbe Last zurückzulassen. Nun kamen wir besser von der Stelle. Während Rave vorne blieb und Essen kochte, gingen wir fünf anderen mit dem leeren Schlitten zurück und holten die zweite Hälfte der Last nach. Dadurch mußten wir zwar den Weg dreimal machen, aber wir kamen wenigstens vorwärts und brauchten unsere Kräfte nicht so übermäßig anzuspannen wie zuerst. Die Hunde versagten in dem tiefen Schnee fast völlig, bis auf einen, den gelben Cäsar, ein dickes, kräftiggebautes Tier, das immer gleichmäßig mitzog.

Nachmittags wurde es etwas sichtiger. Dr. Moeser und ich gingen auf Skiern vor, um zu rekognoszieren, erreichten jedoch in einer Stunde noch nicht den Talabfall zur Mossel-Bai, konnten aber feststellen, daß eine im Westen vorgelagerte Höhe am besten im Norden zu umgehen wäre. Als wir zurückkamen, waren die Kameraden bereits mit der halben Schlittenlast unterwegs, und wir behielten beim Weiterziehen die Skier unter. Da dies bis auf das erste Anziehen eine große Erleichterung bedeutete, so schnallten auch die übrigen ihre Skier an. Um ½10 Uhr abends hatten wir die ganze Last bis zu einer Stelle geschafft, von wo wir deutlich den Abfall zur Mossel-Bai sahen; zum Weitergehen war es bereits zu dunkel, und so schlugen wir hier unser Lager auf.

In dem kleinen Zelt wechselte ein jeder nacheinander die Fußbekleidung: Statt der Lederstiefel wurden die leichten Zeltstiefel aus Filz angezogen. Nachdem man dann die Kleidung sorgfältig von allem Schnee gereinigt hatte, konnte man in den Schlafsack kriechen. Trotzdem wir jetzt, da die Leute uns verlassen hatten, vier Schlafsäcke — zwei einfache und zwei Doppelschläfer — hatten, oder vielleicht gerade deswegen, weil wir nicht mehr so eng zusammenlagen, froren wir in dieser zweiten Nacht alle ziemlich erbärmlich.

Der dritte Tag brachte zunächst wieder Schnee und unsichtiges Wetter. Bis zum Beginn des Abstieges war es doch weiter, als wir bei der klaren Luft des Abends vorher geschätzt hatten. Da wir die Last wiederum halbieren mußten, wurde es Mittag, bis wir dorthin gelangten und die zweite Hälfte nachholen konnten. Aber dieses Mal ging es nicht so glatt: Bei frischem Südwestwind war Tauwetter eingetreten; der Schlitten ließ sich nicht von der Stelle rühren, da die Kufen klebten. Nachdem wir uns eine Zeitlang vergebens abgearbeitet hatten, schnallten wir die Rucksäcke auf und eilten ohne Schlitten zu Raves Suppentöpfen. Nach dem Essen machten Dr. Moeser und ich einen neuen Rekognoszierungsvorstoß, ohne jedoch in dem Gewirr der überall vorspringenden Talecken einen Durchblick zur Mossel-Bai zu erhalten. Als wir abends in die Schlafsäcke krochen, war noch + 3,2° gegen — 4° am Morgen. So schliefen wir mit dem Wunsche ein, daß das Thermometer bald wieder unter den Gefrierpunkt sinken möchte.

Diesen Gefallen tat es uns mehr als genug! Der Wind ging nach Westen herum, wurde über Nacht zum Sturm und begrub unser Lager völlig unter Schnee. Als wir am anderen Morgen erwachten, lag es sich zwar leidlich warm unter dieser Schneedecke, aber durch den Verschluß des Schlafsackes am Kopfende rieselte doch allerlei Schnee hinein, und da der Sturm noch anhielt, blieben wir bis 11 Uhr liegen; das Thermometer zeigte — 11,3°, später sogar mehr als — 12°. So war der halbe Tag verloren, als wir uns auf den Weg machten, um den Schlitten nachzuholen, während Rave das verschneite Lager ausgrub und zusammenpackte. Aber auch der Rest des Tages ging uns so gut wie verloren. Statt einer raschen Talfahrt mit vollbeladenem Schlitten, kamen wir zunächst in dem knietiefen Schnee so langsam vorwärts, daß wir wieder eine Teilung der Last erwogen. „Nur noch den nächsten kurzen, aber steilen Hang hinunter, vielleicht wird es dann besser!" Wirklich zum ersten Male gleitet der Schlitten von selbst abwärts. Rasch springen die Ziehenden zur Seite, um nicht überfahren zu werden und, falls es nötig, mit den Leinen zu bremsen. Aber alle Vorsicht war unnötig — ein lauter Krach, und der Schlitten saß fest! Ein von Schnee überwehter Felsblock hatte mit seiner oberen, spitzen Kante dieses Unglück angerichtet und dieser ersten Talfahrt zu einem raschen, traurigen Ende verholfen. Besorgt luden wir sogleich ab, um festzustellen, ob nichts gebrochen wäre. Aber der Nansen-Schlitten machte seinem Konstrukteur alle Ehre: Dank des Fehlens jeder Schraube und jedes Nagels — alle Verbindungen sind durch Riemen hergestellt — war der Schlitten wohl verbogen, aber kein Teil zerbrochen. Dieser Schaden war bald geheilt: Ein festes Tau spannte die Verbiegung wieder in die alte Lage zurück. Schlimmer war, daß es bereits zu dunkeln begann und wir nur 500 Meter von unserem dritten Lager das vierte aufschlagen mußten.

Dieses Lager „am Stein des Anstoßes", wie wir es tauften, war das ungemütlichste von allen bisherigen. Ringsum von allerdings nicht hohen Bergen umschlossen, hatte sich hier der Schnee wie in einem Kessel gesammelt. Man mußte sich erst mit den Füßen den knietiefen Schnee niederstampfen, um etwas Platz zum Auf- und Abgehen, was zur Erwärmung durchaus notwendig war, zu haben; auch die Schlafsäcke hatten auf der schiefen Ebene des Hanges keinen günstigen Platz. Bevor wir uns zur Ruhe legten, gingen der Kapitän und ich — angeseilt, da der Weg durch ein an den Seiten teilweise vereistes Tal führte — vor und erreichten in etwa ¾ Stunden das Flachland der Mossel-Bai, konnten aber wegen dichten Schneefalls weder die Bai noch das dort befindliche Haus sehen.

Auch der fünfte Tag begann mit Schnee. Rave blieb zum Kochen im Lager; wir anderen machten uns mit dem Rucksack auf den Weg zum Mossel-Bai-Haus. Endlich klarte es auf, zum ersten Male während der Schlittenreise zeigte sich die Sonne, und wir sahen, daß wir auf dem richtigen Wege waren, denn genau in der westlichen Verlängerung des Tales, in dem wir das Hochland verließen, erblickten wir das Haus. Leicht ging es über das abflachende Vorland, dann über eine Lagune und schließlich über den ebenfalls überfrorenen innersten Teil der Bai zu dem Vorsprunge an deren Nordseite, wo das Haus lag. In 1¾ Stunden hatten wir die 8 km bis dorthin zurückgelegt.

Das Haus in der Mossel-Bai ist bedeutend älter als das in der Treurenberg-Bai. Es hat im Jahre 1872—73 einer schwedischen Expedition unter A. E. Nordenskiölds Leitung als Winterquartier gedient [12]). Von der Ostseite, wo der Eingang liegt, macht es einen noch gut erhaltenen Eindruck, und auch die beiden vorderen Räume, links die Küche und rechts ein Schlafraum, sind, abgesehen von einem zerbrochenen Fenster und den Haufen herumliegenden Drecks, immerhin ganz gut benutzbar. Um so schlimmer steht es um die übrigen Räume! Kaum ein Fenster ist erhalten, aber auch die Fensterrahmen und -läden fehlen; Haufen von Brettern, zerbrochenen Möbeln und Fässern liegen überall herum, die Schlösser sind herausgesägt, die Öfen entfernt oder zerstört. Selbst die Hälfte des Dachs fehlt, und die gähnende Leere zwischen den Dachbalken erhöht den ruinenhaften Eindruck des Ganzen. Was nicht Fangleute mitgenommen oder verwüstet haben, wo ihre Hand die ersten Lücken gerissen und anscheinend das Material zu anderen Hausbauten herausgebrochen hat, da haben später die Stürme des Winters dieses traurige Zerstörungswerk vollendet. Auch der „plenty“ Proviant, der hier nach Angaben unserer Mannschaft zu finden sein sollte, erwies sich als ein wildes Durcheinander größtenteils zerbrochener Fässer, deren Inhalt verschimmelt oder verschüttet war. „Polhem“

— Polheim — ist der Name des Hauses; ein trauliches Heim mag es einst vor Jahrzehnten gewesen sein. Wenn wir auch nur eine Ruine mehr vorfanden, wir waren doch froh, vorläufig dieses Ziel erreicht zu haben, nach fünf schweren Tagen dieses schützende Heim.

In 3½ Stunden schafften wir am Abend dieses Tages den Schlitten mit Schlafsäcken und Proviant nach, während wir das Zelt und darin den Rest unserer Sachen zunächst am Stein des Anstoßes zurückließen. Im Hause wurde rasch die Küche etwas wohnlich eingerichtet. Ein offenes Holzfeuer auf dem Herde spendete uns Licht und Wärme, trocknete unsere nassen Joppen, Stiefel, Strümpfe, Handschuhe und Schlafsäcke, die in malerischem Durcheinander um den Herd herumhingen oder standen. Ein Tisch und ein paar provisorische Bänke waren bald zusammengeschlagen, ebenso eine fehlende Tür eingesetzt und über die Öffnung oberhalb der Bodentreppe, wo ein Stück des Himmels hereinschaute, einige schützende Bretter gelegt. Zum Schlafen wählten Dr. Detmers und Dr. Moeser den Raum gegenüber der Küche, während wir vier anderen den kleinen Raum hinter der Küche, der wohl einst als Speisekammer gedient haben mag, bezogen: Zwei in noch erhaltenen Kojen, die wir hierhin stellten, und zwei auf der Erde im Schlafsack. Aber vorläufig kamen wir nicht zur Ruhe. Es war zu wohltuend — trotz des Rauchs —, bei dem wärmenden Feuer zu hocken! Mit dem Trocknen der Sachen, dem Ergänzen des Tagebuchs oder einem süßen, untätigen Strecken der Glieder ging die Zeit rasch hin, und es wurde 3 Uhr morgens, ehe wir uns schlafen legten.

Der folgende Tag — der 26. September — war Ruhetag. Wir hatten Zeit, noch einmal die Schwierigkeiten während der fünf ersten Tage der Schlittenreise zu überdenken: Am ersten Tag der mühselige Anstieg, am zweiten Nebel und Schnee, am dritten das hindernde Tauwetter, am vierten erst Schneesturm und dann die Kollision des Schlittens mit dem Stein, so daß wir erst am fünften Tage die Mossel-Bai erreicht hatten, in fünf Tagen nur eine Strecke von etwa 16 km zurückgelegt und noch nicht einmal die gesamte Schlittenlast hierher geschafft hatten. Dieser Anfang war der denkbar ungünstigste, aber zugleich auch eine harte, gute Schule für uns gewesen. Kein Wunder, daß bei einzelnen von uns der Gedanke an eine Rückkehr zum Schiff und eine Überwinterung dort auftauchte. Noch einmal erwogen wir alle Möglichkeiten; es gab ihrer drei: 1. Auf dem Schiff zu überwintern; dann mußte man im nächsten Jahre, falls das Schiff nicht herauskam, doch die Schlittenreise unternehmen. 2. Jetzt weiterzugehen; es blieb nur der Weg nach Advent-Bai, da die Wijde-Bai, wie wir vom Hause aus deutlich sehen konnten, wohl voll Eis war, aber mit breiten offenen Rinnen dazwischen, die eine Überquerung von Mossel-Bai aus und den Weg zur Croß-Bai unmöglich machten. 3. Im Dezember oder Januar bei Mondschein, wenn alle Baien von einer festen Eisdecke überlagert waren, nach Advent-Bai oder Croß-Bai zu gehen [13]). Freilich blieb bei jeder dieser Möglichkeiten ein großes Fragezeichen; bei keiner ließ sich auch nur mit annähernd völliger Sicherheit voraussagen, ob die Durchführung glücken würde. So war ein Entschließen nicht leicht.

Bevor wir jedoch zu einem endgültigen Entschluß kamen, überraschten uns Dr. Detmers und Dr. Moeser durch die Mitteilung, sie hätten beschlossen, zu zweit nach Advent-Bai weiterzugehen. Sie hofften, zu zweit rascher und leichter vorwärtszukommen, indem sie einen beim Haus vorgefundenen Schlitten, eine Art Mulde, wie sie zum Fortschaffen von Renntieren und anderer Jagdbeute verwandt wird, benutzen wollten. Trotz des Risikos, das einer solchen Reise zu zweit anhaftet, wollten beide von ihrem Plan nicht ablassen. Auch als wir anderen auf meinen Vorschlag hin beschlossen, zur notwendigen Ergänzung des Proviants zunächst zum Schiff zurückzukehren, wollten beide davon nichts wissen, sondern sogleich von Mossel-Bai aus weitergehen. Eine Ergänzung des Proviants war aber durchaus nötig, da uns die Schwierigkeiten der ersten Tage gezeigt hatten, daß unsere knappe Verproviantierung nicht ausreichte, zumal jetzt, wo sich zwei von uns trennten, der Proviant geteilt werden mußte.

Am nächsten Morgen brachen wir um 7 Uhr gemeinsam vom Hause auf und gingen zum Lager am Stein des Anstoßes zurück. Wir brachten bis hier den Schlitten und gingen dann mit Rucksack auf Skiern weiter, während Dr. Detmers und Dr. Moeser hier von uns Abschied nahmen, um dann mit einigen Sachen, die sie von dem im Zelte Zurückgelassenen gebrauchten, wieder nach Mossel-Bai umzukehren. Wind und Frost der letzten Tage hatten uns eine vorzügliche Skibahn geschaffen, und überhaupt gehörte dieser Marsch — ohne jedes lästige Gepäck — über die verschneite Hochfläche mit dem Rückblick auf die in der klaren Wintersonne hell leuchtenden Berge dies- und jenseits der Wijde-Bai zu dem Schönsten, was wir bisher in der Arktis erlebt. Bei dem steilen Abstieg zur Treurenberg-Bai zogen wir es vor, die Skier abzuschnallen und zu Fuß zu gehen. Rave glitt, auf den Skiern sitzend, in sausender Fahrt zu Tal. Um 1 Uhr hatten wir das Schiff erreicht, also in 6 Stunden die Strecke zurückgelegt, zu der wir mit dem Schlitten fünf Tage gebraucht hatten.

Die Mannschaft empfing uns wieder mit einer neuen Entschließung: Der Eislotse, der Matrose Rotvold, die beide Frau und Kinder in Tromsoe hatten, und der Koch wollten am nächsten Tage mit uns gehen, die Brüder Julius und Jörgen dagegen an Bord bleiben und jagen. Wir wären zwar lieber allein gegangen, um von den launischen Einfällen der Leute, die über kurz oder lang doch nicht ausbleiben würden, verschont zu sein, konnten aber schließlich nichts dagegen haben. Außerdem berichteten die Leute, daß am 24. September bei orkanartigem NW-Sturm das Schiff ins Treiben gekommen wäre und sie noch einen zweiten Anker hätten aussetzen müssen. Wenn niemand an Bord gewesen wäre, behaupteten sie, wäre das Schiff verloren gewesen. Am folgenden Tage hätten sie dann mit Hilfe der Segel das Schiff wieder weit auf den Strand hinaufgesegelt. Und in der Tat lag das Schiff jetzt in viel seichterem Wasser und hatte bei Ebbe ganz erhebliche Schlagseite, was den Aufenthalt an Bord sehr unangenehm machte und jegliches Hantieren wie vor allem das Einnehmen der Mahlzeiten erschwerte.

Nach dem Essen gingen Rave und ich an das Auspacken und Zusammenstellen des Proviants. Hatten wir das erste Mal auch Brot, Butter, Wurst, Kakao, Zucker, Plasmonmehl, Weizenmehl, Früchte und einige Flaschen Likör mitgenommen, so beschränkten wir uns jetzt auf das Notwendigste. Der Proviant war auf 20 Tage berechnet, und zwar erhielt jeder: 10 Pfund Pemmikan, 4 Erbswürste, 12 Stück Plasmon-Schokolade und einige Schachteln Hygiama-Tabletten, 6 Dosen Tip-Top- oder Camembert-Käse, 1 Pfund Zucker und 1 Dose Trockenmilch; außerdem als Getränke Tee, Zitronensäure und Fruchtsaft. Für die beiden Hunde — Cäsar und Bella — kam je 10 Pfund Pemmikan dazu; Tell war mit Dr. Detmers und Dr. Moeser gegangen, die übrigen Hunde sollten an Bord bleiben. Als gemeinsames Schlafzelt wurden zwei leichte Kajaksegel ausgewählt; das kleine, aber verhältnismäßig schwere Zelt sollte in Mossel-Bai bleiben.

* * *

Blick auf die Sorge-Bai

Gegen Morgen des 28. September hatte ein stürmischer Nordwest eingesetzt, so daß sich unser Aufbruch bis 11 Uhr hinauszögerte. Wir waren froh, als wir das Schiff verlassen konnten, da es so schief lag, daß an der Steuerbordseite das Wasser bis fast an die Reling heraufreichte. Wir waren alle schwer beladen; wir trugen unseren Rucksack, die Norweger ihre Schlafsäcke, darin den Proviant. Jule, die über Nacht an Land geblieben war, schloß sich uns an, so daß wir 7 Mann nun 3 Hunde bei uns hatten. Aber bereits nach 10 Minuten kehrte der Koch, der an Ischias litt, zum Schiff zurück.

In vier Stunden hatten wir das Lager am Stein des Anstoßes erreicht, luden hier alles auf den Schlitten und zogen weiter zur Mossel-Bai. Die Norweger bewiesen zwar ihre größere Fähigkeit und Beweglichkeit im Skilaufen, was beim Schlittenziehen von großem Vorteil ist, da man sehr häufig die Zuggeschirre loswerfen muß, um den umgefallenen Schlitten wieder aufzurichten oder ihn über eine Unebenheit des Geländes zu heben. Dafür war aber ihr Durst um so mehr entwickelt, und alle Augenblick verlangten sie „plenty drink". Die mitgenommenen Feldflaschen waren bald leer, und als wir um 7 Uhr abends das Haus in der Mossel-Bai erreichten, war auch die Thermosflasche ihres Inhalts beraubt: Sie hatten die unverdünnte Fruchtsaftessenz einfach ausgetrunken, während wir stets zunächst den Becher mit Schnee gefüllt und dazu einen Schuß Fruchtsaft gegossen hatten. Laut schriftlicher Mitteilung, die wir vorfanden, waren Dr. Detmers und Dr. Moeser morgens 10 Uhr von hier aufgebrochen, waren uns also nur um einen Tagesmarsch voraus.

Bevor wir am Tage darauf — einem Sonntag — das Haus verließen, packten wir die Sachen, die hier zurückbleiben sollten, in dem Raum hinter der Küche zusammen und vernagelten die Tür desselben; wenn im nächsten Jahre das Schiff abgeholt würde, konnten sie ohne Schwierigkeit mitgenommen werden. Außer dem Zelt, dem photographischen und kinematographischen Apparat und einem Teil der Films und Platten blieb hier alles, was wir an Wäsche und privaten Sachen irgendwie entbehren konnten. Es war dies durchaus notwendig, um den Schlitten, der — wie sich gezeigt hatte — zu schwer belastet war, möglichst zu erleichtern. Lieber zogen wir doppelte und dreifache Unterkleidung an, zumal durch das dicke, aber poröse Lodenzeug und den Wollsweater jeder kräftigere Wind hindurchpfiff. Der Eislotse hielt auch die Extraration Pemmikan für einen Hund für zu viel und wollte sie zurücklassen, jedoch packte Rave sie vorsorglich wieder ein.

Gegen 11 Uhr spannten wir uns vor den Schlitten, und es ging nach Westsüdwesten quer über das Eis der Mossel-Bai. Die Mossel-Bai ist eine kleine Nebenbai der Wijde-Bai, an deren Eingang an der Ostseite gelegen, halbkreisförmig rings vom Hochland umschlossen. Dieses besteht aus denselben Schieferbildungen wie die Berge an der Treurenberg-Bai und an der ganzen Ostseite der Wijde-Bai, bedeckt von einer einheitlichen Eisdecke, welche die Bergspitzen abgeschliffen hat und in breiten Talmulden Gletscher herabsendet, einen am Südende der Treurenberg-Bai und ihrer mehrere an der Ostseite der Wijde-Bai. An der Westseite der Wijde-Bai dagegen fehlen bis zum Meeresniveau herabreichende Gletscher. Die Berge, die sich Spitze an Spitze aneinanderreihen, bestehen aus Sandstein und tragen echten Hochgebirgscharakter. West-Spitzbergen und Neu-Friesland werden durch die Wijde-Bai, den größten Fjord Spitzbergens, voneinander geschieden, und ihre Ufer tragen aufs deutlichste den Typus dieser beiden Teile zur Schau, zeigen aufs klarste die gewaltigen Gegensätze: Im Westen spitze, markante Bergriesen — im Osten ein abgerundetes, unter Eis begrabenes Hochland.

3½ Stunden brauchten wir über das Eis der Mossel-Bai. Es war unsere erste Packeiswanderung! Ihre Schwierigkeiten haben in den zahlreichen Polarreisenden dieses und des vorigen Jahrhunderts, die über das Packeis zum Nordpol hinstrebten, manch' beredten Schilderer gefunden. Und doch wird es wenig glaubhaft klingen, wenn ich sage, daß die Schwierigkeiten, die sich uns in den Weg stellten, in mancher Hinsicht noch größer waren. Auf dem Packeis des Nordpolarbeckens gibt es am Ende des arktischen Winters — das ist die Zeit, in der die meisten Polreisen unternommen wurden — weite, fast ebene Flächen; die Schneestürme haben die Unebenheiten des Eises verweht und mit einer hart gefrorenen Schneedecke überlagert. Wir standen am Beginn des Winters: Erst verhältnismäßig wenig Schnee war gefallen und noch nicht gefroren, das Eis stellenweise jung und morsch, so daß Rave, der nachkam, gleich im Anfang einbrach und die unsicheren Stellen, nur auf allen Vieren kriechend, überwinden konnte. Außerdem war das Packeis selbst hier in der Bai an der Nordküste Spitzbergens weit ungünstiger als draußen im küstenfernen Meer, hier, wo das Eis aus- und eintreibt, in dieser ständigen Bewegung zerbricht und sich übereinanderschiebt, bis es dann ein heftiger Sturm in den Buchten festkeilt, eine wilde Trümmerstätte kleiner und kleinster Brocken, größerer Schollen, hoch aufgewölbter Wälle und mächtiger Blöcke und Berge, alles auf engstem Raum dicht beieinander, immer derselbe und doch ständig wechselnde Wirrwarr!

Als wir uns der Südseite der Bai näherten, sahen wir dort auf halber Berghöhe zwei Gestalten. Ohne Zweifel, es waren Detmers und Moeser, die anscheinend statt des geraden Weges über das Eis um die Bai herumgegangen waren. Auch wir gingen nun aufs Land über. Wieder begann die furchtbare Strapaze des Berganziehens, das schneckenhafte Vorwärtskommen, das fortwährende ruckweise Anziehen, unter jedesmaligem Kommandoruf. Das Kommando war eine Notwendigkeit, damit alle gleichmäßig anruckten. Ging es dann eine Strecke glatter, so kamen hindernde Steine, von denen der Schlitten jedesmal zur Seite gehoben werden mußte, oder einer sank plötzlich durch die obere harte Kruste bis ans Knie in den darunterliegenden weichen Schnee, kam ins Stolpern, und das Ganze stockte. Um 6 Uhr abends waren die meisten so erschöpft, daß wir beschlossen, unser Lager aufzuschlagen. Detmers und Moeser lagerten etwa 1 km nördlich von uns. Wenn wir auch höchstens 9 bis 10 km zurückgelegt hatten, so war es für uns doch eine gewisse Befriedigung, daß wir so weit gekommen waren, weiter als die beiden Gefährten an zwei Tagen, und wiederum eine Beruhigung, daß wir die beiden in unserer Nähe wußten.

Am Morgen des 30. September erwachten wir eingeschneit. Über Nacht war der Wind umgesprungen und hatte unser Zelt, das aus den Kajaksegeln und Skistöcken bestand, zur Seite geweht, so daß unsere Schlafsäcke am Morgen davor statt darunter lagen. Nach dem Morgenimbiß, einem Schluck heißen Tees und einem Stück Käse, ging es weiter bergan. Wiederum mußten wir die Last teilen: Dieses Mal gingen wir zunächst mit Rückengepäck mehrere Kilometer vor, holten dann den Schlitten mit der halben Last nach und brachten ihn gleich etwa 5 km weiter, um schließlich das andere auf dem Rücken auch so weit zu schaffen. Wir hielten uns auf halber Höhe, parallel den nord-südlich verlaufenden Ufern der Wijde-Bai, von der wir jedoch bei dem unsichtigen Schneewetter nur wenig übersehen konnten. Das wenige — einige dunkele Stellen, also offene Rinnen — sagte uns genügend, daß wir den Übergang zur Westseite erst weiter südlich wagen konnten. Auch das Gelände, durch das uns unser Weg führte, bot zunächst keine besonderen

Reize, da wir, wie schon erwähnt, auf halber Höhe gingen und uns daher der Ausblick auf das Innere des Landes versagt blieb. Es hatte durchaus abgerundete, bucklige Formen, die der Einwirkung einer früheren Eisbedeckung ihre Gestalt verdanken.

Erst am Nachmittag wurde die Landschaft interessanter, als wir in das Gebiet der Lachsseen kamen. Nach den Angaben der schwedischen Forscher [14]) finden sich zwischen Mossel-Bai und Albert-Dirkses-Bai sieben Süßwasserseen, die ihre Wasser zur nahen Wijde-Bai hinsenden. Wir passierten zwei derselben, die, durch einen niedrigen Geröllwall voneinander geschieden, auf ihrer ebenen Eisdecke uns und unserem Schlitten ein leichtes Vorwärtskommen gestatteten. Die Schweden, die diese Gegend im Sommer besuchten, wo sich in den Seen zahlreiche Fische — Berglachse — tummelten, wo in raschem Lauf über muntere Wasserfälle kleine Flüsse zur Bai hinabrannen, schildern sie als „eine der sonderbarsten Landschaften Spitzbergens". Auch für uns war sie unter Schnee und Eis eigenartig genug. Zumal die steilen Felsen an der Ostseite der Seen gaben trotz ihrer geringen Höhe von kaum fünfzig bis hundert Metern der Landschaft etwas Eigentümliches. Sie erschienen wie ein Miniaturhochgebirge, und man glaubte sich fast auf einen unserer Alpenseen versetzt.

Südlich des zweiten Sees schlugen wir unterhalb eines steilen Schneehanges unser Lager auf; Detmers und Moeser lagerten wenige Schritte oberhalb. Wir hatten etwa 10 km zurückgelegt — d. h. von unserem letzten Lager ab gerechnet; mit dem mehrfachen Hin und Zurück mochten es 25 km sein. Durch den Schaden der letzten Nacht gewitzigt, wurde das Zelt dieses Mal besser versichert: Der Hang war eine gute Rückwand, niedrige Seitenwände wurden aus Schnee hergestellt, darüber die Segel gelegt, vorn und in der Mitte durch Skistöcke gestützt und an den Seiten durch Schnee oder Steine beschwert. — Gegen Abend wurde es klarer, der Mond leuchtete vom Himmel herab. Das Thermometer sank auf — 17°, so daß alles Hantieren ohne Handschuhe, wie das Kochen, Tagebuchschreiben oder Ausbessern eines gerissenen Skiriemens, keine Annehmlichkeit war und man auch im Schlafsack geraumer Zeit bedurfte, um nur einigermaßen warm zu werden.

Der Oktober führte sich mit — 19° recht kalt ein. Sonderbarerweise war der Abfluß eines dritten Sees, der gleich südlich unseres Lagers vorüberfloß, noch nicht gefroren. So konnten wir zum ersten

Male während der Schlittenreise direkt Wasser zum Kochen verwenden und brauchten nicht erst Schnee zu schmelzen. Das war ein entschiedener Vorteil. Aber wie jedes Ding auf Erden zwei Seiten hat, so auch dieses; ich meine nicht das Wasser — das war ausgezeichnet —, sondern das Nichtüberfrorensein dieses Flüßleins. Denn nun konnten wir die Rinne, die es sich durch das Gestein zur Bai gegraben hatte, nicht benutzen, um ihr auf ebenem Wege zum Ufer hin zu folgen. Vielmehr mußten wir auch den dritten See überqueren und an seinem Südende unter manchem Fluch und Schweißtropfen den Schlitten die steile Böschung hinaufschaffen. Zum Ufer hinab ging es dann wieder einfacher.

Nach unserer Schätzung befanden wir uns zwischen dem südlichsten Lachssee und dem nördlichsten Gletscher. Da es bereits 1 Uhr war und zu spät, um die hier 12 bis 15 km breite Wijde-Bai an demselben Tage zu überschreiten, hielten der Kapitän und der Eislotse — leider gab der Kapitän stets zu viel auf die Ansicht des Eislotsen — es für richtiger, den Rest des Tages und die Nacht am Ufer zu rasten und in der Frühe des nächsten Tages mit der Überquerung der Bai zu beginnen, zumal das Wetter auch nicht sichtig genug wäre. Wir waren zwar anderer Ansicht, einmal aus dem moralischen Grunde, weil wir erst etwa 3 km von unserem letzten Lager entfernt waren, weil man außerdem nicht damit rechnen konnte, daß am nächsten Morgen das Wetter besser wäre, und weil wir schließlich dies Warten für eine bloße Laune des Eislotsen halten mußten. Detmers und Moeser gingen hier auf das Eis der Bai über, doch konnten wir vom Ufer nicht sehen, ob sie sich nach Süden am Ufer entlang oder nach Südwesten über die Bai hinüber wandten.

An dem felsigen Strande fand sich zahlreiches Treibholz, meist kleinere Stücke, aber auch ganze Baumstämme. Ein großes Feuer wurde angezündet, an dem wir uns wärmten und unsere Sachen trockneten, vor allem die Schlafsäcke, die innen mit Lamm- oder Schaffell gefüttert waren und außen einen wasserdichten Segeltuchüberzug hatten, aber trotzdem viel Feuchtigkeit in sich aufnahmen. Rave kochte auf dem Feuer unsere tägliche Mahlzeit, Erbswurstsuppe mit Pemmikan. Sie mundete wie immer so vorzüglich, daß ich darüber den Ärger über den verlorenen halben Tag fast vergaß.

Der folgende Tag brachte in keiner Weise eine Besserung des

Wetters. Allerdings war es etwas wärmer, statt — 19,3° am Mittage vorher — 15,5°, aber dafür desto unsichtiger; von der Westseite der Bai war überhaupt nichts zu sehen. So mußte häufig der Kompaß zu Rate gezogen werden, als wir in südwestlicher Richtung den Marsch über das Packeis antraten. Die Schwierigkeiten waren fast noch größer als auf der Mossel-Bai. Zahlreiche Stellen unsicheren Jungeises mußten umgangen werden; auch zwischen dem alten Eis fanden sich viele Rinnen, deren Schraubeneis — kleine und kleinste Eisbrocken — kaum zusammengefroren war. Zweimal brach ich, als Erster ziehend, mit dem Fuß ein und mußte das eine Mal, da ich beim Einbrechen gefallen war, an dem Zuggurt emporgezogen werden. Vereinzelt gab es auch völlig offene Stellen, wo gelegentlich der Kopf eines Seehundes auftauchte, um aber ebenso rasch wieder zu verschwinden. Sonst war das Tierleben erstorben; bereits während unserer letzten Tage in der Treurenberg-Bai hatten uns die Vögel verlassen, um ihre Winterplätze im wärmeren Süden aufzusuchen. Auf der Wijde-Bai sahen wir nur zweimal eine Ente, die, anscheinend zu schwach zum Fliegen, zurückgeblieben war. Unruhig flog sie nur ganz kurze Strecken, ließ sich dann auf dem Eise nieder, die Hunde jagten hinterher, scheuchten sie auf, bis sie zwischen dem Eise unseren Blicken entschwand.

Unser Vorwärtskommen wurde immer langsamer. Wir konnten wegen der ständigen Umwege, die wir machen mußten, nicht daran denken, wie sonst die Last zu teilen. Aber irgendetwas mußte geschehen, damit wir schneller weiterkamen, denn wir legten in der Stunde nur ½ bis 1 km zurück. Wir mußten möglichst schnell über die Bai hinüber; ein Südsturm konnte das Eis auseinanderbrechen und uns hilflos auf dem Eise nordwärts zum Meer hin treiben. Um ½12 Uhr schlug daher der Eislotse vor, den Schlitten zurückzulassen und nur mit dem, was wir auf dem Rücken tragen konnten, weiterzugehen. Dann mußte der doppelschläfrige Schlafsack, der schwerer war als zwei einschläfrige und nicht auf dem Rücken getragen werden konnte, zurückbleiben, außerdem aber auch die Kiste mit dem Spirituskocher und die Kanne Spiritus. Der Eislotse sah darin keinen Hinderungsgrund; er versicherte, daß wir an der Küste stets genügend Treibholz zum Kochen und überdies mehrere Jagdhütten antreffen würden; in den Nächten, die wir noch im Freien zubringen müßten, hätten stets zwei zu wachen und das Feuer zu unterhalten, bis zwei andere die Wache übernähmen und die erste Wache die Schlafsäcke benutzen könnte. Nur schweren Herzens willigten wir darin ein. Rave, der schon an Bord davon gesprochen hatte, es müßte sonderbar zugehen, wenn er nicht auf einem kleinen Schlitten seine eigene Last mit Leichtigkeit fortschaffen könnte, nahm daraufhin die schweren Neusilberkufen von dem Schlitten ab, sägte ihn auseinander und lud seine Sachen auf die vordere Hälfte. Als die Norweger dies sahen, hatten sie natürlich sofort einen neuen Entschluß bei der Hand: Sie nahmen die hintere Schlittenhälfte und bepackten diese mit ihren Sachen. Wir drei anderen nahmen unsere Last — Rucksack oder Schlafsack — auf den Rücken.

Nach zweistündigem Aufenthalt und nachdem Rave auf dem Kochapparat eine letzte Milchsuppe, zu der einer von uns seine heimlich mitgenommenen Plasmon-Biskuits spendete, gekocht hatte, ging es weiter und nun wirklich etwas leichter. Voran Rave, der mit seinem treuen Cäsar den halben Schlitten zog, gleich dahinter der Maschinist, etwa 100 Meter später folgten die beiden Norweger mit ihrer Schlittenhälfte, schließlich in etwa gleichem Abstande ich und wenige Schritte hinter mir der Kapitän. Ein plötzliches Krachen im Eise machte mich stutzen. Ich wandte mich um: Der Kapitän war auf einer schmalen Rinne eingebrochen und lag bis über die Brust im Wasser. Im Nu eilte ich zurück. „Rasch die Skier ab! Dann kannst du dich besser hinwerfen und helfen.“ Aber der Riemen war vereist, er löste sich so schnell nicht — und das Eis, an dem sich der Kapitän mit den Armen festzuhalten suchte, brach weiter ab. So warf ich mich mit den Skiern auf das Eis, rief laut um Hilfe, da ich nicht wissen konnte, ob das Eis noch weiter nachgeben würde, reichte dem Kapitän die Arme und half ihm glücklich heraus. Die beiden Norweger, die ebenfalls sogleich zurückgeeilt waren, halfen dem Kapitän sofort die nassen Kleider abziehen, die bereits zu gefrieren begannen. Mit eigenem Reservezeug und einigen Stücken der Norweger, die alles doppelt am Körper zu tragen schienen, zog er sich rasch um.

Dieser Unfall ließ keinen von uns künftig bei dem Marsch über Eis die Skier ablegen. Der Kapitän, der ohne dieselben ging, da ein Riemen gerissen war, hatte dies sogleich büßen müssen. Nun wurde daher vor dem Weitergehen der Riemen repariert, und auch ich unterließ es nicht, da mir bei dem raschen Hinwerfen der Riemen, der sich erst nicht hatte lösen wollen, von selbst durchgerissen war.

Um 6 Uhr abends wurde es völlig unsichtig. An drei Seiten umgaben uns größere Flächen unsicheren Jungeises; wo der beste Ausweg lag, war nicht zu erkennen. Überdies brach ein plötzlicher Schneesturm los, der uns mitten auf dem Eise nach einer Tagesleistung von etwa 6 km zum Lagern zwang. Das Thermometer sank wieder auf — 19°.

Die Leute begannen mit dem Spaten Schneeblöcke abzustecken, um ein Schneehaus zu bauen. Voll Interesse schauten wir zu oder halfen dabei und erwarteten gespannt die Vollendung dieses ersten Schneehauses, das wir zu Gesicht bekommen sollten. Um so enttäuschter waren wir, als die Norweger nach Errichtung dreier, etwas über einen Meter hoher Wände erklärten: Das genügt! Als Windschutz mochte es ja genügen, aber unter einem Schneehaus hatten wir uns doch etwas anderes vorgestellt. Trotzdem der Sturm bald nachließ, wollten die Norweger von einem umschichtigen Wachen, wie es beschlossen war, jetzt nichts wissen. Sie wickelten sich in Wolldecken und in das Segel, und wir konnten in die Schlafsäcke kriechen.

Auch der 3. Oktober brachte uns noch nicht an das ersehnte Ziel, das erste nördlichste Haus an der Westseite der Bai. Zum ersten Male versagte unser Thermometer, das nur bis — 22° zeigte; es mochte zwischen 25° und 30° kalt sein. Den ganzen Tag über ging es westwärts, wir wollten um jeden Preis die Küste erreichen. Bei dem halben Schlitten der Norweger lockerten sich allmählich die Verbindungen; wir versuchten, ihn eine Zeitlang zu viert zu ziehen, jedoch ohne Erfolg; so wurde auch er zurückgelassen. Nur Rave zog mit Cäsar seinen Schlitten weiter.

Endlich gegen Abend tauchte vor uns aus dem Nebel die Küste auf. Ein paar wohl bis an 1000 Meter hohe, zackige Bergspitzen wurden sichtbar, alles übrige verschwamm im Dunst. Etwa 1 km von der Küste entfernt, wurde Halt gemacht. Das Haus mußte noch weiter südlich liegen, und da wir statt auf dem welligen Vorlande doch besser auf dem Eise bis dorthin gehen würden, blieben wir die Nacht über hier. Ein Stück hart gefrorenen Pemmikans und Käses bildete das Abendessen; statt des fehlenden Tranks nahm man ein paar Brocken Eis in den Mund. Der Kapitän und ich übernahmen die erste Wache von 8 bis 11¼. Durch ständiges Auf- und Abgehen, eine Wolldecke um die Schultern, konnte man sich leidlich warm halten. Der Mond stand halb verhüllt am Himmel und ließ die dunkelen Konturen der Berge nur schwach hervortreten. Auch auf dem Eise verlor alles in dem trüben Zwielicht

Die Westseite der Wijde-Bai, 3. Oktober 1912

seine festen Formen. Hatte man sich ein paar Schritte entfernt, so konnte man kaum noch die Schlafsäcke erkennen. Schließlich kam die Stunde der Ablösung. Bevor es in den Schlafsack ging, rasch einen Schluck Wassers, das die Norweger über einer Flamme Spiritus, die in einem Aluminiumbecher brannte, geschmolzen hatten; allerdings schmeckte es verteufelt nach Spiritus. Dann fröstelte man sich trotz des umhüllenden Schlafsackes zwischen Wachen und Schlafen bis zum Morgen hindurch.

Der 4. Oktober blieb gleich kalt. Wir marschierten südwärts an der Küste entlang. Das Eis war hier teilweise besser als an den Tagen vorher. Freilich unsichere Stellen gab es mehr als genug, aber wir lernten, sie mit Hilfe der Skier immer besser zu überwinden. Ohne die Skier wäre ein Fortkommen ausgeschlossen gewesen! Sie dienten uns als Brücken über die Rinnen, indem wir größere Packeisschollen oder kleinere Schraubeneisbrocken gleichsam als Brückenpfeiler benutzten. Sie halfen uns auch über Flächen von Jungeis, die nicht immer zu umgehen waren. Ein Verweilen auf diesem Jungeis war unmöglich, es bog sich förmlich unter den Skiern, und der unbeskite Fuß wäre unzweifelhaft eingesunken. Schneeeis (sörpe) nannten es die Norweger, und in der Tat ist es nur ein Gemisch von Schnee und Eis: Die sich bei plötzlicher Kälte bildende dünne Eisdecke vermengt sich mit gleichzeitig fallendem Schnee; das Wasser darunter ist gegen die Einwirkung des Frostes geschützt, behält zunächst seine Eigenwärme und nagt ständig am Eise, so daß dieses erst nach geraumer Zeit eine größere Dicke erreicht.

Wir waren schwer beladen. Außer der Last auf dem Rücken noch eine oder zwei Taschen umgehängt, dazu Wolldecken, Gewehr, Axt, Spaten, Kochtopf, Gletscherseil, auf die einzelnen verteilt; Rave zog auf seinem Schlitten neben Schlafsack, Rucksack und weiterem allgemeinen Proviant, der in unseren Rucksäcken keinen Platz mehr hatte, das steinhartgefrorene, schwere Zeug des Kapitäns. Kein Wunder daher, daß wir trotz der großen Kälte nicht wenig schwitzten, daß von dem warmen Atem die Bärte völlig vereisten und am Baschlik — einer wollenen Untermütze, die Kopf, Hals und Gesicht bis auf Augen und Nase umschließt — festfroren; selbst der kümmerlichste Flaum kam jetzt zur Geltung und prangte im Schmuck kleiner Eiskristalle.

Alle halbe Stunde wurde einen Augenblick an einem Schollenwall oder Eisblock gerastet. Das Hinsetzen und Aufstehen, ohne die

Skier abzuschnallen und die Last abzulegen, war keine Kleinigkeit; beim Aufstehen jedenfalls mußte meist einer dem anderen behilflich sein. Während der Ruhepause wurde rasch eine Zigarette entzündet, und ich erfreute wohl auch die Gefährten durch ein Lied; zumal als endlich in der Ferne die Hütte auftauchte, sang ich vor lauter Freude ein über das andere Mal:

„Der Weg wird weit. Am rauhen Stein,
da leg ich müd mich nieder.
Grüßt mir das blonde Kind am Rhein
und sagt, ich käme wieder.“

Um 2 Uhr nachmittags erreichten wir die Hütte. In sieben Stunden hatten wir 10 bis 12 km zurückgelegt.

* * *

Unser aller Freude darüber, endlich wieder unter einem schützenden Dach weilen zu können, sollte nicht lange ungetrübt bleiben! Sie währte nur zwei Stunden. Ich wollte meine Stiefel, die ich seit dem Verlassen der Ostseite der Bai nicht von den Füßen gehabt hatte, ausziehen, um sie zum Trocknen über dem Herd aufzuhängen, aber beim linken waren alle Anstrengungen vergebens. Ich ahnte zunächst nichts Schlimmes, da ich von meiner Militärzeit her wußte, wie schwer die Stiefel abzuziehen sind, wenn man nach einem langen Marsch damit noch eine Zeitlang wartet. Um so größer war das Erschrecken, als es mit Hilfe zweier Gefährten endlich gelang: Der linke Fuß war zur Hälfte erfroren! Und nun folgten Stunden banger Sorge: Würde es glücken, ihn wieder aufzutauen, ins Leben zurückzurufen und zu erhalten? Lange arbeitete der Eislotse ohne Erfolg, mit Schnee und kaltem Wasser reibend; das Wasser wurde sogleich zu Eis, aber das Leben kehrte noch nicht zurück. Endlich rötete sich der erfrorene Teil, die Zehen ließen sich wieder bewegen, aber jegliches Gefühl schien in ihnen noch erstorben.

Mit warm umwickeltem Fuß legte ich mich auf den Schlafsack in die Koje. Die Lust zum Singen war mir gründlich vergangen. Während sich langsam die Schmerzen einstellten, hatte ich Zeit genug, darüber zu grübeln, wie dies Unglück geschehen konnte. War bereits das Einbrechen beim Schlittenziehen vor drei Tagen schuld daran? War es bei der Wache auf dem Eise oder während der letzten kalten Nacht im Schlafsack gekommen? Ich hatte nicht den leisesten Anhaltspunkt für eine Mutmaßung, hatte nichts davon bemerkt, bis mich ein eigenartiges Krampfgefühl in der Ferse — anscheinend durch die Stauung des Blutes hervorgerufen — veranlaßt hatte, die Stiefel abzuziehen. Ich fand eine befriedigende Antwort nicht, — und die Schmerzen wurden immer heftiger und quälender.

Sie blieben auch über Nacht und am nächsten Tage. So lag ich in der Koje und konnte höchstens etwas schreiben oder lesen, während die anderen ihre Sachen trockneten und flickten. Die Norweger gingen in das Tal hinauf — die Hütte liegt vor dem zweiten Quertal, von Norden her gezählt, direkt am Rande der Bai — um ein Renntier zu schießen, wie sie sagten. Die Tatsache, daß in der Hütte von 1910 auf 1911 sechs norwegische Trapper überwintert und hier vor allem Renntiere gejagt hatten, ließ sie ihres Jagderfolges schon vorher völlig sicher sein. Von der damaligen Jagdbeute fanden sich noch eine Reihe von Fellen und drei Tonnen, zur Hälfte voll eingesalzenen Renntierfleisches, vor. Außerdem waren noch geringe Mengen an Mehl, Haferflocken, Erbsen und Hartbrot vorhanden; das Juliennegemüse war verdorben und auch die Haferflocken zum Teil verschimmelt. Daß hier gerade sechs Fangleute gewohnt hatten kam uns gut zustatten, denn nun hatte jeder von uns in den beiden doppelten und in den zwei einfachen Kojen, die zu zweit übereinander angebracht waren, Platz zum Schlafen. Allerdings hatte der Kapitän zu seinem Schrecken entdeckt, gerade als er sich zur Ruhe legen wollte, daß in seiner Koje sämtliche Bodenbretter fehlten.

Nach etwa zwei Stunden kehrten die Norweger zurück. Langsam kamen sie herein, stellten, ohne ein Wort zu sagen, das Gewehr in die Ecke, spuckten mürrisch aus und setzten sich an ihren Platz. Ein Renntier war ihnen weder zu Gesicht, geschweige denn vor die Mündung ihrer Büchse gekommen. Das war entschieden sehr bedauerlich — für uns alle —, aber ein geheimes Lächeln konnten wir uns trotzdem nicht verkneifen!

Der 6. Oktober war ein Sonntag. Zur Feier des Tages hatte Rave Pfannkuchen gemacht, aus Mehl, Haferflocken, Trockenmilch und Salz, die, in Renntierfett gebraten, bis auf den fehlenden Zucker trefflich schmeckten. Das Mittagessen kochte der Eislotse: Erbsensuppe und Renntierfleisch, beides von dem in der Hütte vorgefundenen Proviant. In dieser Hinsicht hatten wir also keinerlei Ursache zum Klagen.

Betrüblicher war, daß mein Fuß sich nur langsam zu bessern schien; zwar hatten die Schmerzen aufgehört, aber er war zu einer unförmigen Masse angeschwollen, über und über mit Wasserblasen bedeckt. An ein Weitergehen konnte ich vorläufig nicht denken, ja, es mußte sogar zweifelhaft bleiben, ob der Fuß je wieder gebrauchsfähig würde. Rave erbot sich, bei mir zurückzubleiben, während die vier übrigen von Advent-Bai ärztliche Hilfe und einen Hundeschlitten, auf dem ich dann weitertransportiert werden konnte, holen wollten. Der Proviant, der für Rave und mich in der Hütte blieb, mochte für gut fünf Wochen ausreichen; in dieser Zeit konnte aber spätestens die Hilfe aus Advent-Bai eingetroffen sein. Diese Trennung bedeutete eine weitere Zersplitterung unserer Expedition — denn auch Detmers und Moeser waren nicht wieder zu uns gestoßen, also anscheinend an der Ostseite der Bai geblieben —, aber sie war durch die Not unserer Lage geboten. Die Stimmung des Sonntagnachmittags litt sichtlich darunter, zumal draußen ein kalter Südoststurm tobte und es in der Hütte trotz des Herdfeuers nur + 6° warm war. Der Aufbruch wurde daher auf Dienstag verschoben. Ein heißer Tee, ein paar Lieder und die Mundharmonika des Matrosen halfen uns schließlich über die früh einbrechende Dämmerung hinweg.

Der Sturm ließ über Nacht nach. Am Morgen zeigte sich seit mehreren Tagen zum ersten Male wieder die Quecksilbersäule unseres Thermometers und stieg bis auf — 15,5°. Die ganze Wijde-Bai war zu übersehen, die weite Fläche des Eises rings von schnee- und eisgekrönten Höhenzügen umgeben. Nur für einen Augenblick konnte ich den Kopf zur Tür hinausstecken, um dies Panorama zu bewundern, dann mußte ich wieder auf meine Koje zurück. Der Kapitän und die Norweger gingen auf Skiern südwärts und meldeten bei ihrer Rückkehr, daß sie nach zweistündigem Marsch die nächste Hütte gesichtet hätten, eine erfreuliche Nachricht für uns alle, da Rave und ich möglicherweise dorthin übersiedeln wollten, falls dort mehr Proviant, Werkzeug und andere Gerätschaften vorhanden wären. Von dem, was wir vom Schiff mitgebracht hatten, blieb uns nur der uns zukommende Teil des Proviants, als einziges Werkzeug unsere Jagdmesser, als Waffe Raves Revolver; Axt, Spaten und Gewehr nahmen die anderen mit. Auch unsere Schlafsäcke gaben wir den beiden Norwegern, da wir uns zur Not mit einigen Decken und Renntierfellen behelfen konnten und uns versprochen wurde, daß die Hilfsexpedition von Advent-Bai aus Schlafsäcke mitbringen würde. Von unseren drei Hunden war Cäsar, Raves treuer Zughund, am Sonntag plötzlich schwer erkrankt; wahrscheinlich hatte er bei der Hütte mit Strychnin vergiftetes Fleisch, wie es zum Fangen von Eisbären und Füchsen verwandt wird, gefunden und gefressen. Eine Gnadenkugel machte seinen Leiden ein rasches Ende. Jule sollte bei uns bleiben, während Bella die anderen begleitete.

Am Dienstagmorgen verließen uns der Kapitän und der Maschinist. Die Norweger wollten noch einen Tag warten, weil — warum eigentlich? — war es wieder bloß einer ihrer unverständlichen Kindereinfälle? Zwar hatte es nachts aus Nordosten gestürmt, aber am Morgen war das Wetter schön, klar und windstill, so daß durchaus kein Grund zu einem längeren Aufenthalt vorhanden war. Sie schienen überhaupt keine große Lust zum Weitergehen zu verspüren und sprachen ganz offen davon, in einer der nächsten Hütten eine Zeitlang zu jagen, falls sie dort genügend Proviant finden würden. So hockten sie noch einen Tag bei uns herum, nähten sich aus Renntierfell Handschuhe, die sie sicherlich bei der nächsten Gelegenheit wieder wegwerfen würden, und verheizten den größten Teil des Holzes, das sie am Tage vorher für uns Zurückbleibenden zusammengeholt hatten.

Rave buk wieder Kuchen, da er den vorhandenen Vorrat dem Kapitän und Maschinist mit auf den Weg gegeben hatte. Er verwandte jetzt auch Pemmikan dazu, so daß wir sie künftig stets Pemmikankuchen nannten, obgleich dieser nur den kleinsten Teil der Zutaten bildete. Abends machte er mit Fellen und Decken die Unterkoje beim Herd für sich und mich zurecht.

Das Wetter blieb schön, wenn auch kalt (— 21,5°). Am 9. Oktober um 8 Uhr früh brachen die Norweger auf. Rave begleitete sie, um die nächste Hütte in Augenschein zu nehmen und, wenn möglich, gleich einigen Proviant oder anderes, was für uns von Nutzen sein konnte, zurückzubringen.

VI.

Sieben Leidenswochen an der Wijde-Bai.

Nachdem Rave und die beiden Norweger gegangen waren, war ich allein, mit mir und meinen Gedanken allein, denn Jule, unsere Hündin, lag zusammengerollt auf einem Renntierfell und schlief, wie sie es meist zu tun beliebte. Da lag ich nun in meiner Koje auf ein paar gesalzenen und daher nur halbtrockenen Fellen, und ab und zu ein Stück Holz aufs Feuer werfend, hatte ich Muße genug, mir in Ruhe das Innere der Hütte zu betrachten, die nun mit einem Male mein Heim geworden war und es vielleicht für lange Wochen bleiben sollte.

Klein war sie nur, etwa 4½ zu 5 Meter in der Breite und Länge und gut 2 Meter hoch. Decke und Wände aus einer einzigen Bretterlage waren dicht bereift und teilweise sogar vereist, eine Folge des beim Kochen aufsteigenden Wasserdampfes. Auch die beiden nach Norden und Osten liegenden Doppelfenster waren dicht zugefroren. Die Haustür, nach Norden gelegen, war durch einen Windfang geschützt, der durch eine zweite Tür mit dem Innenraum in Verbindung stand. Eine weitere Tür führte zu einem im Westen an die Hütte grenzenden, niedrigen Verschlage, einer jener aus rohen Treibholzbalken kunstvoll zusammengefügten Russenhütten, wie man sie zahlreich in Spitzbergen antrifft. Ihr Inventar ist meist sehr primitiv, hier bestand es gar nur aus einem durch einen Spalt hineingewehten Schneehaufen. Dagegen war dem Inneren unseres Hauses wohl anzumerken, daß seine Erbauer und einstigen Bewohner keine Russen, sondern norwegische Fangleute gewesen waren. Einfach und aus schlichtem Holz zwar nur, aber fest und solide war hier alles: der große Tisch unter dem einen Fenster, der kleinere neben meiner Koje, Bank und Schemel wie auch die Borde an den Wänden. Einige Fässer und Kisten vervollständigten diese Einrichtung, an der mein Auge keine besonderen Reize entdecken konnte, höchstens streifte es lächelnd einen Hampelmann oder einige — weiß der Kuckuck woher? — ausgeschnittene Bildchen, welche die Wand zierten.

Kein Wunder also, daß es meine Gedanken nicht lange zwischen den engen Bretterwänden aushielten, daß sie bald hinausschweiften dorthin, wo die Sonne auf den weiten Eis- und Schneeflächen leuchtete, wo die Gefährten ihre gesunden Glieder regten und der Heimat zustrebten. Ja, zur Heimat — auch dahin konnte ich nur im Geiste mitziehen, und je mehr die Möglichkeit schwand, daß ich sie noch in diesem Jahre wiedersehen sollte, je tiefer mir dies ins Bewußtsein drang, desto weiteren Spielraum ließ ich meiner Phantasie. Es ist ohne Zweifel

Unser Asyl an der Wijde-Bai.

eine allgemein menschliche Eigenschaft — oder ist es gar eine Schwäche? — je schlechter die Gegenwart, sich desto glänzender die Zukunft auszumalen. So war es ganz natürlich, daß sich Heimatgedanken und Zukunftspläne harmonisch ineinanderverflochten und mir die Zeit des Alleinseins angenehm verkürzten.

Bald war es Mittag. Ich schwang mich aus meiner Koje, um den großen gußeisernen Topf auf das Feuer zu stellen und mir den Rest Reissuppe mit Renntierfleisch aufzuwärmen, d. h. zunächst aufzutauen und dann warm zu machen. Dazu aß ich einen Pemmikankuchen; für alles hatte Rave trefflich vorgesorgt, bevor er gegangen war. Nach dem Essen steckte ich mir eine Pfeife an, schrieb Tagebuch, sang ein wenig und las ein wenig. Viel Wahl war mir darin nicht gelassen, denn meine ganze Reisebibliothek bestand außer meinen Tagebuchheften nur aus Goethes Faust und einem Taschenliederbuch. Beide hatte ich nicht mitgenommen, wie man es wohl sonst und mancher gar immer zu tun pflegt, um gelegentlich einen Blick hineinzuwerfen, wozu man zu Hause nicht kommt, aber sich doch gleichsam verpflichtet fühlt. Beide waren mir liebe Gefährten geworden, ihre Melodien waren mir längst vertraut, und es war mir ein inneres Bedürfnis, sie immer von neuem wieder zu genießen. Und wenn man allein ist, genießt man sie doppelt und findet Trost in trübseligen Stunden. Das wußte ich, und darum hatte ich sie mitgenommen von Bord und in meinem Brotbeutel getreulich mitgeschleppt.

So ging die Zeit rasch dahin. Nachmittags machte ich mir noch einen Becher Hafersuppe warm. Schon bald wurde es dunkel, und da ich kein Licht hatte, kroch ich gegen 5 Uhr unter meine Felle. Ich mochte noch nicht lange geschlafen haben, als ich von einem Geräusch erwachte und sah, wie Jule gerade meine beiden letzten Kuchen verzehrt hatte und sich obendrein auch noch an den Pemmikan, der auf dem Tische stand, machen wollte. Das letztere konnte ich ja noch verhindern, aber die Kuchen waren fort. Hätte ich mittags meine Reissuppe brüderlicher mit ihr geteilt, so wäre das vielleicht nicht passiert oder — nein, solch ein Hundemagen ist eben unergründlich!

Am nächsten Morgen erwartete ich sehnlichst die Ankunft Raves, denn mein Magen knurrte. Zu essen hatte ich nichts mehr, und Feuer anzumachen, hatte ich bei dem Fehlen von trockenem Kleinholz eine Stunde lang vergeblich versucht. Fröstelnd und resigniert hatte ich mich darauf wieder in meine Koje zurückgezogen. Glücklicherweise kam Rave schon um 11 Uhr, zwar mit leerem Rucksack, denn das etwa 20 km entfernte Haus war eine einfache Russenhütte ohne Proviant und ohne irgendwelche Einrichtung. Den Kapitän und den Maschinisten, die die erste Nacht dort zugebracht hatten, hatte Rave noch angetroffen; sie wollten mit den Norwegern weitergehen. Wenn auch ohne Resultat, so war Rave wenigstens wieder da, konnte Feuer anheizen und Essen aufsetzen — und bald kamen mein und Jules Magen zu ihrem Rechte, und nicht minder der seine, der dies nach dem langen Marsche doppelt verdient hatte.

Wir waren jetzt auf uns allein angewiesen, und es gab mancherlei Arbeit. Leider konnte ich nur ganz selten Rave dabei helfen, da ich ständig ans Lager gefesselt war, oder ich saß vielmehr zwischen Koje und Herd, auf zwei Kisten und erhob mich nur ausnahmsweise einmal, auf einem Bein durch den Raum oder vor die Tür hüpfend. Währenddessen war Rave fast ununterbrochen tätig. Zunächst galt es, das Innere unserer Hütte zu säubern und möglichst wohnlich einzurichten. Dann ging er vor das Haus auf Entdeckungsreisen und fand nach und nach einen zweiten gußeisernen Topf, ein Faß mit einem Rest Hartbrot, aber sonst nur leere Fässer oder höchstens voll Salz, die für uns nur so lange Interesse hatten, als sie uns für einige Tage das nötige Feuerholz lieferten. Da wir keine Axt hatten, so war das Kleinmachen des Holzes nicht ohne Mühe nur mit Hilfe eines größeren Baumstammes möglich, wodurch allerdings auch ein Teil des Fußbodens mit in Stücke ging, so daß Rave diese Arbeit doch lieber nach draußen verlegte, während ich auf meinen Kisten sitzen blieb und der weniger gefahrvollen Beschäftigung, die Faßreifen zu zerkleinern, oblag.

Die Tage verliefen ziemlich gleichmäßig, sich nur zugleich mit dem immer rascher schwindenden Tageslicht mehr und mehr verkürzend. Wenn die ersten, trübseligen Anzeichen der Morgendämmerung an den vereisten Fenstern erkennbar waren, begann für uns der Tag. Dann wurde zunächst Feuer angemacht, und sogleich der große Topf zum Wärmen des Essens aufgesetzt. Meist aßen wir nur zweimal am Tage: Vormittags bald nach dem Aufstehen und nachmittags ein oder zwei Stunden vor dem Schlafengehen. Und allzuviel Abwechselung hatten wir auch nicht: Zwei Tage — denn es wurde der Einfachheit halber stets ein großes Quantum für mindestens vier Mahlzeiten gekocht — Reis mit Renntierfleisch und zwei Tage Erbsensuppe mit Renntierfleisch. Dazu gab es wie auch gelegentlich einmal zwischendurch die vorzüglichen Pemmikankuchen, die Rave jeden fünften Tag frisch buk.

Solange es draußen hell war, hatte Rave auch dort zu tun, während mir derweil die Sorge für Feuer und Kochtopf übertragen war, was ich von meinem Platz aus gut machen konnte. Rave mußte vor allem Holz holen. Alles, was in der Nähe des Hauses irgend aufzutreiben war, war bald verheizt, und nur der zu Eis erstarrte Inhalt der Salzfässer war übrig geblieben, wie ein paar verlassene Säulentrümmer anzuschauen. Rave ging daher mit dem Schlitten am Strande entlang, um das hier in großen Mengen angeschwemmte Treibholz zu sammeln, eine Arbeit, die nur nach windreichen Tagen möglich war, wenn der Wind die Strecke vom Schnee reingefegt hatte. Außerdem war auch Eis zu holen, das von einem nahe dem Strande auf Grund sitzenden Block alten, klaren Eises losgeschlagen wurde. Aus dem alten Eise ist im Gegensatz zu dem noch salzig schmeckenden Jungeise während des Gefrierprozesses alles Salz auskristallisiert, und es liefert daher ein vorzügliches Trinkwasser.

Wenn das alles besorgt war, setzte sich Rave zu mir vor den Herd und legte auch hier die Hände nicht in den Schoß. Das Kochen nahm die meiste Zeit in Anspruch — so unglaublich das bei einem Hausstand von nur zwei Personen und einem Hund erscheint. Glaubhafter wird es erst, wenn man bedenkt, daß alles Wasser nur auf dem Schmelzwege hergestellt werden konnte, daß das Fleisch vor dem Genuß mehrfach im Wasser entsalzen werden mußte usw. Dann gab es manches zu nähen: Seine Hosen, die an den Knien durchgestoßen waren, versah Rave mit einem Segeltuchüberzug, grün und braun kunstvoll zusammengestückt; so endete einer der ehemaligen Zeugsäcke wenigstens würdig! Für meinen linken Fuß machte er aus Segeltuch und Rucksackleder einen Schuh, so daß ich jetzt nicht mehr nur auf einem Bein zu hüpfen brauchte.

Weit weniger angenehm als die Tage waren die Nächte. 12 bis 15 Stunden sind zum Schlafen zu viel, und wie sollte es erst werden, wenn die Tage immer kürzer wurden? Schon jetzt lagen wir die zweite Hälfte der Nacht wachend nebeneinander unter unserem gemeinsamen Deckbett von zusammengenähten Renntierfellen. Das war keine große Annehmlichkeit, zumal die Gesamtbreite der Koje nur 97 cm betrug, wie wir eines Morgens ausmaßen, als sich der eine durch den breiten Rücken des anderen längere Zeit hindurch bedrückt gefühlt hatte. So zog ich denn in die obere Koje. Rave behielt die Renntierfelle unten bis auf eins, das die Unterlage meines neuen Lagers bildete. Darüber lag als „Bettlaken" und zugleich als Schutz gegen die Feuchtigkeit des Felles ein Stück des seidenen Kajaksegels, das unterwegs bereits als Zelt gedient hatte. Als Kopfkissen wurde ein Sack voll Hopfen benutzt, für den wir sonst keine rechte Verwendung hatten, nachdem wir ihn als Getränk und als Tabak versucht hatten — beides mit negativem Erfolge; denn es schmeckte einfach scheußlich, etwa wie das Bittere des Bieres. Zum Zudecken brauchte ich schließlich eine Wolldecke und das buntgeblümte Deckbett, das die beiden Norweger im Schlafsack mitgeschleppt und dann hier zurückgelassen hatten. Oben war es doch angenehmer; zwar vereisten Decke und Wände hier mehr als unten, und manchmal regnete es sogar von der Decke herab, aber daran gewöhnte man sich bald.

Dafür konnte man in den langen Stunden des Wachliegens um so ungestörter seinen Gedanken nachhängen und darüber gelegentlich auch wieder einschlafen, um im Traum die Lieben daheim zu besuchen.

Etwas Abwechselung in das tägliche Einerlei bot zunächst jeder dritte Tag, der sogenannte „Verbandstag", an dem Rave meine Füße nachsah, die Wunden auswusch und frisch verband. Nachdem die Gefährten uns verlassen hatten, hatte sich herausgestellt, daß auch an meinem linken Fuß zwei Zehen leicht erfroren waren.

Vor allem aber die Sonntage! Da wurde zur Feier des Tages Waschwasser „gemacht", und — verzeih, lieber Leser, und besonders du, schöne Leserin, die ihr jeden Tag des öfteren eueren sauberen Waschtisch benutzt, daß ich auch hiervon zu erzählen wage — man wusch sich in einem alten, hölzernen Margarinekübel, während ein Stück vom Kajaksegel, das inzwischen bereits als Zelt gedient hatte, das Handtuch ersetzte. Dann gab es einen wahren Festtrunk, gemischt aus einem Stück Plasmon-Schokolade, ein paar Hygiama-Tabletten und etwas Trockenmilch. Mit all' diesen Herrlichkeiten mußten wir natürlich möglichst sparen, da sie nur in kleinsten Quantitäten vorhanden waren: So hatten wir an Schokolade nur zwei ganze Tafeln und ein kleines Kästchen Tabletten, nur eine Dose Trockenmilch, an Butter, die es am Sonntag statt Renntierfett zu den Pemmikankuchen gab, etwa ½ Pfund und Tee nur gar eine Streichholzschachtel voll. Das Mittagessen bestand aus gebratenem Fleisch oder Milchreis, und nachmittags wurde dann ein Tee gekocht. Solche Genüsse machten auch unsere Stimmung zu einer festtäglichen, und ich stimmte das Lied vom Schwammerling an, das Rave aus meinem Liederschatz am liebsten hörte und auch für den Sonntagnachmittag am besten paßte mit seiner wehmütigen Erinnerung an den allsonntäglichen Spaziergang an der Geliebten Seite.

* * *

Fast den ganzen Oktober hindurch seit unserer Ankunft in dem Hause war das Wetter schön und klar, besonders während der ersten beiden Wochen, seit uns die Gefährten verlassen hatten, so daß wir hoffen durften, sie würden bei dem guten Wetter bald Advent-Bai erreichen und uns Hilfe senden.

Tag für Tag genossen wir einen herrlichen Rundblick: Vor uns das Eis der Bai, die nach Norden zu sich ganz allmählich verbreiternd in das weite Polarmeer überging, nichts als Eis und Schnee. Drüben an der Ostseite der Bai die dunklen Höhenzüge, zwischen denen sich leuchtend weiß drei Gletscher — der nördlichste und größte gerade uns gegenüber — heraushoben, die sich bis zum Meeresniveau herabsenkten; wahrscheinlich sind sie die Überreste einer einst größeren Vergletscherung oder gar völligen Inlandeisbedeckung. Weit im Süden konnte man deutlich die Spitze des Kap Petermann erkennen, wo sich die Wijde-Bai in West- und Ost-Fjord gabelt, während der Fernblick nach Westen beschränkt war, begrenzt durch die hohen Berge, die sich aus dem gleich hinter unserer Hütte allmählich ansteigenden Vorland schroff erhoben. Wenn sich über diesem Bild ein wolkenloser Himmel ausspannte und die Sonne von Süden her auf die in ihrem Farbenwechsel sonst so eintönige Landschaft ihre glitzernden Strahlen ausgoß, dann mußte dies selbst ein Malerherz reizen, dann ließ Rave die Hausarbeit liegen oder kam von draußen hereingestürzt, nahm sein Skizzenbuch und skizzierte — trotz der oft recht empfindlichen Kälte.

Ja, die Kälte! — Von ihr machen sich so viele eine ganz falsche Vorstellung, und wenn ich hier und auch in den anderen Kapiteln davon spreche, so weiß ich wohl, daß mancher diese Abschnitte einfach überschlägt, weil er vor trockenen Zahlenreihen zurückschreckt, die allerdings dem Laien im allgemeinen auch nur wenig sagen. Ich will daher versuchen, ohne viele Zahlen auszukommen.

Die Temperaturverhältnisse sind in vieler Hinsicht, besonders in ozeanischen Gebieten, von den herrschenden Winden abhängig, diese hängen wiederum von der Verteilung des Luftdrucks ab. Letzteren zu messen, war mir nicht möglich, da das Barometer in Mossel-Bai zurückgelassen war. Aber die tägliche Beobachtung von Temperatur, Winden und Niederschlägen ergab auf das deutlichste ihre wechselseitigen Beziehungen. Deutlich erkennbar in ganz auffallender Regelmäßigkeit wechselten kältere und wärmere Perioden miteinander ab, erstere mit dem allmählichen Schwinden des Sonnenlichtes intensiver werdend, wie in den wärmeren das Thermometer immer tiefer unter den Gefrierpunkt sank. Die erste Hälfte des Oktober war kalt, das Thermometer stieg nur einmal bei stürmischem Südwind über 10 Grad, auf — 4,6°; diese Periode war durch wechselnde Winde ausgezeichnet. Es folgte eine Woche wärmeren Wetters, vorbereitet durch einen tagelangen Südsturm und charakterisiert durch anhaltende südliche Winde, mit Temperaturen um den Nullpunkt herum. Wieder wurde es kälter, denn zwei Wochen lang wehte es in verschiedenen Stärken aus Norden oder Westen, unterbrochen von gelegentlichen Windstillen oder sehr schwachen südlichen Winden. Ein zweitägiger Sturm aus Südsüdosten beendete diese Kälteperiode, das Thermometer stieg von unter — 22° am 5. auf 0° am 6. November, und die Durchschnittstemperatur der nun folgenden Woche betrug bei schwachen vorherrschend südlichen Winden nur — 7,2°. Windstille Tage um die Mitte des November leiteten zu neuer Kälte hinüber, die dann bei wechselnden Winden bis Anfang Dezember anhielt, so daß unser Thermometer meist versagte. — Niederschläge fielen nur selten. Einmal, am 16. Oktober, beobachteten wir ein paar Regentropfen, die der warme Südwind mit sich brachte. Auch Schnee fiel nur in geringen Mengen. Der Schnee, der am 6. November unsere Haustür bis zur Hälfte verschüttete, dürfte wohl zur Hauptsache kein Niederschlag gewesen, sondern von dem Südsüdoststurm aufgewirbelt sein.

Die häufigen Südwinde brachten uns nicht nur wärmere Temperaturen, sondern sie hatten auch noch etwas anderes zur Folge, wovon wir allerdings nur den Reflex wahrnehmen konnten, nämlich den dunkelen Wasserhimmel im Norden. Der Polarfahrer kann sehr oft auf weite Entfernungen am Himmel erkennen, ob er offenes Wasser oder festes Eis vor sich hat, der dunkele Wasserhimmel oder helle Eisblink gibt ihm darüber untrüglichen Aufschluß. An manchen Tagen sahen wir am nördlichen Horizont ein breites, dunkeles Band die Wijde-Bai abschließen und sich sogar noch im Nordosten bis über die Berge hin erstrecken, hinter denen die Treurenberg-Bai lag. Ironie des Schicksals, wenn jetzt dort überall freies Wasser wäre und das Schiff noch heraus könnte!

Am 20. Oktober schien die Sonne zum letzten Male, aber sie kam uns nicht mehr zu Gesicht, da eine Wolkenbank sie verhüllte. Nur das um die Mittagsstunde farbenprächtig ineinander verschwimmende Morgen- und Abendrot ließ uns daran denken, daß wir sie für Monate zum letzten Male gesehen, daß für uns die Winternacht angebrochen war. Zwar wußten wir, daß uns für die beiden nächsten Wochen noch durchschnittlich vier Stunden Dämmerung vergönnt war; das war wenigstens ein schwacher Trost. Und noch ein anderer Tröster erschien uns ein paar Tage nach dem Entschwinden der Sonne: der Mond.

Wir lagen nachts in unseren Kojen, tief vergraben in Decken und Fellen; natürlich schliefen wir stets in allem Zeug, dazu noch eine warme

Mütze weit über die Ohren gezogen — denn es wurde meistens über Nacht auch in unserer Hütte erbärmlich kalt, einmal sogar — 19,8° —, als ein auffallend heller Schimmer durch die dicht vereisten Scheiben drang und uns vor die Tür hinauslockte. Draußen standen wir dann staunend, still das Bild bewundernd, das sich uns bot, und das in Worten kaum wiederzugeben ist. Am sternenübersäten Himmel stand der Mond und goß sein gespenstisches Licht über die Landschaft aus, ein Licht so vielfarbig und warm, wie wir es in unserer doch viel farbenreicheren und wärmeren Heimat nie zuvor gesehen. Der eigenartige Reiz dieses Lichtes mag zum großen Teil auf dem Gegensatz zu der ganzen Umgebung beruhen, die in leichenhaft fahlen, kalten Tönen erscheint — also auf einer sogenannten komplementären Farbwirkung. Diese Farben naturwahr festzuhalten, dürfte wohl kaum dem Pinsel eines Malers gelingen, — sie in Worten zu beschreiben, heißt sich der Gefahr aussetzen, gar nicht oder doch von vielen mißverstanden zu werden. Die Farbe der lichtgetroffenen Schnee- und Eisflächen ist eine weiße, gelb-grünlich schimmernde; dagegen erscheinen alle Schatten und anderen Partien meist gänzlich kontrastlos im Tonwert von einer sehr zarten, violetten, ins blaugraue nuancierenden Färbung. Wohlverstanden, alle diese Töne sind von einer außerordentlich duftigen Zartheit, und darin liegt der besondere Reiz, den sie auf den Beschauer ausüben, der auch auf uns beim ersten Male einen so tiefen Eindruck machte.

Solche Eindrücke wie auch die — allerdings sehr selten beobachteten — flammenden Bänder eines Nordlichts konnten uns über Stunden der Dämmerung und Dunkelheit hinwegtrösten, sie belebten von neuem die Hoffnung auf baldige Rettung, die wir bestimmt Ende Oktober oder Anfang November erwarteten. So blieb unsere Stimmung im allgemeinen gut, aber es konnte nicht ausbleiben, daß uns doch gelegentlich Zweifel packten: Wie wenn den Unsrigen unvorhergesehene Hindernisse in den Weg traten oder einem von ihnen ein Unfall zustieß? Es war das bei einem solchen Marsche so leicht möglich. Wenn der Eis-Fjord weder zu Fuß noch im Boot zu überqueren war, seine Eisdecke also zu schwach oder aufgebrochen war, und auch eine Umgehung des ganzen Fjordsystems mit all seinen Baien so viel Zeit kostete, daß es für eine Hilfsexpedition von Advent-Bai aus zu spät würde? Es gab der Möglichkeiten so viele! Aber immer wieder sagten wir uns: Es sind vier gesunde Männer; wenn wirklich alles zum Unheil ausschlägt, so werden doch wenigstens zwei von ihnen umkehren, uns Nachricht bringen und, falls es gar keinen anderen Ausweg mehr gäbe, uns zum Schiff zurückhelfen. Rave allein wäre es völlig unmöglich gewesen, mich zusammen mit Schlafsack, Proviant und dem allernotwendigsten Gepäck auf dem Schlitten bei Nacht über Packeis und Gebirge fortzuschaffen.

An ein Gehen konnte ich voraussichtlich noch lange nicht denken. Mein linker Fuß wurde vielmehr eher schlimmer als besser: Seine vordere Hälfte hatte uns bisher keinen besonderen Anlaß zur Beunruhigung gegeben, sie hatte sich etwas von dem gesunden Teil des Fußes getrennt; und von hier aus begann neues Fleisch nachzuwachsen. Nun fing sie aber ganz allmählich an, sich dunkel und dunkeler zu färben, und auch das Nachwachsen schien aufzuhören. So mußten wir fürchten, daß eine Wiederherstellung des Fußes ohne sofortiges ärztliches Eingreifen, wenn nicht überhaupt, ausgeschlossen war. Um so begreiflicher und sehnlicher wurde unsere Hoffnung auf Hilfe.

Wenn wir jetzt morgens aufstanden, war es fast stockdunkel. Fröstelnd und hungrig nach der langen Nacht, dazu häufig noch mit Schmerzen im Fuß, lag ich in meiner Koje und sang wohl leiser oder lauter — je nach dem Grad der inneren und äußeren Erwärmung, deren ich bedurfte — ein Lied vor mich hin. Besonders eine Melodie, die mir vom letzten Winter her in der Erinnerung geblieben war, summte mir oft durch den Kopf; Mozart legt sie seinem Figaro in den Mund: „Dort vergiß leises Fleh'n, süßes Kosen und das Flattern von Rosen zu Rosen........!" Damals konnte ich allerdings nicht ahnen, wie bald ich das vergessen sollte und unter welch' kümmerlichen Verhältnissen.

Währenddessen flatterte Rave noch viel weniger — nicht einmal in Gedanken, wie ich es doch konnte — von Rosen zu Rosen, sondern hantierte im Dunkeln, aus dem gelegentlich ein kräftiger Fluch zu mir hinauftönte, und heizte Feuer an. Das glückte nicht immer gleich und wurde überhaupt erst besser, als er eines Tages draußen in einiger Entfernung vom Hause eine Kiste Dynamit, Zündkapseln und mehrere Rollen Zündschnur fand. Da die Sprengversuche, die er bald darauf an einem großen Eisblock vornahm, um sie dann auch auf das Zerkleinern größerer Treibholzstämme auszudehnen, nicht gelangen, jedenfalls weil die Kapseln unter Feuchtigkeit gelitten hatten, so blieb uns wenigstens die Zündschnur zum Feueranheizen, und dadurch verlor diese Arbeit beträchtlich von ihrer bisherigen Schrecklichkeit.

Im spärlichen Flackerscheine des Herdfeuers nahmen wir unser Frühmahl ein. Hierbei war Rave etwas besser daran als ich, denn er saß gerade vor dem Herd und konnte doch wenigstens seinen Eßnapf sehen, während ich, seitlich vom Herde sitzend, manches Mal mit dem Löffel in die Luft fuhr. Auch mittags blieb es so dunkel, daß ich auf meinem Platz nicht mehr lesen konnte und die Tagebuchnotizen nur mühsam zusammenkritzelte. Rave benutzte diese letzten Dämmerstunden, um auf dem Schlitten noch möglichst viel Holz zu holen. Dabei spannte er auch die Jule ein, die sich über Erwarten gut bewährte und mit einem wahren Feuereifer zog.

Jules Herkunft ist nicht bekannt, eine Eigenschaft, die sie wohl mit den meisten deutschen Zughunden gemein hat; ihre dunkelgelbe Farbe mit schwarzen Flecken, weißer Brust und weißen Pfoten lassen keinerlei Rückschluß auf irgendeine Rasse zu. An Bord war sie unter vielen gänzlich unbeachtet geblieben und hatte sich daher auch scheinbar nicht recht wohl gefühlt. Als die Mannschaft zum Schiff zurückkehrte, hatte sie keine Neigung ebenfalls mit umzukehren, sondern folgte uns in weitem Abstand, immer in der Ferne zurückbleibend, wenn wir einmal stoppten. Von Mossel-Bai lief sie mit uns zurück, traute sich aber nicht wieder an Bord und blieb die Nacht über am Lande. Der Hunger trieb sie wohl am nächsten Morgen, sich auf dem Jungeise zum Schiff hinüberzuwagen. Die dünne Eisdecke brach natürlich, so daß sie sich nur mit Mühe, ständig einbrechend halb rutschend und halb schwimmend, ans Ufer rettete. Wieder folgte sie uns, wenig beachtet, jeden Abend mit Heißhunger ihre paar Brocken Pemmikan verschlingend. In unserer Hütte hatte sie es dann besser, wenn es auch nicht immer allzu reichlich zu fressen gab. Wer konnte wissen, von welchem Nutzen sie uns noch sein würde, und wäre es im äußersten Notfall als Proviant!

Dumm war sie ja nun, unsere Jule. So rannte sie einmal beim Holzholen — sie war gerade nicht angespannt — fast einen Eisbären um. Rave selbst erblickte ihn, kaum hundert Meter von sich entfernt, und hob wie zweifelnd das Glas an die Augen, um sich erst genau zu überzeugen. Dann zog er es doch vor abzubiegen; denn was sollte er auch anfangen mit seinem Revolver, der nicht einmal richtig repetierte? Vielmehr war er froh, daß der Bär nicht folgte, als auch Jule schlauerweise rasch Kehrt gemacht hatte, und es ihm gelang, den schwerbeladenen Schlitten die halbe Wegstunde bis zur Hütte zu schaffen. Ärgerlich war es ja allerdings, einen so schönen Braten sich entgehen lassen zu müssen, aber dies Erlebnis brachte wenigstens einigen neuen Gesprächsstoff.

Denn unser Leben war arm an besonderen Erlebnissen, noch ärmer aber an Genüssen. Mit dem Geringsten waren wir zufrieden. Unser kleiner Vorrat an Tabak und Zigaretten war bald verraucht. Glücklicherweise entdeckten wir drei Rollen Kautabak. Dieser wurde auseinandergerollt, ausgelaugt, zerschnitten und getrocknet und schmeckte ganz köstlich; nur schade, daß wir den ausgelaugten Saft, der wunderbar nach Pflaumen duftete, nicht verwenden konnten.

Eine ähnliche, fast kindliche Freude empfanden wir, als es glückte, unsere Hütte zum ersten Male zu erleuchten. Zwar brannten die in Renntierfett getränkten Holzstäbchen nur 5 bis 10 Minuten, und die ewige Mühe des Erneuerns, gerade wenn man mitten im Schreiben oder bei einer anderen Arbeit war, wurde doch so lästig, daß Rave sich an den Versuch des Lichtgießens machte. Als Form benutzte er dazu ein von einem Skistock abgeschnittenes Stück Bambusrohr, in das er um einen Bindfaden herum ausgekochtes Renntierfett goß. Der Versuch gelang, und Rave vervollkommnete die Technik des Gießens allmählich immer mehr. Das ausgekochte und bis kurz vor dem Dickwerden wieder abgekühlte Renntierfett wurde an unter der Decke aufgehängten Fäden, die von einem dickeren Tau genommen waren, herabgegossen, unten in einer Pfanne aufgefangen, wieder verflüssigt und so lange herabgegossen, bis die Lichte die gewünschte Dicke hatten. So waren wir der Sorge entrissen, dauernd im Dunklen hocken zu müssen. Fett hatten wir genug, jedenfalls weit mehr als Fleisch, und die Lichte brannten vorzüglich hell und sparsam, nur daß man — wie zu Großmutters Zeiten — gelegentlich mit der Schere den Docht schnippen mußte.

Wir hatten wieder Licht! Was dies Wörtchen Licht bedeutet, das können nur die voll und ganz nachempfinden, die einmal das unheimliche Heranschleichen der Winternacht miterlebt haben. Wir wußten es und werden es Zeit unseres Lebens behalten, was wir der trübseligen und doch so beseligenden Flamme zu danken hatten, die jetzt den ganzen Tag über brannte. Sie riß uns von der Verzweiflung los, die sich unserer zu bemächtigen drohte während jener Tage, wo wir noch kein Licht hatten, wo wir unser Tagewerk auf höchstens sechs Stunden hatten beschränken müssen. Sie gab uns neuen Lebensmut, den wir doppelt brauchten, da bereits die vierte Woche sich vollendete und wir immer noch vergebens der versprochenen Hilfe harrten. In vier Wochen wollten sie von Advent-Bai zurück sein; auf alle Fälle hatten wir versprochen, sechs Wochen zu warten. Also zwei Wochen Wartezeit standen uns sowieso noch bevor, und bis zum nächsten Mondschein schätzten wir im ganzen drei Wochen. Mit ihm mußten wir, wenn auch bis dann keine Hilfe gekommen war, zum Schiff zurück. Freilich das Wie war uns vorläufig noch ein großes Rätsel!

Überhaupt Sorgen blieben uns auch jetzt nicht erspart, aber wir konnten ihnen freier und mutiger entgegentreten. Sie quälten uns in den langen Nächten, die wir, um Feuer und Licht zu sparen, nicht unter 12 und 14 Stunden verkürzen durften. In den vielen schlaflosen Stunden lag man auf seinem Lager und zermarterte sein Hirn: Was wird die Zukunft bringen? Wie und wann wird sich unser Geschick entscheiden? Aber man hatte auch viel Zeit zum Lauschen, was der moderne Mensch im Lärm der Großstadt meist verlernt hat. In der feierlichen Stille der Polarnacht, fern vom Getriebe der Welt, fern von allen menschlichen Wesen und Wohnstätten, da lernt man auf die leisesten Regungen und Schwingungen der Natur zu achten. Das Wehen des Windes erscheint fast wie Musik, bald mit voller Kraft einsetzend und das Haus in seinen Grundfesten erschütternd, dann wieder heulend und pfeifend, die leise klingenden und knirschenden Schneekristalle über das Dach fegend, und endlich nach dem Austoben des Sturmes wie aus weiter, weiter Ferne ein gewaltiges Orgelbrausen. Zwischen dieser erhabenen Sphärenmusik schrecken einen plötzlich Laute aus nächster Nähe: Es ist bei starkem Frost das oft explosionsartige Knacken des Holzes — vor allem der Bodenbalken unserer Hütte — oder bei gelinderem Wetter das tropfende Wasser des an der Decke schmelzenden Eises. Dann ist es wieder still geworden, und man lauscht in die schweigende Nacht hinaus. Da, ist das nicht das Knirschen schreitender Füße im Schnee, das gleitende Geräusch von Schlittenkufen und das ferne Gebell eines Hundes? Gewiß, sie kommen, die ersehnte Hilfe sie ist da! — Aber es ist nur die fieberhaft erregte Phantasie, es ist nichts weiter als der von Ferne herüberschallende Klang einer Pressung im Packeis oder ein leise klagender Laut Jules im Schlaf, nichts weiter! —

Sorgen blieben uns auch am Tage nicht erspart. Vor allem war es die eine Frage, die uns bewegte: Würde der Proviant ausreichen? Seit Ende Oktober schon hatten wir keine Erbsen mehr und aßen Tag für Tag dasselbe, Reissuppe mit Renntierfleisch; dazu kam als Gewürz ein Stückchen Ingwer, wovon wir eine Tüte voll vorgefunden hatten. Der Reis mochte bei sparsamem Verbrauch für gut zwei Wochen reichen, das Fleisch etwas länger. Aber bei dem Fleisch kam eine andere Sorge hinzu; es war stark gesalzen, bereits zwei Jahre alt und, da die Lauge höchstens ein Viertel der Tonnen ausfüllte, zum Teil verdorben. Wir wußten wohl, daß bei langem Genuß solchen Fleisches und bei geringer Sorgfalt in der Zubereitung die furchtbare Gefahr des Skorbut nicht ausbleiben konnte. Daher verwandte Rave die größte Mühe auf das Zurechtmachen des Fleisches. Stets schnitt er rundherum das angegangene, dunkelbraun aussehende Fleisch ab. Nur das rote Fleisch wurde in Stücke geschnitten und mehrfach ausgelaugt, um schließlich in ganz kleinen Würfeln zusammen mit der Reissuppe noch gekocht zu werden. So blieb kaum der fünfte Teil des Fleisches für uns genießbar, während etwa ein Fünftel verdorben war und der größere Rest aus Fett und Knochen bestand. Das Fett war ja allerdings wichtig genug für uns sowohl zum Kochen, Braten und Backen wie zum Lichtgießen.

Schon Anfang November hatte Rave zum letztenmal Pemmikankuchen gebacken. Am 3. November tranken wir die letzte Sonntagsschokolade und mußten uns künftig mit ganz wenig Tee — ich glaube, die Streichholzschachtel voll reichte für neun Male — begnügen, den wir durch ein Stück Zitronensäure würzten. Am Sonntag darauf rauchte ich die letzte Pfeife Kautabak. Aber darauf konnte man allenfalls verzichten. Viel schlimmer war es, daß gleichzeitig auch Verbandstoff und Sublimat fast zu Ende gingen, daß nun statt jeden dritten Tag meine Füße nur einmal in der Woche frisch verbunden werden konnten. Es waren der Sorgen übergenug! Jedoch wir verloren den Mut nicht, Rave nicht die Lust zur Arbeit und ich wenigstens nicht die Freude am Singen.

Nach wie vor hoffte ich auf Hilfe. Rave dagegen hatte sich allmählich mit dem Gedanken an unsere Rückkehr zum Schiff vertrauter gemacht. Nun sann er darüber nach, wie sie sich ermöglichen ließe. Man hat wohl gesagt: Künstler sind auch Erfinder! und nicht ohne eine gewisse Berechtigung. Jedenfalls bewies Rave aufs glänzendste die Wahrheit dieses Satzes. Da es für ihn unmöglich war, mich auf dem Schlitten fortzuschaffen, und ich in gewöhnlichem Schuhzeug nicht gehen konnte, so begann er, einen Stelzfuß herzustellen. Das Material hierzu war sämtlich einheimisch, d. h. in oder in der Nähe der Hütte gefunden, ebenso wie das höchst primitive Werkzeug. So diente als Hammer ein 20 cm langer, eiserner Schraubbolzen, den Rave auf dem Dach gefunden hatte. Für den Stelzfuß mußte die Hälfte eines kräftigen Ruders herhalten, in dessen unteres Ende der eiserne Schnapper eines Türschlosses als Spitze eingelassen wurde. Etwa in Fußhöhe darüber wurde auf einem derben Holzkeil eine Scheibe aus Eisenblech befestigt,

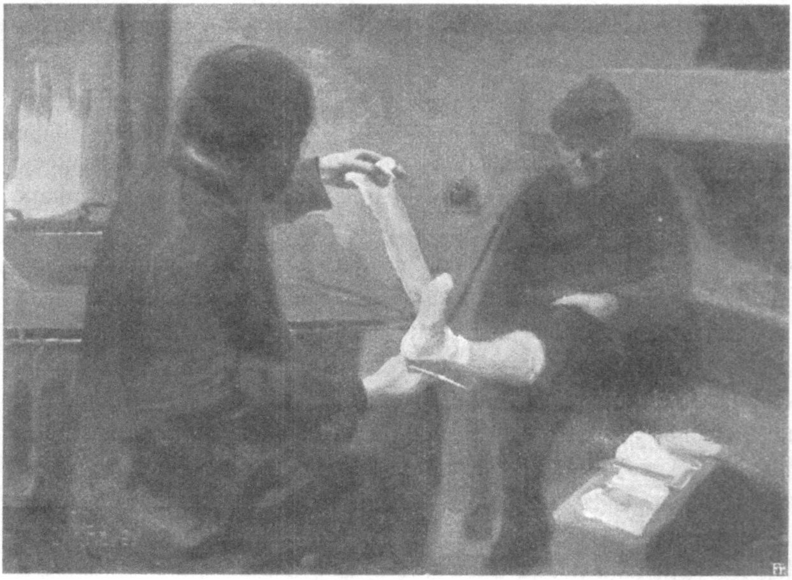

Beim Verbinden.

die dann noch mit Renntierfell gepolstert wurde. Darauf sollte der Fuß stehen, während der Unterschenkel mit einigen Riemen an dem Ruder festgeschnallt werden sollte.

Beim ersten Ausprobieren sah Rave jedoch ein, daß ein derartiges Gehen, zumal auf unebenem Gelände oder in weichem Schnee außerordentlich beschwerlich sein würde. Aber er ließ sich dadurch nicht entmutigen, sondern machte sich sogleich an die Konstruktion eines mechanischen Schuhes. Dabei ging er von dem Gedanken aus, daß ich mit der hinteren, gesunden Hälfte meines linken Fußes gut gehen könnte, wenn die vordere Hälfte geschont bliebe. Das war aber nur mit Hilfe eines künstlichen Gelenks möglich, das dieser Schuh vor allem anderen enthalten mußte. Ein alter Ski gab das Material für den Unterbau her. Zuunterst ein Brett, 33 cm lang und zugleich die Länge des ganzen Schuhes bezeichnend, als Sohle; auf deren hinterem Ende zwei kurze Brettchen und über diesen durch ein ledernes Scharnier befestigt ein 15 cm langes Brett, das mit Fell gepolstert die Unterlage für den Fuß bildete. Dieses Gerüst wurde außen herum mit Rucksackleder benagelt, das vorne kastenförmig den ganzen Schuh umschloß und so genügend Platz für den sich auf- und niederbewegenden vorderen Teil des Fußes bot. Die hintere Schuhpartie glich mehr einem normalen Stiefel und wurde daher auch von dem Oberleder eines meiner alten Stiefel gebildet, das nach vorne zu mit dem anderen Leder zusammengenäht wurde und so harmonisch den ganzen Bau vollendete. So entstand ein Schuhwerk, zwar äußerlich plump und unschön, aber seinen Zweck erfüllend, das seinem Erfinder und Verfertiger alle Ehre machte. Schon der erste Probegang in der Hütte auf und ab befriedigte uns beide, wenn auch meine Freude unter den Schmerzen der ungewohnten Geharbeit etwas litt.

Täglich übte ich mich jetzt im Gehen, aber leider war das Wetter so schlecht, daß ich meine Übungen nicht nach draußen verlegen konnte. Die Witterung schien immer schlechter zu werden, und unsere Hoffnung auf Hilfe wurde damit immer geringer. Ja, wir hofften eigentlich nicht mehr! — Schwache Naturen mögen in solchen oder ähnlichen Lebenslagen im Gebet Stärkung suchen und im Vertrauen auf Gott ihre erschütterte Hoffnung aufs neue beleben. Uns schwebte vielmehr ein altes, kerniges Bauernsprichwort vor; das heißt: Hilf dir selbst, so helfet dir unser Herre Gott! — Nur Selbsthilfe konnte uns retten, nur die eigene, äußerste Kraft konnte uns zum Schiff zurückbringen. So waren unsere Gedanken vorwärts gerichtet, und unsere Unterhaltung drehte sich jetzt hauptsächlich um das ersehnte Ziel: das Schiff! Würden wir es unversehrt am alten Platz vorfinden? Was mochte inzwischen sich dort ereignet haben? Waren vielleicht Detmers und Moeser an Bord zurückgekehrt oder gar der Leutnant und seine Begleiter? Alle Möglichkeiten wurden von uns eifrig diskutiert, — an eine aber wagten wir nur voll Entsetzen zu denken, und doch konnte auch sie bereits zum Ereignis geworden sein. Wenn der Leuntant zurückgekommen wäre, offenes Wasser vorgefunden, das Schiff abgebracht hätte und nach Hause gesegelt wäre? Was dann? Was dann werden sollte, blieb ein dunkles

Rätsel, wie wir es auch drehen und wenden wollten. Kein Wunder also, daß wir nicht gern bei diesem Gedanken verweilten, daß wir lieber an unser künftiges Leben auf dem Schiff dachten, ein Leben, das uns einst — es waren freilich erst zwei Monate seitdem verflossen — so furchtbar erschienen war, uns jetzt aber wie ein schönes Paradies vorschwebte.

In der sechsten Woche wurde unsere Lage immer trostloser. Die täglichen Rationen mußten eingeschränkt werden, und wir lernten zum ersten Male, besonders in den langen Nächten, was es heißt: Hungern! Nur Jule hatte darunter nicht zu leiden, denn Knochen und für uns nicht genießbares Fleisch, das für sie ausgekocht wurde, waren genug vorhanden. — Auch das Feuerholz wurde knapp, und draußen war es zu dunkel, um neues zu holen. So mußten wir unser Inventar verheizen, und nach und nach wanderten die überflüssigen Kojen, Schemel, Kisten, Tonnen und überhaupt alles, was nicht gar zu niet- und nagelfest war oder sonst erhalten werden mußte, in den Ofen.

Trotz allem blieb unsere Stimmung gut, bis im Anfang der siebenten Woche eine neue Sorge hinzukam. Raves Magen erkrankte, wohl infolge der ewig gleichförmigen, nicht frischen und auch nicht allzu reichlichen Kost. Was sollte aus uns werden, wenn das nicht besser wurde? Außer etwas Käse hatten wir nichts Erfrischendes, nichts, was einen kranken Magen wiederherstellen konnte. Das drückte unsere Stimmung tief herab, und sie verschlechterte rückwirkend unser körperliches Befinden noch mehr. Bis zum Mittwoch oder Donnerstag — 20./21. November — würde unser Proviant voraussichtlich reichen, bis dahin erhofften wir sehnlichst eine Besserung des Wetters und das Erscheinen des Mondes. Es galt also dann mit allem fix und fertig und stets auf dem Sprunge zu sein, um bei klarem Wetter sogleich aufbrechen zu können.

Trotz seines leidenden Zustandes war Rave mit bewunderungswürdiger Zähigkeit bei den Vorbereitungen tätig. Vielerlei gab es zu tun und zu bedenken. Nachdem er meine Fußbekleidung vollendet hatte, machte er sich aus rohem Renntierfell ein Paar Stiefel. Da jedoch zu befürchten war, daß diese wohl gegen Kälte, aber nicht gegen Nässe genügenden Schutz gewährten, so überzog er seine Lederstiefel mit Fell und Segeltuch und schnitt sich aus letzterem noch ein Paar Wickelgamaschen. Unsere Lodenjoppen erhielten im Rücken eine warme Felleinlage.

Dann mußte der Schlitten nachgesehen werden; er erhielt für den Bedarfsfall einen Mast zum Segeln. Die Zuggeschirre für Rave und Jule mußten die richtige Länge haben, das Geschirr Jules wurde am Bruststrang mit Fell versehen, um ein Durchscheuern zu verhindern. Unsere Skier bekamen neue Lederriemen, die Skistöcke zum Teil neue Spitzen, einer statt der fehlenden Eisenspitze die zugespitzte Klinge eines alten Messers.

Da wir unsere Schlafsäcke den beiden Norwegern überlassen hatten, so mußte ein neuer Doppelschläfer genäht werden. Die noch vorhandenen Felle reichten gerade dafür aus, und zwar so, daß die gesalzenen und daher noch feuchten Häute die Unterlage, die getrockneten, aber ebenfalls nicht gegerbten Häute die Oberdecke bildeten. Der Verschluß am Kopfende wurde obendrein durch eine Doppelklappe, bestehend aus Wolldecke und Segeltuch, geschützt.

Schließlich mußte auch der Proviant für die Schlittenreise beschafft werden. Aus den letzten Resten buk Rave noch einmal Brot; es kam dazu etwas Mehl und Reis, einige verschimmelte Haferflocken, Pemmikan sowie Renntierfleisch und -fett. Dieses sonderbare Mischgebäck schmeckte warm und in Fett aufgebraten ganz vorzüglich und pastetenähnlich. Außerdem wurde alles brauchbare Fleisch mehrfach ausgekocht. Neben diesem Brot und Fleisch sollten drei kleine Käse und etwas Pemmikan unsere Wegzehrung sein.

In der Nacht vom Dienstag zum Mittwoch dieser Woche hatten wir ein kleines Erlebnis, das zwar ohne Folgen, angenehme wie unangenehme, für uns blieb und daher unbedeutend erscheinen mag, das aber unsere gesunkenen Lebensgeister wesentlich auffrischte. Morgens war meine Koje abgebrochen worden und in den Herd gewandert; wir schliefen nun zusammen unten, zum ersten Male in dem neuen Schlafsack. Um ½ 11 schlug Jule kräftig an. Ich wachte gerade und rief sie zur Ruhe; dann hörte ich deutlich draußen im Schnee Schritte, die mehrere Male um die Hütte herumstapften. Was mochte das sein? Ich weckte Rave, und wir lauschten nun gemeinsam. Bald jedoch wurden wir durch ein lautes Krachen gegen die Wand unmittelbar neben uns aufgeschreckt, und wir merkten, wie ein Bär — denn niemand anders konnte es sein — das Dach erkletterte, einmal darauf entlangtappte und sich gerade über unserer Koje niederließ. Als sich über uns die Bretter ächzend bogen, zogen wir es vor, aus dem Schlafsack zu kriechen, und Rave griff nach seinem Revolver. In der atemlosen Stille konnten wir wahrnehmen, wie der Bär mit der Schnauze dicht über dem Holz herumschnupperte, jedenfalls hatte er die lebenden Wesen unter sich gewittert. Vorsichtig mit einem kleinen Holzstäbchen öffnete Rave die kleine Luftklappe über uns im Dach, sofort fuhr der Bär mit der Schnauze dahin.

Rasch hob Rave den Revolver, ein Schuß — ein dumpfer Fall und nichts weiter. Hatte er getroffen? Getroffen, sicherlich; denn ein Fehlschuß war bei der nahen Entfernung ausgeschlossen. Aber so ein winziges Revolvergeschoß zerprallt doch wie nichts an einem harten Eisbärenschädel oder bleibt wirkungslos in dem dichten Pelz stecken! Nur eine Möglichkeit gab es, daß die Kugel ins Auge und weiter ins Gehirn gedrungen war. Ein solcher Schuß konnte tödlich verwunden; er würde den schweren Fall und das Fehlen jeden weiteren Geräusches am besten erklären. Freilich nur für uns, die wir nach einem saftigen Bärenschinken lechzten, weniger für Meister Petz, der, statt tot hinter dem Hause zu liegen, lieber in raschen Sätzen zum nahen Eise hin entwichen war, der sich wohl nur die erste Mondscheinnacht zu diesem kleinen Besuch auserwählt hatte. Beides — das Entweichen des Eisbären wie das Erscheinen des Mondes — konnte Rave feststellen, als er bald darauf vor der Tür Ausschau hielt.

Also der Mond war da! Das war immerhin besser, als wenn der Bär mit dem Dach eingebrochen wäre! Mit diesem Trost schliefen wir ein und schliefen gut in dem neuen Schlafsack. Am Donnerstagabend hofften wir mit allem fertig zu sein und aufbrechen zu können. Aber es fehlte dann noch an mancherlei wichtigen Kleinigkeiten und war draußen noch nicht hell genug, so daß wir den Aufbruch auf Freitagmittag verschoben.

Der Freitag war noch schlechter: Es stürmte gewaltig aus Nordwesten, und die aufgewirbelten Schneemassen verhüllten den Mond völlig. Wie höhnisch heulte der Sturm über unsere bedrängte Lage! Wenn das nur einige Tage so anhielt, dann stand es traurig um uns. Schon war unser Proviant zu Ende bis auf einen kleinen Rest Plasmon-Mehl, woraus wir uns ein milchartiges, freilich ungesüßtes Getränk machten. Sonst zehrten wir bereits von dem Reiseproviant, und das konnte unter Umständen unser Verhängnis werden. Wir waren fix und fertig zum Aufbruch, aber zum Warten verurteilt. Unsere Sachen waren sämtlich gepackt. Auf dem Tisch lag neben Licht und Streichhölzern ein Notizheft, worin wir kurz die Ursache unseres langen Aufenthalts, Route und Ziel des bevorstehenden Marsches, das Befinden meines Fußes wie die dringende Bitte um ärztliche Hilfe dargelegt hatten.

Gegen Abend flaute der Sturm etwas ab. Jedoch wir waren von dem langen Warten und Hungern so müde geworden, daß wir beschlossen, erst noch ein paar Stunden unter schützendem Dach zu schlafen. Sonnabend — 23. November — 2 Uhr früh erwachten wir neu gestärkt. Das Wetter war klar, der Mond schien hell. Ein letzter Imbiß, aus einem Stück Brot und einem Schluck warmen Wassers bestehend, wurde eingenommen. Dann belud Rave den Schlitten.

Als wir nach etwa zwei Stunden die Hütte verließen, waren wir ernst gestimmt. Wir wußten: Ein Weg auf Tod und Leben stand uns bevor. Er führte nicht der Heimat zu, er wies nach Norden zurück zum Schiff! Und in diesem ernsten Augenblick, in dem es mehr als zweifelhaft war, ob wir je die Heimat wiederschauen würden, gingen mir die Worte des Baumbachschen Liedes, die ich dort oft voll Übermut gesungen, durch den Sinn:

„Blondes Gretelein,
Laß das Trauern sein!
Mit den Schwalben komm' ich wieder her;
Sollt' ich sterben eh'r,
Weine nicht so sehr,
Weil es schad um deine Äuglein wär'."

VII.

Zurück zum Schiff!

Zunächst ging es an der Landzunge entlang, an deren innerstem Punkt unsere Hütte gelegen war; ich etwas voraus, Rave mit dem Schlitten folgend. Bald jedoch holte er mich ein, da Jule wacker zog, obgleich der Schlitten schwer genug beladen war. Wir hatten von unseren Sachen nichts im Stiche lassen wollen, nicht wissend, wie es noch einmal kommen würde. So bestand unser Gepäck außer dem großen Schlafsack aus einem Rucksack voll Proviant, einem zweiten Rucksack mit unserem Zeug — das meiste trugen wir allerdings am Körper —, Raves Skizzen, photographischen Platten und Films und meinen Büchern und endlich einem weiteren Sack, der alles andere wie Kochgeschirr, Werkzeug, Wolldecken usw. enthielt. Diese Last war mit dem Segel zugedeckt und das Ganze fest verschnürt. Darüber steckte noch einiges, was immer zur Hand sein mußte, wie die Skier, das Gletscherseil, ein kleiner Beutel mit Brot und Käse und ein Stück Fell als Unterlage für Jule beim Halten.

Am Ende der Landzunge lagen mehrere gewaltige Grundeisblöcke, durch den Druck der von Norden nachschiebenden Eismassen einst so nahe an den Strand herangehoben, so mächtig aufgetürmt, daß sie aus ihrer gleichförmigen Umgebung wie ein Wahrzeichen aufragten. Auch für uns hatten sie eine besondere Bedeutung, da wir hier das Land verließen und auf das Eis der Bai übergingen. Denn unsere Absicht war, die an dieser Stelle etwa 12 km breite Bai auf einmal zu überqueren, um nicht mitten auf dem Eise von unsichtigem Wetter überrascht zu werden und dann in eine ähnlich ungünstige, ja, in der Winternacht viel ungünstigere Lage zu kommen wie Anfang Oktober. Hatten wir dagegen einmal das andere Ufer erreicht, so konnten wir in steter Fühlung mit ihm nordwärts ziehen.

Wir peilten daher mit dem Kompaß genau die Ostrichtung und wählten als Richtungspunkt die nördliche Ecke des ersten Gletschers. Eines solchen Punktes bedarf man durchaus, um durch möglichstes Vermeiden eines Zickzackkurses Umwege zu sparen oder des häufigen Zuratezіehens des Kompasses überhoben zu sein, was nicht nur zeitraubend, sondern bei der herrschenden Kälte und Dunkelheit oft ein Ding der Unmöglichkeit ist. Aber selbst das Gehen auf ein festes Ziel zu ist nicht ohne Schwierigkeiten. Das Auge ermüdet rasch in dem ungewohnten Dämmerlicht, das alle Kontraste schwinden läßt, so daß Gebirge, Gletscher und Packeis bald in eintönigem Grau verschwimmen. So ging es auch uns: Ohne es zu merken, waren wir in eine mehr südöstliche Richtung gekommen und hielten statt auf den nördlichen auf den südlichen Rand des Gletschers zu. Der Kompaß wurde befragt, er wies uns wieder auf den richtigen Weg, doch wählten wir jetzt, durch Schaden klug geworden, zwei vor uns hell leuchtende Sterne zu Führern.

Der Weg war gut, dauernd über eine völlig ebene, leicht beschneite Jungeisfläche, auf die wir uns vor zwei Monaten sicherlich nicht gewagt hätten. Der Wind kam aus Norden, zwar nur mäßig stark, aber eisigkalt. Kaum eine Viertelstunde, nachdem wir das Eis betreten, war bereits mein linkes Ohrläppchen erfroren, jedenfalls weil meine Wollmütze sich ein wenig verschoben hatte. Rave konnte es durch Reiben mit Schnee sogleich wieder auftauen. Vorsichtshalber zog ich jetzt über die Mütze die Windkappe, die nur ein gemeinsames Loch zum Sehen und Atmen enthält. Rave war mit seiner selbstgefertigten Mütze aus Seehundsfell besser daran, mußte sich aber doch die linke Gesichtshälfte durch ein davor gestecktes Taschentuch schützen. Überhaupt wurde die dem Winde ausgesetzte Seite des Körpers ganz bedeutend abgekühlt, trotz der ständigen Bewegung und trotzdem wir doppeltes Unterzeug, Wollsweater, Joppe und Hosen aus dickem Loden und den Windanzug aus dünnem Diagonalstoff trugen. Die Füße blieben dank der sorgfältigen Verpackung in Binden und Strümpfen warm. Das Gehen wurde mir auf der ebenen Bahn verhältnismäßig leicht. Beim Vorheben der Füße leisteten mir die Skistöcke, auf die ich mich stützte, gute Dienste. So konnte ich während der ersten Stunden einigermaßen mit Rave Schritt halten, und wir kamen gut vorwärts.

Kleine offene Risse und Spalten im Eise deuteten darauf hin, daß wir uns dem Ostufer näherten. Vereinzelte, übereinandergeschobene

Schollen wie Partien vielfach zertrümmerten Brockeneises erschwerten mir das Gehen und ließen mich plötzlich die Ermüdung nach dem vierstündigen Marsch spüren. Wir waren nicht weit von der Nordecke des Gletschers, bogen nun ein wenig nach Norden um und machten, einige hundert Meter vom Ufer entfernt, an der Leeseite eines Eisberges Halt. Dieser mochte erst vor kurzem von dem nahen Gletscher abgebrochen sein und war dann hier in dem infolge der großen Kälte

Das erste Lager auf dem Rückmarsch.

rasch sich bildenden Eise festgefroren. Er war rings von einer muldenförmigen Einsenkung umgeben, die uns auf den ersten Blick als ideale, allseitig geschützte Lagerstätte erschien. Da sie frisch überfroren war, so lag immerhin die Möglichkeit vor, daß der Eisberg sich mit Flut und Ebbe etwas heben und senken oder doch die Mulde sich mit Wasser füllen könnte. Daher blieben wir mit unserem Schlafsack lieber außerhalb.

Rave packte, so weit es nötig war, den Schlitten ab und rollte mit einiger Mühe den Schlafsack auseinander, der hart gefroren war wie ein Brett. Schnell schlüpfte ich hinein, die Stiefel, welche Rave mir ausgezogen hatte, ans Fußende legend, während die vom Atem völlig vereiste Windkappe ihren Wärmeplatz unter dem Rücken erhielt. Rave konnte nicht sogleich an Ruhe denken. Erst mußte Jule ihr Futter — gefrorenes Renntierfleisch — bekommen; dann erhielt sie ihr Lager unmittelbar neben uns, von dem Segel, das unseren Schlafsack umhüllte, mit bedeckt. Von dem Eisberg schlug er etwas Eis los, mit dem wir unseren Durst einigermaßen löschten. Hunger hatten wir kaum; ein kleines Stückchen Brot und Käse genügten vollauf. Dann erst konnte er auch in den Schlafsack kriechen, doch ach! — jetzt kam eine große Enttäuschung: Er war nicht nur gefroren, sondern dadurch auch erbärmlich zusammengeschrumpft. Die vorher mehr als geräumige Hülle war so eng geworden, daß ich mich wie ein Aal zusammenkrümmen mußte, damit Rave sich überhaupt hineinzwängen konnte. Schließlich glückte auch das, und nachdem Klappe und Segel über unseren Köpfen zugezogen waren, lagen wir zwar eng, aber dank dieser Enge wenigstens warm Rücken an Rücken.

So lagen wir mehrere Stunden, ohne, wie wir meinten, zu schlafen. Aber wir mußten doch etwas geschlafen haben, denn als Rave nach der Uhr sah, war es bereits ½2 Uhr, und es war höchste Zeit aufzubrechen, da wir möglichst immer die gleiche Anzahl Stunden ruhen und gehen wollten. Rasch krochen wir heraus, zogen Stiefel, Handschuhe und Mütze über, und während Rave alles zusammenpackte, bewegte ich, da ich ihm doch nicht dabei helfen konnte, ständig Arme und Beine, um nichts zu erfrieren.

Dann ging es weiter, immer nordwärts, die Küste zur Rechten. Bald wurde das Eis schlechter, das Gehen und Ziehen beschwerlicher. Vom Schnee freigewehte Stellen, über die der Schlitten von selbst hinglitt, ließen Rave des öfteren stürzen, zwangen mich dagegen zu ganz langsamem Gehen, um ein Hinfallen zu vermeiden, da das Aufstehen nur unter großen Schmerzen möglich war. Dann kamen wieder größere Schneewehen: Auf hartem Schnee ging es gut, aber an weicheren Stellen brach plötzlich mit jähem Ruck, oft bis ans Knie, ein Fuß ein. Die Qualen dieses meist unvermuteten Einbrechens und die Mühe, die wunden Glieder herauszuziehen, lassen sich mit Worten nicht beschreiben.

Schließlich begann das Packeis mit all' seinen Schwierigkeiten, die uns noch zu gut in der Erinnerung waren. Wenn auch jetzt offene

Stellen fast überall fehlten, und die Unebenheiten im allgemeinen mehr überweht waren als im Herbst, so blieb es doch schwer genug, ja, in mancher Hinsicht unsagbar viel schwieriger. In dem eigenartigen Zwielicht des Mondes täuschten wir uns oft, nicht nur über die wirklichen Entfernungen — das war für uns bei der großen Klarheit der polaren Luft nichts Außergewöhnliches mehr und uns schon vom Sommer her bekannt —, sondern auch über die Beschaffenheit des vor uns liegenden Weges. Am günstigsten war das seitliche Mondlicht, weniger, wenn es von vorne schien, am ungünstigsten jedoch, wenn der Mond direkt hinter uns stand und für unser Auge alle Schatten aufhob. So kam es, daß wir bald eine weite, ebene Fläche vor uns glaubten, mutiger ausschritten und dann plötzlich vor einer jähen Senkung oder Hebung standen, — bald um solchen Stellen auszuweichen, größere Umwege machten und dann erst recht ins Gewirr von Schollentrümmern gerieten. Fast niemals ließ sich das mit einiger Sicherheit voraussagen, und dadurch blieb uns mancher Umweg, manches vergebliche Hin und Her nicht erspart.

Alles das wirkte zusammen, so daß wir nur langsam vorwärts kamen. Als wir um sechs Uhr abends Halt machten, mochten wir schätzungsweise 8 km zurückgelegt haben, also in der Stunde nur 2 km, während es in den ersten vier Stunden fast 4 km stündlich gewesen waren. Trotzdem mußten wir uns jetzt etwas Ruhe gönnen, in der Hoffnung, daß das gute Wetter — auch der Nordwind hatte sich inzwischen gelegt — weiterhin anhalten würde. Wieder folgte das mühselige Hineinzwängen in den Schlafsack, wieder dasselbe brennende Durstgefühl, dieselbe Appetitlosigkeit und das unerquickliche Liegen zwischen Wachen und Schlafen.

Der Sonntag war bereits angebrochen, als wir weiterzogen — der furchtbarste Sonntag meines Lebens! Der Weg blieb gleich schlecht, mein Gehen wurde von Stunde zu Stunde schlechter. Um meine Füße überhaupt noch vorwärtsbewegen zu können, mußte ich mich bei jedem Schritt auf die Skistöcke wie auf Krücken stützen. Durch das stete Hochhalten der Arme, das krampfhafte Fassen, das fortgesetzte Einpicken und Wiederhervorziehen der Stöcke aus der harten Schneekruste begannen mir auch die Hände zu schmerzen. Plötzlich merkte ich, daß mehrere Finger der rechten Hand steif wurden. Trotz der dicken, gefütterten Lederhandschuhe waren sie erfroren, und trotzdem Rave sie sofort mit Schnee rieb, blieben die vordersten Glieder zweier Finger steif.

Weiter ging es. Rave hatte mit dem Schlitten keine leichte Arbeit; manches Mal kippte er um. Aber es war doch wenigstens ein Vorwärtskommen. Kaum die Hälfte der Zeit hätte er gebraucht — ohne mich. Nun mußte er fast alle hundert Meter warten, bis ich mich nachgearbeitet hatte.

In düsterem Einerlei erstreckte sich neben uns die Küste. Stets das gleiche Bild: Die abgerundeten Formen der Felsen, terrassenförmig zum Hinterland ansteigend; über allem lag das weiße Leichentuch des Schnees, lastete das Schweigen des Todes. Wie elektrisiert waren wir, als wir inmitten dieser Einsamkeit unweit der Küste auf halber Höhe eine kleine Hütte liegen sahen. Während Rave zu ihr hinaufstieg, konnte ich mich, auf dem Schlitten sitzend, ausruhen und hatte Zeit, darüber nachzudenken, welche Nachricht er wohl zurückbringen würde. Gerade hörte ich ihn in einiger Entfernung von der Hütte schießen, um für den Fall, daß sie bewohnt wäre, die Schläfer nicht allzusehr zu überraschen. Nach einer Viertelstunde kam er zurück und berichtete: Es war eine ganz kleine Russenhütte, halb voll Schnee geweht, da die Tür fehlte. Außer einigen verrotteten Renntierfellen und ein paar leeren Flaschen hatte er nichts entdecken können.

Wir waren kaum einen Kilometer weitergewandert, als wir eine zweite Hütte in ähnlicher Lage erblickten. Ungeachtet des ersten Mißerfolges, machte sich Rave sogleich wieder auf den Weg. Dieses Mal blieb er länger fort, fast ¾ Stunden, und ich wiegte mich schon in allerlei Hoffnungen. Um so größer war die Enttäuschung, als er schweißtriefend, über und über weiß bereift, zurückkehrte. Das Mondlicht hatte uns genarrt: Es war gar keine Hütte, sondern — ein großer, kantiger Felsblock in ganz beträchtlicher Entfernung.

Der im Osten stehende Mond hatte sich inzwischen etwas verschleiert. Ein Hof von außergewöhnlicher Größe umgab ihn, von einer Farbenpracht, wie wir sie niemals gesehen hatten. Der Mond selbst erschien in schwach orange gefärbtem Licht, der Hof dagegen in einem grünlich blauen, sehr zarten Grau, während sein Rand fast alle Regenbogenfarben in leicht gebrochenen Tönen aufwies, von schwachem Gelb über Rot, Blau und Grün in verschiedenen Nuancen bis zum Gelb-Grün hin.

Viel Zeit hatten wir nicht, dieses prachtvolle Schauspiel zu bewundern. Wir mußten weiter! Dreimal sind wir an diesem Sonntag vier Stunden gegangen, dreimal vier Stunden haben wir im Schlafsack gelegen. Nur „Vorwärts!“ war der einzige Gedanke, der uns immer wieder antrieb. Nur „einen Trunk erfrischenden Wassers“ war der sehnliche, nie Erfüllung findende Wunsch, der uns im Liegen peinigte. Die Hoffnung, das Haus in der Mossel-Bai noch am Abend zu erreichen und dort vorläufig Ruhe zu finden, gab uns immer wieder neue Kräfte. Auch in ihr wurden wir schmählich getäuscht.

Es war Montagmorgen. Eine mehr nordöstliche Richtung einschlagend, bogen wir auf das Vorland ab, um uns den Umweg um Bangen-Hook, wo die Wijde-Bai in einem Knick ostwärts zur Mossel-Bai einspringt, zu ersparen. Wir atmeten auf, denn fürs erste hatten wir das Packeis verlassen. Aber neue Schwierigkeiten, neue Enttäuschungen harrten unserer. Der Mond, dessen mächtiger Hof uns schon eine Änderung des Wetters hatte fürchten lassen, ließ uns jetzt gänzlich im Stich. Zwar war der Weg über das langsam ansteigende, flachwellige Land besser, doch was nützte uns das bei dem mehr und mehr schwindenden Licht? Der Wunsch, die Mossel-Bai bald zu erreichen, ließ uns dennoch versuchen weiterzugehen. Der Wunsch ist der Vater des Gedankens, sagt man wohl, aber wir waren zu schlaff, zu fieberhaft erregt, um logisch zu denken, und so erzeugte er in uns bloße Phantasien, grobe Täuschungen des Sinnes und des Auges. Wir glaubten wiederholt, daß wir nun auf demselben Wege wären, den wir seinerzeit südwärts gezogen waren; ebensooft fanden wir Merkmale, die dagegensprachen. Mit einem Male tauchten vor uns die Berge der Mossel-Bai auf. Ohne Zweifel, das mußten sie sein, denn alles stimmte: Die halbkreisförmige Rundung, in der sie die Bai umschließen, davor das Flachland und dahinter im Dunst das weite Hochplateau. Ich meinte sogar, die Stelle zu erkennen, wo das Haus stehen mußte. Nur noch die kleine Anhöhe vor uns hinauf, und sicherlich lag das Eis der Bai zu unseren Füßen.

Wir standen oben, vor uns eine neue Höhe, alles andere war wie eine Fata morgana verschwunden. Schließlich ging es bergab. Die letzten Strahlen des sich im Nebel verhüllenden Mondes spielten glitzernd auf einer Fläche blanken Eises vor uns. Das mußte endlich die Bai sein! Rasch ging es dorthin, zum ersten Male konnte ich auf dem Schlitten sitzen. Doch bald wurde das Gelände wieder eben, eine öde Schneefläche, deren Ende nicht abzusehen. Ein paar überfrorene

Pfützen, die wir passierten, bildeten den Grund dieser abermaligen Täuschung. Mißmutig und völlig erschöpft, krochen wir um 10 Uhr vormittags in den Schlafsack.

Stunden verrannen, ohne daß wir es merkten, denn wir waren so matt und schliefen jetzt wenigstens die meiste Zeit. Nur gelegentlich steckte einer von uns den Kopf heraus, um etwas Schnee zu essen oder nach dem Wetter auszuschauen. Der feine Schnee, der dabei hereinrieselte, sagte uns schon, daß es nicht besser geworden war: Der Mond war nicht zu erblicken, ein kalter Wind pfiff über uns hinweg, und dazu schneite es auch noch. Man nahm eine Hand voll Schnee und kroch rasch wieder unter. Das kühlte für einen Augenblick, aber den brennenden Durst konnte es nicht löschen, den Ekel gegen den kleinsten Brocken Käse, den man hinunterzuwürgen suchte, nicht beseitigen. Ja überdies, von dem Schnee- und Eisessen bekam man einen ständigen, bitteren Geschmack in Mund und Hals, eine Erscheinung — arktischer Durst genannt —, von der wir früher wohl schon gehört und gesprochen hatten.

Wir sprachen jetzt nur wenig miteinander. Eine stumpfe Gleichgültigkeit hatte uns erfaßt. An das, was die nächsten Stunden und Tage bringen konnten, dachten wir kaum, mochten wir nicht denken, und es war ja auch nutzlos, darüber nachzugrübeln, bevor das Wetter nicht etwas besser wurde, denn in der Dunkelheit konnten wir zu leicht das Haus verfehlen. Lieber weilten die Gedanken bei glücklicheren Stunden der Vergangenheit. Man vergaß sogar vorübergehend den fürchterlichen Durst, wenn man sich all' die Augenblicke vergegenwärtigte, wo man keinen Mangel gelitten, vielmehr in Genüssen geschwelgt hatte. Dann wiederum gedachte man voll Wehmut der Heimat, wie dort jetzt die Sonne untergeht, — wie sie sich wieder erhebt, um einem schönen Wintertag ihr liebes Licht zu spenden, wie man selbst dort, kaum vor Jahresfrist, unter dem klaren Winterhimmel mit Schlittschuhen über die spiegelglatte Fläche des Flusses dahinflog. — Und wir lagen immer noch zwischen Schnee und Eis, in Nacht und Not!

Am Dienstagabend um 8 Uhr, nachdem wir 34 Stunden ununterbrochen gelegen hatten, hielten wir es nicht mehr länger aus und brachen auf, trotzdem der Mond nur schwach zu sehen war. Am wohlsten von uns fühlte sich nach der langen Ruhe Jule, die gierig ihr steinhartes Fleisch verschlang und sich wie toll im Schnee herumwälzte. Nach Überwindung einer letzten Steigung ging es tatsächlich abwärts zur Mossel-

Bai. Vor uns lagen die bekannten Berge, und nun galt es, die Stelle zu finden, wo das Haus liegen mochte. Wir schlugen eine nordöstliche Richtung ein, aber der Mond verschwand wieder hinter einer Wolke, so daß es unmöglich war, auf eine größere Entfernung etwas zu erkennen.

Das Eis der Bai war leidlich gut, aber viele Partien waren gänzlich schneefrei und daher so glatt, daß Rave häufig fiel. So mußte ich mich wieder selbst vorwärtsschleppen. Nach einstündigem Marsch konnten wir kaum noch weiter, so kraftlos waren unsere Körper von dem langen Fasten, so steif unsere Glieder von dem vielen Liegen.

Schließlich konnte ich wieder aufsitzen, und wir kamen rascher vorwärts. Nach einiger Zeit entdeckte ich endlich einen schwarzen Punkt; auf ihn hielten wir nun zu, denn dort mußte das Haus liegen. Rave bezweifelte dies. Der Punkt wurde eher kleiner als größer, als wir ein Stück näher kamen, aber das mochte am Mond liegen, der sich gerade wieder gänzlich verschleierte. Obgleich die Möglichkeit, das Haus bald zu erreichen, unsere Kräfte belebte, wäre ich wohl kaum noch hingekommen, wenn nicht Rave und Jule mich auch die letzte Stunde gezogen hätten. Vom Schlitten aus konnte ich mit den Stöcken nachhelfen, aber das dadurch hervorgerufene ständige Rucken, das sich durch den Zuggurt bis zu Raves Schultern fortsetzte, war für ihn äußerst schmerzhaft. Es ließ sich jedoch nicht vermeiden, daß Rave gleichsam jeden Ruck mit seiner Schulterkraft aufheben mußte; sonst wäre Jule, die an und für sich vortrefflich zog, jedesmal stehen geblieben.

Mittwoch früh um ½2 Uhr waren wir endlich bei dem Hause angelangt.

* * *

Schon das Bewußtsein, das Haus glücklich gefunden zu haben, nun bald am flackernden Feuer sitzen und etwas Warmes genießen zu können, ließ uns rasch die letzten, fürchterlichen Qualen vergessen. Im Hause fanden wir alles genau so vor, wie wir es genau zwei Monate vorher verlassen hatten, so daß nach uns niemand hier gewesen sein konnte. Detmers und Moeser, die wir am 2. Oktober zuletzt gesehen hatten, waren also nicht zurückgekehrt.

Nachdem die Sachen vom Schlitten geladen und in den Küchenraum gebracht waren, gingen wir in den hinteren Teil des Hauses, um Feuerholz und Proviant zu holen. Aus dem Tohuwabohu des Proviantraums, von dessen zum größten Teil verschüttetem und verdorbenem Inhalt wir damals nur das Tonnenholz gebraucht, alles übrige aber kaum beachtet oder höchstens voll Geringschätzung hatten liegen lassen, wählten wir jetzt noch gut erhaltene große Graupen und einige Stücke von dem meist verschimmelten Hartbrot oder Schiffszwieback aus. Doch zunächst interessierte uns die Dose Plasmon-Mehl mehr, welche wir im September zurückgelassen hatten. Schon unterwegs hatten wir einander von dem unserer harrenden Plasmon-Trank vorgeschwärmt. Leider entpuppte sich dieses aber, als Rave es anrühren wollte, als gewöhnliches Weizenmehl, und so mußten wir uns statt des milchähnlichen Getränkes mit einer Mehlsuppe begnügen. Diese wurde mit ein paar vorgefundenen Pfefferminzbonbons gewürzt, der zweite und dritte Topf mit etwas Pemmikan.

Am Herde sitzend, auf dem ein lustiges Feuer brannte und uns Licht und Wärme spendete, tranken wir in vollen Zügen die Suppe, seit 98 Stunden die erste warme und flüssige Nahrung, die wir zu uns nahmen. Was wir in den vier Tagen und Nächten an Käse und Brot gegessen hatten, mag für uns beide zusammen kaum so viel gewesen sein, wie man auf Grund der eingehendsten Erfahrungen als Tagesration — 2 bis 3 Pfund — für nur einen Mann, der den Tag über angestrengt in diesem Klima arbeitet, berechnet hat. Wir hatten schon unterernährt den Marsch angetreten, ihn unter den ungünstigsten Umständen, wie sie sich überhaupt denken lassen, bis hierher durchgeführt. Da ist es leicht begreiflich, mit welch' gierigem Genuß wir diesen ersten warmen Trank vertilgten, wie groß unsere Freude war, endlich unseren Durst stillen zu können, unseren Appetit wiederkehren zu sehen. Freilich nach fester Nahrung hatten wir noch kein Verlangen, zunächst wollten wir lieber ein paar Stunden schlafen.

In dem Schlafraum gegenüber der Küche, wo unser Schlafsack in einer der breiten Kojen Platz hatte, lagen wir dann, überfroh, dem jetzt wütenden Sturm gerade noch entronnen zu sein. Aber Schlaf wollte nicht in unsere Augen kommen. So jämmerlich unsere Lage auch immer noch war, so ungewiß die Zukunft blieb, der Umschwung war doch zu groß: Wieder und wieder mußten wir an all' die grauenvollen Stunden zurückdenken, und schaudern ließ es uns bei dem Gedanken, wenn wir bei diesem Sturm noch draußen lägen. Dann hätten wir wohl kaum das schützende „Polheim" erreicht, das uns nun zum dritten Male ein Heim geworden war.

In der Nacht vom Mittwoch zum Donnerstag schliefen wir besser, trotzdem der Sturm in unverminderter Stärke anhielt. Wir hatten uns jetzt in dem Raum hinter der Küche einquartiert, Rave in der unteren Koje im Schlafsack, ich in der oberen, die wir mit den vorgefundenen Wäschestücken ausgepolstert hatten, unter mehreren Wolldecken, die Füße obendrein in einem Sack.

Der Tag darauf brachte keine Veränderung des Wetters. Es stürmte ununterbrochen, abwechselnd aus fast allen Richtungen der Windrose. Der aufgewirbelte, feine Schnee drang durch die Spalten des Fensterladens herein — das Fenster selbst fehlte —, so daß Rave das Segel davornageln mußte. Das offene Holzfeuer qualmte stundenlang fürchterlich. Raves Augen litten darunter so sehr, daß sie sich entzündeten und ständig tränten. Trotzdem wir nun zu essen und zu trinken hatten — Graupensuppe mit Renntierfleisch und heißes Wasser mit Ingwer — blieb unsere Stimmung gedrückt, da auch ich viele Schmerzen ertragen mußte, besonders an den Fingern, deren sämtliche Spitzen mehr oder minder erfroren waren. So beschlossen wir, uns bald wieder zur Ruhe zu legen.

Ein ungewöhnlich lautes Krachen war schon wiederholt aus dem hinteren Teil des Hauses zu uns gedrungen, uns aber nicht sonderlich aufgefallen, da wir das Knacken der Balken bei starkem Frost bereits in der Wijde-Bai-Hütte kennen gelernt hatten. Als ich in unsere Schlafkammer gehen wollte, glaubte ich auch ein eigentümliches Knistern zu vernehmen. Sogleich machte ich Rave darauf aufmerksam. Er ging nach hinten und fand — in dem großen Mittelraum das hier seinerzeit niedergelegte Zelt in hellen Flammen stehen. Beim Holen von Feuerholz war jedenfalls das Licht stehengeblieben, von dem durch die scheibenlosen Fensterrahmen pfeifenden Wind umgestoßen und gerade auf das Zelt gefallen. Trotz seiner entzündeten Augen drang Rave in den Rauch vor, und es gelang ihm, das Feuer auszuschlagen und das Zelt ins Freie zu schaffen, wo im Schnee rasch auch die letzten Funken zischend verlöschten. Gott sei Dank hatten die vielen, unter und neben dem Zelt liegenden Holztrümmer noch nicht Feuer gefangen, — bei dem rasenden Sturm wäre das Haus zu einem einzigen Aschenhaufen geworden, aber vielleicht auch unser Schicksal besiegelt gewesen.

Über Nacht ließen weder Sturm noch Schmerzen nach. Außer den Händen begannen mich nun auch die Füße zu quälen. Schlaflos lag ich da und verzweifelte schier, nicht wissend, wie ich meine kranken Glieder betten sollte. Jede Bewegung machte Pein, jede neue Lage heftigere Schmerzen. Dazu die Ungewißheit, ob sich der Fuß infolge der Anstrengungen verschlechtert hatte, ob er den noch bevorstehenden Marsch über die Berge aushalten würde. Das Brennen in den Wunden ließ mich das Schlimmste befürchten, schien mir unaufhörlich zuzuraunen: „Du kannst nicht mehr weiter!“ Nach jeder qualvollen Stunde wollte ich Rave wecken und ihn bitten: „Laß mich hier liegen, geh allein zum Schiff, bringe Hilfe und hole mich nach! Ich kann nicht mehr!“ Und dann fehlte mir wieder der Mut zu diesem Bekenntnis. Völlig entkräftet durch Zweifel und Schmerzen, schlief ich endlich gegen Morgen ein.

Der Freitag brach an, einer jener trostlosen polaren Wintertage, die sich in nichts von der vorangegangenen Nacht unterscheiden. Rave ging es besser, ich war gleich mutlos. Stündlich erwarteten wir ein Abflauen des Sturmes, der zeitweilig auszusetzen schien, um uns dann mit erneuter Gewalt daran zu mahnen, daß ein Aufbruch noch nicht ratsam wäre. Daher hatten wir Zeit, unsere Sachen völlig zu trocknen und instandzusetzen, ja, es schien fast so, genau wie vor einer Woche, als ob das schlechte Wetter so lange anhielt, bis wir wirklich mit allem fertig waren. Rave ersetzte das Hinterleder des mechanischen Stiefels, das infolge der Kälte hart und daher ungelenkig geworden war, durch ein neues. Außerdem brachte er Schnalle und Haken zur Befestigung auf dem Ski daran an. Wir hatten zwar bisher die Skier noch nicht gebraucht, es war jedoch möglich, daß sie uns den Marsch über die vielleicht frisch verschneiten Berge wesentlich erleichtern würden. An dem Schlafsack mußten mehrere Löcher und Risse notdürftig gestopft werden. Nachdem ein unterwegs zerbrochener Skistock durch Umwickeln mit Bindfaden repariert war, machte sich der unermüdliche Rave schließlich an die für uns beide unangenehmste Arbeit, meine Füße neu zu verbinden.

Wäre zufällig ein Arzt oder überhaupt jemand, der von antiseptischer Wundbehandlung unterrichtet ist, zu uns eingetreten, er wäre sicherlich vor Entsetzen auf und davon geflohen, auch wenn wir ihm versichert hätten, daß wir in den letzten 8 Wochen nur wenig besser gehandelt hätten, beim besten Willen nicht anders hätten handeln können und bei der Keimfreiheit der polaren Luft mit ziemlich ruhigem Gewissen so handeln durften. Dieses Mal sahen wir allerdings selbst dem Verbinden mit einer gewissen Sorge entgegen. War das Verbandzeug doch bis auf ein paar Binden verbraucht, und mußten wir uns daher mit einem noch reinen Wollhemd behelfen! Lag doch die Wahrscheinlichkeit einer Verschlimmerung infolge der Strapazen nur zu nahe! Glücklicherweise hatten wir unter den hier im September zurückgelassenen Sachen ein Stück medizinische Dewajot-Seife gefunden. Einen wertvolleren Fund konnten wir kaum machen. Damit wurde zunächst eine große Blechdose gereinigt; sie hatte einstmals 10 Pfund Zucker enthalten, war dann zum Futterkochen für Jule, die wohl auch fast 10 Pfund auf einmal vertilgt hatte, verwandt worden und diente jetzt als Waschkumme für meine Wunden. Als sich herausstellte, daß sie sich nur ganz unwesentlich verschlechtert hatten, atmeten wir beide sichtlich auf. Ich faßte wieder mehr Mut, da auch die Schmerzen nach dem warmen Bade, und nachdem Füße und Finger verbunden waren, fast ganz aufhörten.

Endlich gegen Abend hatte das dreitägige Stürmen ausgetobt. Da der Mond von Wolken verborgen war, legten wir uns noch ein paar Stunden schlafen. Um 12 Uhr nachts erhoben wir uns wieder. Das Wetter war klar und windstill, die halbe Scheibe des Mondes, nun bereits aufs letzte Viertel gehend, stand im Südosten. Wir aßen den Rest der Graupensuppe. Dann wurde der Schlitten beladen, alle anderen Sachen blieben wie damals in dem Raum hinter der Küche zurück. Dessen Tür wurde vernagelt und ein Zettel mit Angabe unseres Aufenthaltes, Richtung und Ziel unseres Weitermarsches daran angeschlagen.

Um 4 Uhr früh brachen wir auf; wenn das Wetter beständig blieb, durften wir hoffen, im Laufe dieses Sonnabends das Schiff zu erreichen. Dreimal hatten wir bei Tageslicht den Weg von Mossel-Bai nach Treurenberg-Bai gemacht, einmal 4½ Tage und zweimal kaum einen halben Tag gebraucht. Wieviel Zeit würde derselbe Weg jetzt in der Winternacht erfordern? Durften wir wirklich hoffen, so bald in Sicherheit zu sein?

Wir gingen genau nach Osten. Zwar waren die Berge — der Rand des Hochplateaus — nur schwach sichtbar, aber mit Hilfe des Kompasses hatten wir in der Ostrichtung eine dunkele Stelle erkannt, die sich aus der sonst weißen Gebirgsmauer deutlich abhob. Das mußte der Taleinschnitt sein, der in eben dieser Richtung lag und den wir auf keinen Fall verfehlen durften. Dorthin strebten wir also und kamen rasch vorwärts, nacheinander über die ebenen Flächen der innersten Bai, der Lagune und des Vorlandes.

Meine Füße machten mir nach den ersten zehn Minuten des Wiedergewöhnens nur wenig Schmerzen. Der Stiefel bewährte sich jetzt besser, so daß ich wieder fest mit der ganzen Sohle auftreten konnte, was mir im Anfang dieser Woche nicht möglich gewesen war. Der Weg war gut, der Schnee fast überall hart gefroren, denn die Temperatur mochte kaum viel über — 30° betragen. Raves Bart, unser zuverlässigstes Thermometer unterwegs, war sehr bald völlig vereist. Der Grad dieser

Der letzte Anstieg.

Vereisung gab uns gute Anhaltspunkte für das Schätzen der Temperatur. So z. B. bedurfte es bei etwa — 20° geraumer Zeit, ehe der Bart bereifte, und das sich bildende Eis war stets leicht zu entfernen. Bei — 30° dagegen gefror der Atem im Nu, die Haare wurden zu einem förmlichen Eisklumpen, der nur durch Wärme wieder aufzutauen war.

Ganz allmählich in schwachen Wellen begann das flache Land anzusteigen. Wir näherten uns den Bergen. Wie ein Boot auf bewegtem Meere bald hoch auf dem Kamme einer Welle schwebt, bald in einem Wellental verschwindet, — ähnlich ging es auch uns: Erhebungen wechselten ständig mit Senkungen, und es war nicht leicht, unser Ziel — den Taleinschnitt — im Auge zu behalten. Nach dem Passieren einer besonders breiten und tiefen Mulde standen wir plötzlich vor einer steilen Höhe. Rechts und links derselben schien, soweit wir bei dem schwachen Lichte des Halbmondes erkennen konnten, ein Tal einzumünden. Welches war das richtige? Wohin sollten wir uns wenden? Wir versuchten es links, doch war die Steigung zu groß und sie umgehen, hieß ein Abbiegen nach Norden und wäre vielleicht ein weiter Umweg. Daher wandten wir uns nach rechts, wo wir wenigstens auf gleicher Höhe bleiben konnten. Die Umgehung glückte uns hier bald.

Wir kamen auch richtig in den Eingang eines Tales. Aber es war nicht das gesuchte, das merkten wir bald. Es ging so steil hinauf, daß Rave stellenweise auf allen Vieren kriechen mußte, um den Schlitten vorwärts zu bewegen, während ich mich hinten aufstellte, den Skistock gegenstemmte, um ein Zurückrutschen zu verhindern. Außerdem mußten wir, um überhaupt von der Stelle zu kommen, so in die Kreuz und Quer, daß an ein Innehalten der Ostrichtung gar nicht zu denken war. Zu unserem Glück jedoch erblickten wir jetzt die beiden Sterne wieder — Wega und Arcturus —, die uns bei der Überquerung der Wijde-Bai vorangeleuchtet hatten. Dort war Osten, und sie winkten uns gleichsam freundlich zu wie zwei alte, gute Bekannte: „Kommt nur hierher! Wir wollen euch führen."

Der Mond schien uns wieder im Stiche lassen zu wollen. Wir standen an dem steilen Absturz zu einem neuen, breiteren Tal und waren einen Augenblick unschlüssig, wie wir da hinunter sollten. Rave kletterte vor; es schien doch nur mehrere Meter tief zu sein. Dann ließ er den Schlitten voranrollen. Dieser drehte sich zwar um, kam aber heil unten an. Jule kollerte hinterher. Schließlich rutschten wir selbst vorsichtig nach.

Der Weg blieb nun eine Zeitlang eben, aber der Fuß sank tief ein, denn unter einer dünnen überfrorenen Kruste lag weicher Schnee, den der letzte Sturm von den Bergen herabgefegt und an den Hängen und in den Tälern aufgehäuft hatte. Die Skier anzuschnallen, lohnte sich nicht, bevor wir nicht die Hochfläche erreicht hätten. Die letzte Steigung würden wir ja doch nicht auf ihnen bewältigen können.

An verschiedenen Anzeichen glaubte ich jetzt zu erkennen, daß wir tatsächlich in dem lange vergebens gesuchten Tal marschierten. Aber Rave, wie immer skeptischer als ich, glaubte mir nicht, da auch die Richtung nicht stimmte. Dadurch wurde auch ich wieder unsicher. Alles sah so anders aus als im Tageslicht. Alle Formen schienen sich verändert zu haben: Was damals von Schnee verhüllt, war jetzt freigeweht, während andere Stellen unter hohen Schneewehen begraben lagen, ja, gerade die markanten Punkte, die Ecken und Vorsprünge, waren durch den aufgehäuften Schnee wie weggewischt und selten wiederzuerkennen.

Das Tal verengte sich. Zur Rechten erhob sich eine niedrige Eiswand, die uns beiden bekannt erschien. Und richtig, — jetzt kam der kurze, kaum zwei Meter breite Hohlweg, dann scharf links die steile Böschung hinauf. Hier auf halber Höhe hatten wir gelagert am „Stein des Anstoßes“, der jetzt allerdings tief verschneit war. Erleichtert atmeten wir auf, denn nun waren wir auf dem rechten Wege.

In Serpentinen ging es weiter aufwärts. Ein eisiger Nebelwind wallte uns entgegen. Der Mond war kaum noch zu sehen. Aber vorwärts um jeden Preis! Wenigstens die Hochfläche mußten wir erreichen, denn dann waren wir aus dem Schlimmsten heraus! Je höher wir kamen, desto unsichtiger wurde es. Nahm denn die Steigung noch kein Ende? Allmählich mußten wir doch oben sein, mußte das Gelände endlich abflachen! Statt dessen wurde es wieder steiler und steiler. Unsere Kräfte, seit über fünf Stunden ununterbrochen aufs Höchste angespannt, begannen nachzulassen. Rave mußte arbeiten wie ein Pferd; der Hund versagte bei derartigen Steigungen fast völlig. Schrittweise nur kam der Schlitten mit jedem Ruck aufwärts. Ein Seitwärtsziehen war hier zwecklos, da er dann umstürzte und Mann und Hund mit sich riß, die auf der glatten steilen Bahn nicht festen Fuß fassen konnten.

Erschöpft machten wir auf einem kleinen Absatz, wo der Fels aus der Schneedecke hervorragte, Halt. So weit wir voraussehen konnten, ging es immer noch bergan. Ohne Zweifel, wir hatten uns verstiegen! An ein Weiter war bei unserer augenblicklichen Ermattung und dem schlechten Licht vorläufig nicht zu denken. Deswegen krochen wir — um 10 Uhr vormittags — in den Schlafsack.

Wo mochten wir sein? das war der Gedanke, der uns in den langen Stunden des Liegens quälte. Wahrscheinlich waren wir zu weit nach Südosten abgekommen, gerade auf den Höhenrücken zu, den wir damals seitlich umgangen hatten. Vielleicht war noch nichts verloren, denn einmal mußte ja die Steigung ein Ende haben und dann konnten wir in die alte Ostrichtung zurückkehren. Vielleicht aber — und das war ebenso gut möglich — war die ganze furchtbare Kletterei vergeblich gewesen: Auf der anderen Seite ging es ebenso steil hinab und dann erst zur Hochfläche hinauf.

So lagen wir zwischen Hoffen und Zweifeln. Stunden verrannen, ohne daß das Wetter sichtiger wurde. Wir aßen nur ein paar Brocken des verschimmelten Hartbrotes, das wir aus dem Haus mitgenommen hatten. Zu trinken hatten wir nichts mitnehmen können — es wäre ohnehin sofort gefroren. Und Schnee zu essen, davor hüteten wir uns jetzt wohlweislich. Die wenigen Marschstunden bis zum Schiff würden wir wohl noch so durchhalten.

Wenige Stunden? Zweiundzwanzig allein lagen wir wieder im Schlafsack! Erst am Sonntag morgen um 8 Uhr gingen wir weiter. In etwa einer halben Stunde angestrengter Arbeit war die Höhe gewonnen. Gerade kam im Süden der Mond zum Vorschein, der bis jetzt hinter Wolken gestanden hatte, und beleuchtete die weite, weiße Hochfläche vor uns, zeigte uns an deren hinterem Rande dunkele Bergformen, über welche die Masse des Hekla Mount gewaltig emporragte. Dazwischen lag die Treurenberg-Bai! Auch den Einschnitt, der zu ihr hinabführte, glaubten wir deutlich wahrzunehmen.

Darauf zuhaltend und uns zugleich nach den Sternen richtend, kamen wir rasch weiter. Unaufhaltsam neigte sich das Gelände langsam nach Osten. Leicht glitt der Schlitten über den harten Schnee. Je nach Bedarf mit den Stöcken stakend und bremsend, saß ich hintenauf. Durch dieses schnelle Vorwärtskommen wurden wir für die letzten Mühen und das lange, untätige Liegen reichlich entschädigt. Dieses Mal war die optimistische Vermutung richtig gewesen, ja, sie wurde sogar von der Wirklichkeit noch weit übertroffen. Wieder einmal hatten wir Glück im Unglück!

Auch darin war uns das Glück hold, daß wir geraden Wegs auf die alte Abstiegsstelle zukamen. Ein Zweifel war ausgeschlossen, der von den Leuten hier zurückgelassene Doppelskistock stand noch da. Die Talfahrt selbst verlief nicht ganz so leicht und schnell, wie wir gehofft hatten. Zuerst versuchten wir, ich hinten auf dem Schlitten, Rave dahinter auf dem Schnee sitzend und mit den Zugleinen steuernd und bremsend, abzufahren. Aber die Steigung war zu groß. Der Schlitten drehte bei, rutschte seitwärts in eine Vertiefung, wo er umkippend fast über uns, die wir willenlos mitgerissen wurden, gestürzt wäre. Dieser Sturz genügte, und gern verzichteten wir nun auf ein rasches Abfahren. Rave ließ den Schlitten an den Leinen vorangleiten, ich humpelte hinterher. Nur Jule, die losgeschirrt war, blieb zurück und folgte nur unwillig. Das Nichtziehen schien ihr besser zu behagen, und einem abermaligen Angespanntwerden wollte sie wohl lieber aus dem Wege gehen. Oder hatte sie wiederum keine Neigung, auf das Schiff zurückzukehren? Doch wohl kaum!

Unten angelangt, wurde sie, wohl oder übel, wieder eingespannt. Und nun zogen wir auf dem immer flacher werdenden Vorland in der ungefähren Richtung auf das Schiff zu. Von oben hatten wir die Bai nicht übersehen und daher die Lage des Schiffes nicht feststellen können. Nach unserer Erinnerung mußte es im Ostsüdosten liegen.

Mit der letzten Kraft schleppten wir uns vorwärts. Die furchtbarsten Zweifel quälten und reizten uns in dieser Stunde. War das Schiff überhaupt noch da? Konnte nicht der Leutnant zurückgekehrt sein und das Schiff abgebracht haben? War das Depot, in diesem Fall unsere einzige Rettung, aufgehoben? — Und noch immer war kein Schiff zu sehen! Eine Lagune hatten wir hinter uns und befanden uns jetzt auf dem Eise eines Teiles der Bai selbst. Waren wir etwa schon mitten auf der Bai? am Schiff längst vorbei? Würden wir es überhaupt finden? —

Da, der dunkle Schatten! Sieht der nicht aus wie ein Mast?! Instinktiv nimmt jeder die Richtung darauflos. Keiner wagt dem anderen seine Vermutung zuzujubeln. Noch ist nichts deutlich zu erkennen. Jetzt betreten wir die Landzunge, der letzte Strandwall wird erstiegen. Vor uns liegt, sicher im festen Eise eingefroren, „Herzog Ernst"!

Rave feuert seinen Revolver ab. Der Hund erhebt ein Freudengebell. Dann stehen wir neben dem Schiff, aber kein Laut ist zu vernehmen. Sollte es von allen verlassen sein? Wir wiederholen den Ruf: „Herzog Ernst, ohoi!" Als Antwort ertönen jetzt dumpfe Hundestimmen aus dem Inneren des Schiffes. Endlich erscheint vorne eine dunkle Gestalt, — es ist der Matrose Julius. Wir begrüßen ihn laut; doch er, noch unerschüttert in seiner Würde als Herr des Schiffes, fragt kurz, fast barsch: „Wer? Woher? Warum?“ Kurz geben wir ihm vorläufigen Aufschluß. Dann hilft er mir an Deck. Freundlich und teilnehmend werden wir von ihm und den beiden anderen in dem Mannschaftsraum aufgenommen und bewirtet.

Es war kurz nach Mittag am Sonntag, dem 1. Dezember 1912, als wir das Schiff erreichten. Ein Sonntag für unser ganzes Leben! Wir werden ihn nicht vergessen.

VIII.

Die Winternacht.

Eine schwere Zeit lag hinter uns. Die langen Wochen des Wartens an der Wijde-Bai, die furchtbare Enttäuschung, als die versprochene Hilfe nicht eintraf, und das Gefühl des gänzlichen Verlassenseins hatten unseren Lebensmut nicht zu brechen vermocht. Der neuntägige Marsch zum Schiff zurück war glücklich überstanden, seine Strapazen und Entbehrungen hatten uns gezeigt, was der Mensch selbst unter den ungünstigsten Bedingungen leisten kann, wie leicht aber auch der Ausgang anders hätte sein können, wenn wir nicht immer wieder uns mit der äußersten Energie aufgerafft und wenn wir nicht in allem Unglück schließlich doch wieder ein wenig Glück gehabt hätten.

Es war eine Zeit bitteren Ernstes diese letzte Woche des November, in der wir das Lachen und Singen verlernt hatten, das wir nun, wo wir auf dem sicheren Schiff geborgen waren, langsam wieder lernen mußten. Nicht die physischen Leiden waren das Schlimmste gewesen, der Hunger und Durst, die Kälte und Finsternis, die ständigen Schmerzen beim Gehen, sondern die lähmende Abhängigkeit von den Launen der Natur, das quälende Bewußtsein bei völlig klarem Verstande: Wenn der Sturm länger anhält, wenn der Mondschein zu Ende geht, dann findest du den Weg nicht mehr, dann bist du rettungslos verloren! Was half es, daß sich der Wille zum Leben mächtig dagegen aufbäumte?

Nun hatten wir das Ziel erreicht, gerade im rechten Augenblick, denn kein einziger klarer Mondscheintag war uns nach unserer Rückkehr an Bord beschieden, und wir durften — ohne jedes Gefühl der Überhebung — stolz sein auf diese Leistung. Auch die auf dem Schiff zurückgebliebenen Norweger, die Matrosen Julius und Jörgen und der Koch, äußerten wiederholt ihr Staunen darüber, daß wir den Marsch überhaupt möglich gemacht hatten.

In der kleinen Achterkajüte, die für zwei Bewohner gerade groß genug war, ließen wir uns häuslich nieder. Auch die brave Jule, die uns von so großem Nutzen gewesen war, erhielt hier ihren Ehrenplatz, während die anderen Hunde — zwei, der schwarze Cäsar und die Neufundländerin Lotte, waren nur noch am Leben — in unserer früheren Kajüte im Mittschiff hausten.

Wir fühlten uns wieder als Mensch, so glücklich, als wenn wir zu Hause wären, und alles Heimweh, das uns in der Hütte an der Wijde-Bai manches Mal beschlichen, schien verschwunden, trotzdem wir so fern von der Heimat waren und vielleicht $^3/_4$ Jahr noch vergehen mochte, ehe wir sie wiedersehen sollten. Wir genossen in vollen Zügen die Ruhe und die Segnungen der Kultur, die uns das Schiff zu bieten vermochte; wir hatten jetzt Licht und Wärme, genügend zu essen und zu trinken, zu lesen und zu rauchen.

Die Matrosen sorgten für Feuerholz und Wasser, indem sie Treibholz und Schnee holten. Der Koch konnte nur gelegentlich mitarbeiten; er war schwindsüchtig, hatte zwei Tage nach unserer Rückkehr einen heftigen Anfall gehabt und zog aus dem Mannschaftslogis, wo auch gekocht wurde, wegen der Ansteckungsgefahr ins Mittschiff. Das Kochen versahen Rave und der Matrose Julius gemeinsam oder abwechselnd. Der wöchentliche Speisezettel lautete folgendermaßen:

Montag: Fiskeboller (Fischklöße).
Dienstag: Hafergrütze.
Mittwoch: Zusammengekochtes oder Labskaus.
Donnerstag: Salzfisch.
Freitag: Klöße.
Sonnabend: Pfannkuchen.
Sonntag: Gebratenes Bärenfleisch (Julius hatte kurz vor unserer Ankunft einen Eisbären geschossen).

Dazu gab es meist Suppe und Kartoffeln, gelegentlich Gemüse, am Sonntag auch wohl Eis, d. h. Rote Grütze von Dr. Oetkers Puddingspulver und Vanillesauce, die zum Gefrieren nur eine Zeitlang an Deck gestellt zu werden brauchten. Tee und Kakao kochte Rave auf dem kleinen Ofen in unserer Kajüte.

Gewiß, so ideal wie die kulinarischen Genüsse war bei weitem nicht alles. Da wir nur die Kajütssofas, aber keine Kojen hatten und auch nachts nicht heizen konnten, mußten wir weiterhin in vollem Zeug schlafen, Rave in einen Lappenpelz aus hellem Renntierfell und ich in Wolldecken gehüllt. Freilich dehnten wir den Tag, d. h. unseren Tag, denn draußen herrschte ständige Nacht, möglichst lange aus, im Gegensatz zu der Zeit in der Wijde-Bai, wo wir gezwungen waren, 12 bis 15 Stunden in der Koje zu liegen. Oft saßen wir bis 2 oder 3 Uhr nachts beisammen, lesend oder schreibend, Halma spielend oder plaudernd, oder es gab auch eine andere notwendige, aber für uns beide wenig angenehme Beschäftigung: Es wurde operiert!

Wenn ich hier und an anderen Stellen davon spreche und vielleicht ausführlicher, als es manchem Leser oder mancher zartfühlenden Leserin lieb ist, so geschieht das nicht, um etwa bei ihnen Grauen zu erregen oder Mitgefühl zu erwecken für mich und die Leiden, die ich zu ertragen hatte, sondern deswegen, weil dieses düstere Blatt nicht fehlen darf in einer Schilderung unserer Erlebnisse, denn es war wochenlang unsere Hauptsorge, für mich aber die Lebensfrage. Außerdem gewährt es Einblick in eine Lage, wie man sich fern von aller Zivilisation ohne Arzt helfen kann. Freilich gibt es zahlreiche Fälle aus der Geschichte der Polarfahrten, wo die fehlende ärztliche Hilfe einen unglücklichen Ausgang herbeiführte, wo selbst die Keimfreiheit der polaren Luft nicht vor einer Verschlimmerung schützte. Uns hätte die Reinheit der Luft allein ebenfalls nichts genützt, wenn nicht Raves außerordentliches Geschick, seine Sorgfalt und Ausdauer wie schließlich auch meine gesunde Konstitution dazugekommen wären.

Der erfrorene Fuß hatte sich zwar durch die Strapazen des Marsches nicht wesentlich verschlimmert, aber es war die allerhöchste Zeit, die inzwischen in Fäulnis übergegangene Hälfte zu entfernen, damit nicht auch das gesunde Fleisch gefährdet würde und möglicherweise der ganze Fuß oder das Bein verloren ginge. Am rechten Fuß waren die Wunden an den beiden fast geheilten Zehen wieder aufgegangen, und ein dritter Zeh war obendrein zur Hälfte erfroren. So war ich dauernd ans Lager gefesselt. Das wäre aber verhältnismäßig leicht zu ertragen gewesen, wenn nicht auch die Hände in Mitleidenschaft gezogen wären. An jeder Hand war der Mittel- und Ringfinger bis zum ersten Glied erfroren und daher verbunden, so daß ich mich nicht einmal allein waschen konnte und überhaupt froh sein durfte, daß mir Daumen und Zeigefinger blieben, um wenigstens etwas anfassen und nach einigem Gewöhnen auch schreiben zu können. So lastete die gesamte tägliche Arbeit auf Raves Schultern, und so war es natürlich, daß die größeren Operationen in der Nacht vorgenommen wurden.

Es kostete Rave wie wohl jedem sensiblen Menschen und Nicht-Mediziner die schwerste Überwindung, das Operationsmesser in die Hand zu nehmen und mit dem Schneiden zu beginnen. Aber ich kann bezeugen, daß er, wenn erst einmal der erste Schnitt getan war, so sicher und ruhig arbeitete, wie ein Arzt, daß er es geschickt vermied, meine Schmerzen unnötig zu erhöhen, die selbstverständlich nicht fehlten, da ein geeignetes Betäubungsmittel wie Kokain in unserem Sanitätskasten nicht vorhanden war. In vierstündiger Arbeit gelang es ihm, die Hälfte des Fußes zu amputieren, die Zehen mit Knochen und das übrige, abgestorbene Fleisch — zunächst ohne die Knochen — zu entfernen. Die Knochenstümpfe blieben stehen, da wir abwarten wollten, wie weit das gesunde Fleisch nachwachsen würde. Ebenso wurde bei den Fingern fürs erste nur das erfrorene, blauschwarze Fleisch abgeschnitten; denn ein Zuviel war nie wieder gutzumachen, ein Zuwenig konnte bei sorgsamer Wundbehandlung nichts schaden. Daß wir beide nach jeder glücklichen Operation erleichtert aufatmeten, wird jedermann nachempfinden können.

Die Wochen bis zum Weihnachtsfeste und mit ihnen der dunkelste Teil der Winternacht gingen rasch dahin. Die Witterung war bei beständigen südlichen Winden auffallend milde; das Thermometer hielt sich meist über —10° und stieg sogar einmal am 3. Dezember auf +2,6°, so daß aller Schnee an Deck schmolz. Mit dem 9. Dezember begannen wieder die meteorologischen Beobachtungen, die ich seit dem Beginn der Expedition besorgt hatte, auch während der Schlittenreise und in den sieben Wochen an der Wijde-Bai. Nur in der Zeit des Rückmarsches zum Schiff und während der ersten Woche an Bord fielen sie fort, und diese bedauerliche Lücke kennzeichnet aufs beste den Ernst dieses Abschnittes: Wir hatten keine Zeit, das Wetter zu beobachten, sondern wir mußten gegen seine Unbilden um unser Leben kämpfen, und an Bord zurückgekehrt, vergaßen wir über dem Ruhebedürfnis zunächst die Wissenschaft. Jetzt besorgte Rave die Beobachtungen, während mir nichts weiter übrig blieb, als sie aufzuzeichnen. Trotz ihrer Unvollständigkeit infolge des Fehlens eines ausreichenden Thermometers dürften sie eine gute Ergänzung der Beobachtungen bilden, welche die schwedische Station in den Jahren 1899 und 1900 in der Treurenberg-Bai angestellt hat.

In der Woche vor Weihnachten erschien der Mond wieder, „der — so hieß es in meinem Tagebuch — mit seinem lieben Lichte die Ufer der Bai beleuchtet und ohne Zweifel auch unsere Stimmung hebt. Wenn man nachts auf seinem Lager liegt, gähnt einen das Skilight nicht wie ein schwarzes Loch an, sondern man sieht das erhellte Firmament blinken. ‚Sei unverzagt, bald der Morgen tagt, und ein neuer Frühling folgt der Winternacht‘, singe ich dann hoffnungsvoll.“

Der Heiligabend brachte neue, starke Kälte. Außer dem Datum erinnerte uns eigentlich nichts daran, daß Weihnachten war. Und doch dachten wir an diesem Abend mehr als sonst unserer Lieben daheim, wie der Lichterglanz des Tannenbaums und fröhliche Weihnachtslieder auch ihnen die Sorge um uns Nicht-Zurückgekehrte nicht völlig betäuben könnten. Wir gedachten unserer gemeinsamen Vaterstadt Hamburg, des bewegten Lebens auf den Straßen, der geschäftigen Festvorbereitungen, des feierlichen Glockenklanges und des hellen Schimmers, der Haus bei Haus aus den Fenstern leuchtet.

Unser „Fest“ verlief dagegen sehr still. Wir lagen, in Wolldecken gehüllt, auf unseren Sofas; der kalte Westwind ließ es nicht recht warm werden bei uns drinnen. Kuchen, Kakao und ein Ingwerlikör, den Rave gebraut hatte, — der Ingwer selbst stammte aus der Wijde-Bai-Hütte — fehlten nicht, und an zwei Kisten Zigarren, die von den Gaben einiger uns unbekannter Spender der „Viktoria Luise“ noch vorhanden waren, empfanden wir aufrichtige Freude. So fehlte es eigentlich an nichts, und doch quälte uns eins: Die Sorge um die übrigen Expeditionsteilnehmer. Wo weilten der Leutnant und seine Begleiter? wo Detmers und Moeser? hatten sie Advent-Bai oder gar noch die Heimat erreicht? Wo waren der Kapitän, der Maschinist und die beiden Norweger, die uns Anfang Oktober an der Wijde-Bai verlassen hatten? Wir wußten von ihnen allen nichts! Wie eigenartig hatte das Schicksal uns beiden Hamburger verbunden, uns wieder zum Schiff zurückgeführt, so daß wir als die einzigen von den zehn Deutschen an Bord des „Herzog Ernst“ das Weihnachtsfest begingen.

Am ersten Festtage legte Rave zur Feier des Tages Rock, Weste, Kragen und Schlips an, ein ungewohnter Anblick für uns, zumal seine untere Hälfte in selbstgefertigten Hosen und Seehundslederstiefeln von der Kultur unberührt blieb und so eine einzigartige Kontrastwirkung zustande kam. Die eigentliche Weihnachtsüberraschung sollte dies jedoch nicht sein, sie war weit ernster und kam in der Gestalt des Eislotsen und des Matrosen Rotvold, die zu unserer und der anderen Norweger völligen Überraschung um 2 Uhr mittags auf dem Schiff eintrafen.

Der Bericht, den uns beide lieferten, war für uns keine Weihnachtsfreude. Er enthielt auch verschiedene Lücken und Widersprüche, so daß wir kein völlig klares Bild von den tatsächlichen Ereignissen gewinnen konnten. Außerdem litt die Berichterstattung darunter, daß wir kein Norwegisch und von den Norwegern nur der Matrose Rotvold Deutsch verstand, die Unterhaltung daher auf Englisch geführt werden mußte, was ebenfalls nur Rotvold gut beherrschte, während der Eislotse nur einzelne Brocken sprechen konnte. Die folgende Schilderung, die auf Notizen bei und nach jedem Gespräch mit den Norwegern und auf Auszügen aus dem Tagebuch des Eislotsen beruht, wurde ergänzt durch Aufzeichnungen des Kapitäns, die mir der Eislotse übergab, die die Aussagen der Norweger zum Teil bestätigten, aber da sie nur die Tage vom 21. Oktober bis zum 7. November umfaßten, uns ebenfalls über vieles im Unklaren ließen.

„Am 8. bzw. 9. Oktober verließen der Kapitän, der Maschinist und die beiden Norweger die Hütte im zweiten Tale der Wijde-Bai — wie sich der Leser vom Schluß des V. Kapitels her erinnern wird. Am 16. oder 17. Oktober erreichten sie eine Hütte, die an der Westseite der Wijde-Bai, gegenüber nördlich von Kap Petermann, also am Eingange des West-Fjords, lag. Sie fanden dort an Proviant etwa 40 kg Mehl, 10 kg große Graupen, 5 kg Erbsen, 4 kg Reis, außerdem 40 Rollen Taback, 1 Gewehr, 500 Patronen, Medizin und Petroleum vor. Überdies schossen sie auch mehrere Renntiere und konnten sich ausreichend für den Weitermarsch verproviantieren, der am 21. Oktober angetreten wurde. An demselben Tage übernachteten sie in einer kleinen Schutzhütte, 8 km südlich von Kap Petermann, wo sich ebenfalls etwas Proviant wie Mehl, Reis und Erbsen befand. Am 24. Oktober kehrten sie wegen Nebels und Schnees südlich des Westfjords — der Kapitän und die Norweger waren für die sofortige Umkehr, der Maschinist allein dagegen — um und erreichten am folgenden Tage die nördlich von Kap Petermann gelegene Hütte. Sie hatten genügend zum Leben an dem Proviant beider Blockhäuser und an zehn im Laufe der Zeit erlegten

Renntieren. Sie wollten mit dem Novembermondschein über den Ost-Fjord, das Schneetal, Klaas-Billen- und Sassen-Bai zur Advent-Bai gehen, doch wurde daraus nichts, angeblich — wie die Norweger sagten — wegen schlechten Wetters."

Auf unsere Bemerkung, daß wir täglich in unserer Hütte, wo man die ganze Wijde-Bai übersehen konnte, die Witterung beobachtet hätten, daß diese wohl vereinzelt, aber niemals dauernd schlecht gewesen wäre, daß wir während des Novembermondscheins den Marsch zum Schiff gemacht hätten — auf unsere Frage, warum sie also weder vorher noch im November zur Advent-Bai weitergegangen wären, um die versprochene Hilfe zu holen, warum nicht wenigstens einer oder zwei von ihnen zu unserer Hütte innerhalb der verabredeten Frist von vier bis sechs Wochen zurückgekehrt wären, schwiegen die Norweger still.

„Erst im Dezembermondschein wurde aufgebrochen. Am 19. Dezember kehrten die beiden Norweger mit dem Maschinisten Eberhard um, da dieser nicht weiter konnte — wie ein uns vorgewiesener Zettel besagte, den alle drei, nicht jedoch der Kapitän unterschrieben hatte. — Der Kapitän wollte weitergehen, um von Advent-Bai noch Hilfe zu holen; er hatte nur einen Ruckſack mit Renntierfleisch, aber keinen Schlafsack bei sich; die Hündin Bella begleitete ihn. Am 23. Dezember langten die drei zum Schiff Zurückgehenden bei der Hütte an, wo Rave und ich sieben Wochen gewohnt hatten. Sie fanden die Tür bis zum Dach verschneit und wußten bei diesem Anblick, daß sie nur tote Männer vorfinden könnten. Eberhard, der nachkam, hielt die beiden Norweger, die um das Haus herumgingen, für Rave und mich und rief laut vor Freude unsere Namen. Nur schwer ließ er sich von diesem Irrtum abbringen. Auch in der Hütte zeigte er ein so eigenartiges Benehmen, daß die Norweger an eine Störung seines Geistes glaubten. Er wollte, als die beiden Norweger mehrere Weihnachtslieder gesungen hatten, ebenfalls eins anstimmen; er fand nicht die Kraft dazu in der Stimme und jammerte nur: „O, mein Kopf! mein Kopf!" Sie ließen in der Hütte die Schlafsäcke, um in einem Gewaltmarsch die Mossel-Bai und dann das Schiff zu erreichen. Der folgende Tag war der Heilige Abend. Sie überquerten die Wijde-Bai und schlugen denselben Landweg ein wie im Oktober. Eberhard war recht mobil, blieb aber gelegentlich zurück. Einmal fiel Rotvold die aschfahle Farbe seines Gesichts auf; er fragte besorgt, ob ihm nichts erfriere, doch erwiderte Eberhard, es ginge ihm sehr gut. Kurz bevor sie das Eis der Mossel-Bai betraten, verloren die Norweger ihn aus dem Gesicht und fanden ihn nicht wieder. Im Hause warteten sie vier Stunden, gingen gelegentlich vor die Tür, um zu schießen und zu rufen, aber ohne Erfolg. So mußten sie ohne den Maschinisten den letzten Weg zum Schiff antreten."

So weit der Bericht der Norweger. Er hatte für uns vor allem drei Lücken; wir erfuhren nichts über die erste Woche, nachdem sie uns verlassen, so gut wie nichts über den ganzen November und Anfang Dezember, und schließlich, das Traurigste, das Verschwinden Eberhards blieb uns, trotzdem wir uns gerade dies wiederholt erzählen ließen, ein Rätsel. Gewiß, er konnte sich in der Dunkelheit verirrt haben, er konnte unglücklich gefallen sein oder sich einen Augenblick zum Ausruhen niedergesetzt haben und dann eingeschlafen sein. Aber in jedem dieser Fälle hätten die Norweger ihn finden müssen, da sie beide behaupteten, genau die Stelle zu wissen, wo sie ihn zuletzt gesehen hatten. Wahrscheinlicher ist für uns folgendes: Wir wußten aus eigener Erfahrung wie auch aus den Aufzeichnungen des Kapitäns, daß die Norweger jedesmal, wenn ein Haus in Sicht kam, so schnell wie sie konnten, vorauseilten. So wird es auch in diesem Fall gewesen sein, als sie die Mossel-Bai erreichten, und erst im Hause, als Eberhard nicht nachkam, werden sie ihn vermißt haben, und nun war es zu spät umzukehren; sie waren von dem langen Marsch aufs äußerste erschöpft und konnten nicht länger als vier Stunden warten, da sie keine Schlafsäcke bei sich hatten.

Eberhards Schicksal war damit besiegelt. Wie seine letzten Stunden gewesen sind, ob er allein den Weg nicht hat finden können oder infolge geistiger Umnachtung, deren tatsächliches Vorhandensein durch die erlittenen Strapazen und überstandenen Aufregungen zu erklären wäre, sich verirrt hat, oder ob er sich nur vor Ermüdung irgendwo niedergelassen hat, wird niemals ein Mensch erfahren. Einem Verirren mußte Übermüdung folgen, ein Einschlafen aber bei — 30° ist gleichbedeutend mit Erfrieren, es ist ein sanftes, qualloses Hinüberschlummern vom Leben zum Tode. So ist er eines leichten Todes gestorben, und sein letzter Schlaf auf kaltem Schneelager unter dem sternenübersäten Himmel mag von schönen Träumen verklärt worden sein, die ihn noch einmal in die ferne Heimat führten. Denn dort feierte man den Heiligen Abend!

Heiligabend

Diese eigenartige Tragik, das ungewisse Dunkel, das über Eberhards Ende lag, erschütterte uns tief. Wir mußten immer wieder daran denken, ob auch die anderen Teilnehmer der Expedition ein ähnlich tragisches Geschick ereilt hätte. Von den beiden Doktoren Detmers und Moeser hatten die zurückgekehrten Norweger nichts gesehen, und ob der

Maschinist Eberhard.

Kapitän allein nach Advent-Bai gelangt wäre, daran mußten wir ebenso wie die Norweger ernsthaft zweifeln. Den Leutnant und seine Begleiter hatte die Mannschaft schon lange für verloren erklärt.

Das Nächstliegende war, nach Eberhard zu suchen. Rave entschloß sich, mit den beiden Norwegern deswegen nach Mossel-Bai zu gehen. Aber vom 26. bis zum 29. Dezember herrschte fast ständig unsichtiges und stürmisches Wetter, so daß es nicht zur Ausführung dieses Planes kam. Als vom 30. an klares Wetter eintrat, ging der Mondschein zu Ende. Bei Dunkelheit war der Weg über das Hochland unmöglich, und ein Suchen nach der inzwischen vom Schnee überwehten Leiche wäre ohnehin zwecklos gewesen.

* * *

Die Jahreswende war für uns dieses Mal mehr als sonst dazu geeignet, rückwärts zu blicken. Einen tieferen Stand hatten unser beider Lebenskurven niemals erreicht als in dem letzten Vierteljahr. Selbst Rave, der 8 Jahre älter als ich, den ein wechselvolles Leben durch halb Europa, nach Nord- und Süd-Amerika geführt hatte, konnte sich keiner Zeit erinnern, wo ihn das Unglück so sehr verfolgt hatte. Und auch ich hatte, eben den akademischen Lehrjahren entwachsen, bei dem ersten Schritte in die Welt hinaus gleich das Leben von seiner rauhesten Seite kennen gelernt. Mit roher Gewalt hatte mir das Schicksal meine gesunden Glieder zerbrochen und mich für alle Zeit zum halben Krüppel geschlagen. Aber eins hatte es nicht vermocht: Uns den Lebensmut zu brechen, die Freude am Leben und die Lust zum Schaffen zu rauben.

Unsere Kurve — wenn ich dieses Bild beibehalten darf —, die sich im Verlaufe der Expedition zu einer einzigen verschlungen hatte, hatte seit dem 1. Dezember, dem Tage unserer Rückkehr zum Schiff, langsam wieder zu steigen begonnen, aber ob dieses Aufwärts von Bestand sein würde, ob sie im Laufe des neuen Jahres die Erfüllung unserer sehnlichsten Wünsche: Gesundung, Befreiung aus dem Eise und Rückkehr in die Heimat verzeichnen würde, das wußten wir nicht; das auch nur zu ahnen, gab es der Möglichkeiten zu viele. Das traurige Ende Eberhards, die Sorge um das Geschick der übrigen Expeditionsteilnehmer wie die ganze Tragik, die überhaupt über unserer Expedition zu walten schien, machten uns noch skeptischer.

Einen Erfolg hatte uns der letzte Tag des alten Jahres noch beschieden. Es mag manchen sonderbar anmuten, wenn ich ohne Zartgefühl schon wieder von einer Operation spreche, aber es war wirklich ein weiterer Schritt vorwärts, der uns etwas hoffnungsfreudiger in die Zukunft blicken ließ. Es gelang Rave, mit einer kleinen Metallsäge, die er freilich nicht zu diesem Zweck vor dem Antritt der Reise gekauft hatte, die aus dem amputierten Fuß noch hervorstehenden Knochen abzusägen. Auch dieses Mal waren es nur die ersten Minuten, die uns die hellen Schweißtropfen auf die Stirn trieben, das erste Knirschen der Säge, das dumpfe Gefühl im ganzen Knochengerüst, bis zu dem Augenblick, wo der erste Knochen durchschnitten war. Rave hatte zur Assistenz bei dieser Operation zum ersten Male den Eislotsen, der seine Hilfe selbst angeboten hatte, hinzugezogen, zum ersten und zum letzten Male! Denn ein nicht gelindes Grauen packte uns, als wir sahen, wie er mit ungewaschenen Fingern zwischen den Verbandstoff fuhr.

Überhaupt war mit der Rückkehr des Eislotsen wieder die Laune auf dem Schiff eingezogen; das hatten wir sogleich geahnt, und die Folgen bedeuteten zwar eine gewisse Abwechselung in dem Einerlei unseres Winternachtlebens, aber niemals eine angenehme. Wenn nicht Rave immer wieder mit eiserner Strenge unsere Rechte wie die der Expedition gewahrt hätte, so hätte sich die Mannschaft wohl vollkommen als Herr des Schiffes gefühlt. Einige Beispiele ihrer Launenhaftigkeit mögen hier folgen; sie alle anzuführen, würde den Leser nur ermüden.

Am 10. Januar ging Rave mit vier Norwegern zu dem schwedischen Stationshause hinüber, das vom Schiff aus über das Eis der Bai in etwa einer Stunde zu erreichen war. Rave wollte das Depot revidieren und die Flaschen Wein, deren Inhalt inzwischen gefroren war, so daß die Korken zur Hälfte oder ganz hinausgetrieben waren, herausnehmen. So kamen wir, wenn auch etwas verspätet, doch noch zu unserem Sylvesterpunsch. Die Norweger wollten Kohlen holen, die sich in der Nähe des Hauses finden, nicht anstehend, sondern von dem Vorrat einer früheren Expedition zurückgeblieben. Dieser Kohlenrest war durch eindringendes Wasser, das dann später gefror, zu einer festen Masse zusammengekittet, so daß man zunächst tatsächlich an ein hier anstehendes Flöz denken konnte. Die Norweger schlugen drei Säcke voll los, um aber — ohne dieselben auf den Schlitten zu laden — zum Schiff zurückzukehren. Das Ziehen des Schlittens über das teilweise unebene Eis erschien ihnen wohl zu schwer, zumal der Eislotse und der Matrose Rotvold, der nicht nur in seiner Meinung, sondern auch anscheinend hierin das getreue Schattenbild des Eislotsen war, auf dem Hinwege verschiedentlich gefallen waren, da sie schwerfällige Holzstiefel an den Füßen hatten.

Seit der Rückkehr der beiden wurde selbst bei schönem und mildem Wetter kein Treibholz mehr gesammelt, sondern die noch an Bord vorhandenen Kohlen und die Stauhölzer (Birke) aus dem Raum verheizt. Das reichte mehrere Monate, hatte der Eislotse gesagt, sein Schatten plapperte es nach, und der vernünftigere Julius dachte: Was soll ich für die anderen arbeiten? Schon genug, daß er, sein Bruder und gelegentlich auch Rotvold das Holz zerkleinerten, während der „Herr" Eislotse das nicht nötig hatte. Erst auf Raves energisches Betreiben hin wurde wieder Treibholz geholt, allerdings kam es nun öfter vor, daß wir kein zerkleinertes Holz erhielten, doch kränkte dies Rave weniger, da er sich dann selbst dieser kurzen Arbeit unterzog.

In einer Sache konnte Rave allerdings nicht Wandel schaffen. Sie war an und für sich harmlos, aber doch außerordentlich bezeichnend. Sieben Tage in der Woche wurde süße Suppe gekocht, aus Plasmon oder Milch mit Reis oder Hafergrütze. Das liebten die Leute besonders, weil sie es vielleicht in ihrem bisherigen Leben nur sehr selten genossen hatten, und so kam es täglich auf den Tisch. Alle anderen Suppen wie die von Knorr und Maggi waren ihnen „too strong", zumal wenn etwas Pemmikan dazukam, zu dessen Genuß sie sich durchaus nicht bequemen konnten; der war gerade gut genug für die Hunde, wie sie sagten. Daß zu einer süßen Suppe Zucker gehört, weiß jedermann, daß aber der tägliche Genuß süßer Suppe erst aufhörte, als der letzte Zucker verbraucht war, das ist nur durch das gedankenlose Indentaghineinleben der Leute verständlich.

Doch genug hiervon! Wir ließen uns in unserem täglichen Leben nicht durch die Sonderheiten und Launen der Leute stören, wir lebten ruhig und allein in unserer kleinen Kajüte für uns. Auf dem engen Raum unseres Schiffes bestanden drei Haushaltungen nebeneinander. Vorn wohnten der Eislotse, der Matrose Rotvold und der Koch; im Mittschiff die Brüder Julius und Jörgen, die am zweiten Tage des neuen Jahres dorthin übergesiedelt waren; Rave und ich schließlich achtern.

Klein war sie nur unsere Kajüte, mit kaum $2\frac{1}{2}$ m im Quadrat und nur 1,88 m Höhe zu klein für eine Einzimmerwohnung. Und wie die Luft in einem solchen Raum, dessen Oberfenster mit einem schweren Segel überdeckt ist, in dem zwei Menschen und ein Hund hausen, wo ständig mehrere Petroleumlampen brennen, und wo außerdem sehr viel geraucht wird, — wie darin die Luft beschaffen ist, das kann sich nur der vorstellen, der Monate hindurch diese Luft geatmet hat.

Freue sich jeder, der nicht mit uns diesen Raum zu teilen brauchte! Übrigens hätten wir auch keinen Platz gehabt, Gäste bei uns zu bewirten, und wer uns trotzdem einmal besuchen möchte, dem kann ich nur die folgende Schilderung aus der Erinnerung heraus bieten!

Drei schmale Stufen führten vom Deck durch doppelte Türen zur Kajüte herab. Der hier Eintretende blickte zunächst auf die vordere Querwand, auch die wissenschaftliche genannt. Längs derselben befand sich mein Sofa, von dem ich nur selten einmal herunterkam. Zu meinen Häupten war das Bücherbrett angebracht, darunter hing der Kalender — aus einem alten Notizbuch herausgerissen —, es folgte Thermometer und Aneroidbarometer, in der Mitte ein Spiegel, hinter dem mehrere Kartenrollen steckten, dann die Schlaguhr, unter der das große Fernrohr hing, und schließlich über meinen Füßen das Quecksilberbarometer.

Die Längswand an der Steuerbordseite, wo Raves Sofa lag, sah noch bunter aus. In der Ecke, wo die Kopfenden unserer Lager im rechten Winkel zusammenstießen, befand sich ein Wandschrank, aus dem es oft ganz gewaltig herauszog, und der daher mit einem Stück Renntierfell behängt war. Drei Lampen waren an dieser Wand befestigt: eine im Wandarm schwebende Schiffslampe, eine große, kastenförmige Dunkelkammerlampe und eine Küchenlampe. Eine vierte Lampe hing von der Decke herab mitten über dem Tisch, so daß wir uns über Lichtmangel nicht zu beklagen brauchten. Zwischen den drei Lampen an Raves Wand hingen Uhr, Messer, Revolver, Mütze, Handschuhe und zahlreiche Kleidungsstücke in malerischem Durcheinander.

Am buntesten nahm sich aber die gegenüberliegende Hausstandsseite aus. In der Ecke der Ofen, auf dessen Feuerloch gerade unser Kochtopf paßte, so daß er zugleich unser Herd war, daneben ein Haufen Feuerholz, den Platz bis zum Waschtisch ausfüllend. Letzterer war zuklappbar und diente zugleich als Anrichte und war stets mit allem Möglichen beladen. Darüber waren Löffel, Messer, Gabel, Handtücher, Töpfe und Näpfe aufgereiht. An der anderen Seite des Waschtisches war der Platz für den Ausgußeimer und für — Jule, die den Zugang zu dem kleinen Nebenraum versperrten, der als Magazin und Rumpelkammer diente, und wo Petroleumbehälter, Hundekuchen und Sanitätskasten friedlich nebeneinander lagerten.

Nur die hintere Querwand paßte eigentlich nicht in diesen Rahmen, denn hier war kein Platz, etwas anzubringen. In der Mitte ging der Besanmast durch, und rechts wie links von ihm lag je eine Tür, die eine den übergeräumigen Proviantschrank abschließend, die andere an Deck hinaufführend.

Zwischen diesen vier Wänden spielte sich unser einförmiges Leben ab. Auf diesem engen Raume geschah alles, was den Inhalt unseres Überwinterungslebens bildete. Hier haben wir zusammen gefroren oder uns gefreut, von der Vergangenheit geplaudert und für die Zukunft gebangt oder gehofft. Alle und jede Arbeit, die zu erledigen war, wurde hier besorgt.

„Haben Sie nicht furchtbar unter der Langenweile gelitten?" diese Frage habe ich manches Mal nach meiner Rückkehr beantworten müssen und immer der Wahrheit gemäß mit „Nein" beantworten können. Wie dies möglich war, und wie unser tägliches Leben verlief, will ich daher hier kurz berichten.

Da wir ständig Licht brennen mußten, war es ganz gleichgültig, wann wir schliefen. Zu viel Schlaf ist nicht gut für den menschlichen Organismus und bewirkt leicht das Gegenteil von dem, was der Schlaf dem Menschen bringen soll: statt Kräftigung Erschlaffung. Daher beschränkten wir die Zeit des Schlafes möglichst, um uns vor einer solchen Erschlaffung zu bewahren, die leicht die Ursache von Erkrankungen sein kann. Wir machten aus einem Tag von 24 Stunden zwei Tage von je 8 Stunden und zwei Nächte von etwa je 4 Stunden Dauer, führten also ein Zweitagetagsystem ein. Gegen 10 Uhr vormittags standen wir auf und nahmen unser Frühstück ein. Zwischen 2 und 4 Uhr aßen wir zu Mittag, schliefen von etwa 6 bis 10 Uhr abends, tranken dann Tee oder Kakao, aßen um 4 Uhr morgens zu „Abend" und schliefen wiederum etwa 4 Stunden. Die Mannschaft konnte natürlich diese Einteilung nicht begreifen, und da es manchmal vorkam, daß einer der Matrosen während unseres Abendschlafes zu uns kam, so glaubten sie, daß wir sehr viel schliefen. Das Gegenteil war der Fall; denn unsere zweimaligen Schlafetappen waren zusammen viel kürzer als die einmalige Nachtruhe der Leute von über 12 Stunden Dauer.

Wenn auch der Tag der Matrosen kaum 12 Stunden umfaßte, so litten sie doch sichtlich sehr häufig unter Langerweile. Ein gewisser Widerspruch scheint hier vorhanden zu sein. Man sollte annehmen, daß für Leute von geringerer geistiger Bildung ohne Zweifel ein Überwintern, also ein gänzliches Entwöhnen von der Kultur, leichter ist als für geistig Höherstehende. Trotzdem verfallen jene leichter der —

Langenweile, darf man eigentlich nicht sagen, sondern dem geistigen Stumpfsinn als diese, da sie nicht für geistige Beschäftigung befähigt sind. Der Widerspruch besteht also darin, daß diejenigen, die mehr zu entbehren haben, trotzdem weniger leiden, da sie mit Hilfe ihres geistigen Eigentums und der Möglichkeit geistigen Schaffens die Langeweile gleichsam totschlagen.

In einer möglichst regsamen Betätigung liegt also das Mittel zur erfolgreichen Bekämpfung der Langenweile während einer Überwinterung, und dies ist daher auch die Antwort auf die Frage, warum wir uns nicht gelangweilt haben! Ich zumal war allein darauf angewiesen, mir mit Lesen oder Schreiben die Zeit zu vertreiben, während Rave durch die vielen täglichen Hausstandsarbeiten, bei denen ich ihm so gut wie gar nicht helfen konnte, stark in Anspruch genommen war. Allerdings zum Lesen fehlte uns leider eine größere Bibliothek; die wenigen Reclam-Bändchen und der eine Ullstein-Band waren bald verschlungen; und wissenschaftliche Werke oder Goethes Faust können selbst dem Gebildetsten zuviel werden. Auch das Schreiben war für mich in der ersten Zeit wegen der erfrorenen Finger mit allerlei Schwierigkeiten verknüpft. Es war ein Glück, daß wir eine Schreibmaschine an Bord hatten, die ich mit den beiden Zeigefingern immerhin noch besser bearbeiten konnte, als nur mit dem Bleistift schreiben. Die Maschine war sehr häufig in klappernder Tätigkeit, da ich mich mit Eifer an die Aufzeichnung unserer Reiseerlebnisse machte. An Stoff fehlte es nicht, wohl aber an — Papier; verwandt wurde daher — man verzeihe mir! — Toilettepapier, das sich außerordentlich gut bewährte.

* * *

Das Jahr 1913 hatte mit überaus niedrigen Temperaturen begonnen. Am 31. Dezember war zum ersten Male das Petroleum gefroren; sowohl in den Kannen, die an Deck standen, wie auch in dem Tank des Maschinenraums war es völlig erstarrt. Vom 4. bis zum 7. Januar schwankte das Thermometer bei wechselnden Winden zwischen — 7° und — 18°, worauf eine ungewöhnlich warme Woche vom 8. bis 15. Januar folgte, in der das Thermometer nach einem starken Südweststurm am 10. Januar auf + 4,7° stieg. Erschien uns eine so hohe Temperatur auffallend genug, so überraschte uns noch weit mehr die Meldung, die am 14. Januar der Matrose Julius bei der Rückkehr von der Revision seiner Fuchsfallen mitbrachte: Das Eis triebe aus der Bai heraus; gleich nördlich der Landzunge, hinter der das Schiff lag, wäre bereits offenes Wasser. Der Weg zum Hause hinüber, den Rave und die Norweger erst vor wenigen Tagen zu Fuß gemacht hatten, war nur noch im Boot möglich. Für unser Schiff hatte dies keine weitere Gefahr, da das Eis rundherum zu dick war; möglicherweise war das Wasser bis zum Grunde ausgefroren. Vom 16. Januar ab wurde es wieder erheblich kälter, Windstillen wechselten mit meist schwachen Winden aus allen Richtungen der Windrose ab, und rasch bedeckte sich der offene Teil der Bai wieder mit einer Eisdecke.

Von der Stärke und Richtung der Winde abhängig war die Erscheinung des dunklen Wasserhimmels am nördlichen Horizont, der wir bei den meteorologischen Beobachtungen unsere stete Aufmerksamkeit schenkten. Bald in einem schwachen Streifen dicht über dem Horizont, bald fächerförmig ausgebreitet oder fast bis zum Zenith hinaufreichend, bald mehr im Norden in der Richtung von Verlegen-Hook, bald sich nach Nordosten zur Hinlopen-Straße hin zusammenziehend oder schließlich den ganzen Horizont, so weit wir ihn übersehen konnten, erfüllend, so wechselte diese Erscheinung und zeigt, wie an der Nordküste Spitzbergens auch mitten im strengsten Winter das Eis in ständiger Unruhe sich hin- und herschiebt. Die Urheber dieser Bewegung sind neben den Winden die von diesen veranlaßten Strömungen des Meeres und die von den Winden unabhängigen Gezeitenströmungen. Man ist also nicht berechtigt, von einer winterlichen Eisblockade der Nordküste zu sprechen, und darf dies auch nicht einmal — wie schon frühere Beobachtungen gezeigt haben — von den Baien behaupten. Das Eis der Treurenberg-Bai brach, abgesehen von ihrem innersten Teil, sowohl Mitte Januar wie Mitte Februar auf.

Welche Schlußfolgerung können wir daraus ziehen? Daß im Sommer wie im Winter die Schiffahrtsmöglichkeit an der Nordküste besteht, d. h. daß im Sommer wie im Winter die Eisverhältnisse die Schiffahrt ermöglichen und ebenso rasch wieder verhindern können. Daß die Versperrung der Bai durch Eis im August und September kein genügender Grund dafür war, die Hoffnung auf ein Herauskommen in demselben Jahre aufzugeben und deswegen das Schiff zu verlassen. Daß die Winternavigation infolge der Dunkelheit und der Möglichkeit, bei plötzlicher Windstille oder dem Einsetzen nördlicher Winde und der dadurch bedingten Kälte in wenigen Stunden einzufrieren, die ungleich schwierigere ist, das ist eine zweite Sache.

Der Leser wird sich vielleicht wundern, daß ich von der Erscheinung des Wasserhimmels bereits wiederholt gesprochen habe, während ich ein anderes, für die Polargebiete typisches Phänomen erst einmal flüchtig erwähnte: die Nordlichter. Nun, ich will den Grund dafür nicht ängstlich verschweigen. Wir, besonders Rave als Künstler, wurden durch die Nordlichter, die wir zu Gesicht bekamen, ganz gründlich enttäuscht; wir hatten uns dieses Phänomen nach den Schilderungen anderer Polarreisender und nach Abbildungen viel großartiger vorgestellt. Sicherlich sind auch manche Schilderungen übertrieben, sind vor allem die meisten Abbildungen unwahr, da es fast unmöglich ist, diese ständig wechselnden, in Form wie Lichtstärke sich fortwährend verändernden Erscheinungen photographisch oder zeichnerisch festzuhalten. Der Hauptgrund ist aber der, daß das nördliche Spitzbergen von der Maximalzone der Nordlichter weit entfernt liegt, die längs der Nordküste Eurasiens, südlich von Island und Grönland, durch Labrador und den nördlichen Teil von Canada und Alaska verläuft. Von den etwa 20 Nordlichtern, die wir im Laufe des Winters beobachteten, war nur ein einziges — am 10. Januar — farbig, ein Band von zarten Regenbogenfarben. Die übrigen waren sämtlich einfarbig, gelblich-weiß; der Form nach meist mehrere Streifen oder Bänder, ineinander verschlungen oder parallel, stets aber ohne feste Grenzen, von auffallender Unruhe in der Erscheinung.

Wurden wir in dieser Hinsicht enttäuscht, so konnten wir in einer anderen nicht klagen: Winde und Stürme hatten wir genügend durchzukosten, sie haben uns den Aufenthalt in unserer Kajüte manches Mal und in mancherlei Hinsicht zur Qual gemacht. Unsere Kajüte ragte von allen Wohnräumen des Schiffes mit ihrem Aufbau am höchsten über das Deck hinaus und war besonders den südwestlichen Winden ausgesetzt. Der Zug kam durch tausend Ritzen herein. Vier Lampen und das Feuer im Ofen vermochten nicht den Raum einigermaßen zu erwärmen, der bei windstillerem Wetter selbst bei der größten Kälte ganz leicht warmzuhalten war. Das Feuer schlug einfach heulend zum Schornstein hinaus. Oder der Wind sprang plötzlich um, fuhr mit Macht in den Schornstein hinein, dessen Windkappe natürlich nicht jedesmal umgestellt werden konnte, und ein kaum ertragbarer Qualm in der Kajüte war die Folge.

Die schlimmste Sturmeswoche war die Zeit vom 27. Januar bis zum 3. Februar. Am 2. Februar schrieb ich darüber folgendes in mein Tagebuch:

„Die verflossene Woche war die erbärmlichste und ungemütlichste, die wir bis jetzt hier an Bord verlebt haben. Seit Montag — ausgerechnet Kaisers Geburtstag — nachmittag stürmt es fast ununterbrochen aus Südwesten. In unserer Kajüte war es so empfindlich kalt und zugig, daß wir fast die ganze Zeit über unter all' unseren Decken liegen mußten und auch da schließlich noch froren, da der Zug überall herauskommt. — Von Mittwoch bis Donnerstag abend war es ziemlich ruhig. Dann begann es von neuem zu stürmen; gestern ein wahnsinniger Schneesturm. Julius und Jörgen, die dabei eine halbe Stunde an Deck Holz sägten und hinterher zu einem kleinen Schnaps zu uns hereinkamen, sahen ganz unbeschreiblich aus: Über und über beschneit, Bart und Wimpern bereift, die Gesichter rot aufgequollen, die Augen wie entzündet. — Auch heute ist es noch nicht viel besser. Das ständige Brausen des Windes, das Klappen und Knarren der Taue, das Ächzen der Masten und Planken will scheinbar gar nicht aufhören, und wir sehnen uns förmlich nach endlicher Ruhe, wir freuen uns auf die feierliche Stille nach dieser störenden Sturmesmusik. — Augenblicklich ist es bei uns drinnen nur + 8°, aber auch daran hat man sich schon ganz gut gewöhnt."

Am Mittwochnachmittag dieser sonst so ereignisarmen Woche geschah etwas, was bei dem herrschenden Sturme und bei dem Mangel an Wasser leicht zu unserem und des Schiffes Verhängnis hätte werden können. Heftiger, immer dichter werdender Qualm in unserer Kajüte machte uns darauf aufmerksam, daß der Ofen irgendein Unglück anrichten wollte. Und tatsächlich stellte sich heraus: Die Wand hinter dem Ofen war bereits durchgebrannt. Julius, der Eislotse und Rotvold kamen auf Raves Ruf, der selbst in dem Rauch nicht arbeiten konnte, rasch herbei, nahmen den Ofen ab und konnten zum Glück das Feuer sogleich löschen, ehe es weiter um sich griff. Währenddessen und während Rave und Julius den Schaden durch Zwischenlegen von Blech und Asbest ausbesserten, war ich im Vorschiff; der Gang zweimal hin und zurück war für mich der längste seit zwei Monaten.

Noch ein zweites Mal hatten wir Ende Februar ein kleines Schadenfeuer, doch weit ungefährlicher. In dem Zwischenraum zwischen den beiden das Dach bildenden Holzlagen hatte sich in der Nähe des Schornsteins liegender Sott und Teer entzündet. Wir wurden durch Funken, die am Schornstein auf den Ofen herunterfielen, darauf aufmerksam gemacht und hörten dann auch ein leises Knistern. Der Schaden war durch feuchtes Auswischen und Beseitigen des Drecks bald behoben, wobei die Matrosen wiederum eifrigst halfen.

Die Verbesserung, die Rave nach dem ersten Feuer am Schornstein vorgenommen hatte, bildete wahrscheinlich die Veranlassung des zweiten Brandes. Und zwar kam dies folgendermaßen: Unser Ofen liebte — wie ich bereits erwähnte — bei warmen Südwest- und Westwinden zu rauchen. Meine 2 m lange Röhre, die ich im Sommer zum Bestimmen der Wasserfarbe verwandt hatte, wurde daher als Verlängerung des Schornsteins schräg zum Besanmast heraufgeführt. Unser beider Freude über diesen Erfolg war groß, denn hierdurch wurden zwei Fliegen mit einer Klappe geschlagen: Erstens brannte unser Ofen nun bedeutend besser, und zweitens wurde meine Röhre auf die beste und natürlichste Weise innen geschwärzt, was zum einwandfreien Feststellen der Wasserfarbe notwendig ist. Aber — statt der zwei erschlagenen Fliegen kam eine dritte nun den Schornstein heruntergekrochen, in Gestalt der Teerfarbe, die durch die Erhitzung flüssig geworden war und dann den zweiten Brand veranlassen half. Man sieht also, daß eine Sache, selbst wenn sie zwei gute Seiten hat, immer noch eine dritte, schlechte Seite haben kann!

* * *

Die lange, dunkele Winternacht ist ohne Zweifel sehr unangenehm, und vor allem wirkt die Notwendigkeit des dauernden Lichtbrennens erschlaffend auf den menschlichen Organismus, während zugleich das Fehlen des Sonnenlichts eine gewisse Blutarmut zur Folge hat. Bei einer vorsichtigen Lebensweise und Tageseinteilung verliert jedoch die Winternacht sehr viel von ihren Schrecken, und merkliche Störungen der Gesundheit und im besonderen des Gemütslebens blieben uns vollkommen erspart. Die ganz allmählich stärker werdende Dämmerung hält einen auch in ständiger Spannung, und eine eigentümlich freudige Erregtheit hilft über die vielen trüben Stunden hinweg. Einige Tagebuchaufzeichnungen zeigen das aufs beste.

Bereits am 1. Januar schrieb ich: „Unsere Hoffnung wird wachsen mit der zunehmenden Dämmerung, die uns Ende Januar, Anfang

Februar bereits einige Stunden Tag bescheren wird, um dann rascher und rascher dem Licht, der Sonne, dem Frühling entgegenzueilen." Am 10. Januar: „Gott sei Dank, nimmt der helle Mittagsschein im Süden von Tag zu Tag zu; mittags ist es jetzt schon so hell wie bei trübem Mondlicht." Und am 2. Februar: „Die Dämmerung nimmt von Tag zu Tag zu. Jetzt ist es mittags für unsere taglichtentwöhnten Augen schon mehrere Stunden ganz schön hell; im November nannten wir dieselbe Dämmerung die trübseligste von der Welt." Am 15. Februar schließlich konnten wir zum ersten Male um die Mittagszeit die Lampen auslöschen.

Da in dieser Zeit auch verhältnismäßig mildes Wetter herrschte, konnte ich gelegentlich einmal an Deck, um hier zum Staunen der Mannschaft etwas umherzuhumpeln. Die Leute staunten darüber, denn sie hatten mehr als einmal zu Rave und mir geäußert: Ich würde den Winter nicht überstehen; es wäre eine zu lange Zeit, die ich liegen müßte, und das Ende könnte nur eine Erkrankung an Skorbut sein. Nun strafte ich ihre gewiß gut gemeinten Prophezeiungen Lügen, und während ich meinen kleinen Spaziergang über Deck machte, konnte ich gerade hören, wie einer der Matrosen zu Rave sagte: „He is a very strong man!" Zwar heilten meine Wunden — wie Frostschäden überhaupt — sehr langsam, aber wir durften doch froh sein und von einer langsam fortschreitenden Genesung sprechen, nachdem im Laufe der Zeit außer dem linken Fuß die Vorderglieder beider Ringfinger und eines Zehs von Rave mit gutem Erfolg amputiert waren.

Mit der Zunahme der Dämmerung verlor unser Leben sehr bald manches seiner bisherigen Eintönigkeit. Eines Mittags zeigten sich in der Nähe des Schiffes zwei Bären, eine Bärin mit ihrem Jungen. Julius und Jörgen machten sich sogleich hinterher, ihnen folgten der Eislotse und Rotvold und schließlich auch Rave. Zu allerletzt kam ich, natürlich blieb ich an Deck stehen und sah mir das Schauspiel von weitem an. Viel konnte ich allerdings nicht sehen, nur wie der Eislotse hinter der Landzunge verschwand und wie rechts davon Julius mit den Hunden hinter den Bären herlief. An Deck und auf dem Eise erblickte ich zwei Paar Holzstiefel: Der Eislotse und Rotvold hatten diese schwerfälligen Dinger ausgezogen, um auf Strumpfsocken leichter laufen zu können; bei der milden Temperatur von nur —3° konnten sie das ohne Gefahr wagen. Als ich nach etwa einer Stunde wieder hinauf an

Deck ging, kamen die Fünf gerade zurück, auf dem Schlitten die Bärin und das Junge ziehend. Julius hatte beide zur Strecke gebracht, während der Eislotse hinter einem dritten Bären vergebens fast bis zum Hause nachgelaufen war, auf Strümpfen jedenfalls kein großes Vergnügen!

Gleich nachdem die Bären an Bord geschafft waren, setzte ein fürchterlicher Schneesturm ein. So durfte Julius mit Recht auf seinen Jagderfolg stolz sein, zumal der von ihm Ende November erlegte Bär gerade aufgezehrt war. Nur ein Bedenken war dabei: Julius hatte für den Bärenfang vergiftetes Fleisch ausgelegt. Hatte die Bärin hiervon gefressen? Wenn das der Fall war, so war das frische Fleisch für uns ungenießbar. Julius war skeptisch, denn die Bärin sollte so eigenartig hin- und hergetorkelt sein, und unser Einwand, das habe sie nur getan, um den Rückweg ihres Jungen zu decken, erschien ihm zweifelhaft. Was tun? Das frische Fleisch lockte sehr, aber die Aussicht, sich durch seinen Genuß zu vergiften, war doch recht wenig verlockend. Schließlich erhielt Jule zuerst ein tüchtiges Stück Bärenfleisch, und als sie nach mehreren Stunden ebenso munter war, briet Rave uns noch in derselben Nacht ein Bärensteak, das gar köstlich mundete.

Die Norweger waren nun wieder obenauf. Damals im Herbst hatten sie uns versichert, daß es hier in der Treurenberg-Bai im Winter gar kein Wild gäbe. „Nothing“, hatten sie gesagt in ihrer alles und doch nichts genau wissenden Weisheit und hatten dann, mit der einen Hand über die leere andere Handfläche hinstreichend, zur Bekräftigung hinzugefügt: „So much!“ Jetzt, wo sie wieder frisches Fleisch hatten, gab es natürlich „plenty“.

Am folgenden Tage standen sie schon früh um 8 Uhr auf, störten uns zwar in unserem Vormittagsschlaf, brachten uns dafür aber nach längerer Pause wieder einmal zerkleinertes Feuerholz. In den hellen Mittagsstunden war es ordentlich lebendig an Deck und auf dem Eise. Rave tollte sich mit der Jule herum, so daß Lotte und Cäsar an Deck neidisch heulten und bellten. Julius hielt von der Landzunge Ausschau; denn draußen vor der Bai war weithin offenes Wasser. Rotvold hielt Wäsche ab, und Jörgen ließ sich das große Fernrohr geben, da er am Gletscher wieder einen Eisbären entdeckt zu haben glaubte. Der schwindsüchtige Koch saß mehrere Stunden an Deck. Auch ich stand eine Zeitlang draußen. Alle — bis auf den Eislotsen, der wohl wegen des am Tage zuvor entwischten dritten Bären in seiner Koje maulte, — alle genossen die milde Temperatur und die helle Dämmerung, alle „sind sie wieder ans Licht gebracht!"

Am 20. Februar feierten wir Raves Geburtstag. Bereits eine Woche vorher hatte Rave in unserem kleinen Ofen ein Probebacken veranstaltet. Das war nur gut, denn der erste Kuchen hatte eine stark verbrannte Kruste; der zweite war schon besser, und die beiden eigentlichen Geburtstagskuchen — der eine in einer großen Blechbüchse gebacken — waren einfach großartig. Allerdings ein Schmerz war auch hierbei: Unser letzter Zucker wurde dazu verwandt.

Die Geburtstagsfeier selbst begann schon morgens um 4 Uhr — mit viel Festkakao und Kuchen. Ins Mittschiff schickte Rave auch einige Stück Kuchen. Julius und Jörgen kamen daraufhin zum Gratulieren nach achtern und erhielten jeder zwei Schnäpse von dem selbstgebrauten — „Denaturierten". Nur gut, daß sie in bezug auf alkoholische Genüsse weniger feinfühlig waren; für uns war der denaturierte Spiritus völlig ungenießbar, denn man hat bei seinem Genuß etwa das Empfinden, als ob man an einem ausgebrannten Spiritusbrenner intensiv herumriecht. — Am Nachmittag dieses Tages, der sich in allem und jedem festlich gegen die übrigen abhob, tranken wir sogar Kaffee, zum ersten Male wieder seit Anfang August. Diese lange Entwöhnung von Kaffee lag nicht daran, daß uns Kaffee fehlte; wir hatten genügend Vorrat, wenn auch nur Malzkaffee. Sie hatte ihren besonderen Grund: Seit den ersten Tagen der Seereise, wo wir kurz vor dem Ausbruch der Seekrankheit Malzkaffee getrunken hatten, hatten wir in unüberwindlichem Ekel dagegen gänzlich auf dieses Getränk verzichtet. Auch diesem ersten abermaligen Kostversuch folgte höchstens nur noch ein zweiter oder dritter; wir blieben bei Tee und gestatteten uns gelegentlich auch einen Kakao mit Milch anstatt des fehlenden Zuckers.

In diesen Tagen der rasch zunehmenden Dämmerung verschlechterte sich das Befinden des Kochs zusehends. Der Eislotse, der vergeblich versucht hatte, ihn mit Bärengalle und Maschinenfett zu kurieren, hatte sogar 42 Grad bei ihm gemessen und dies mit einem Gramm Chinin erfolgreich bekämpft. Schließlich war er aber doch mit seiner Kunst zu Ende, und der Koch begab sich wieder in Raves Behandlung. Rave gab ihm wie nach dem ersten Anfall Bittermandelwasser mit Morphium. Am Sonntag, den 23. Februar abends, schien der Todeskampf einzusetzen. Zur Beruhigung machte Rave dem Koch eine Morphiumeinspritzung, nach der er bald in Schlaf fiel und am andern Morgen um ½9 Uhr sanft in den Tod hinüberschlummerte.

„Traurig ist es,“ — ich zitiere mein Tagebuch vom 25. Februar — „so fern von der Heimat zu sterben und zwischen Schnee und Eis sein einsames Grab zu finden, doppelt traurig, gerade jetzt sterben zu müssen,

Marinemaler Rave in Winterkleidung.

wo in den nächsten Tagen die Sonne zum ersten Male wieder über die Berge auch zu uns ihre leuchtenden Strahlen senden wird. Aber für ihn selbst wie für uns und die Norweger ist seine Erlösung von der unheilbaren Krankheit das beste! — Das mochten auch die Leute einsehen. Denn nachdem sie die Leiche in unserem Wijde-Bai-Schlafsack an Deck gelegt und einen Teil der Sachen des Kochs auf dem Eise verbrannt hatten, waren sie den Tag über tätig wie nie zuvor und holten sogar zu viert Holz. Daß sie für den Abend um etwas Spiritus baten, mag in Anbetracht dieser Leistungen und der Trauer als gerechtfertigt erscheinen.“

Am 26. Februar wurde die Leiche des Kochs, in zwei Wolldecken gehüllt, auf einem Schlitten zur schwedischen Station hinübergeschafft und in einem der Schuppen zur vorläufigen Ruhe niedergelegt. Für ihn, der nun kalt und steif den ewigen Schlaf schlief, leuchtete die Sonne nicht wieder. Uns erschien sie als Trösterin nach der langen, bedrückenden Winternacht. Am 27. Februar sahen wir zum ersten Male ihren oberen Rand über den Bergen im Süden der Bai. Die Winternacht hatte ihr Ende erreicht. Würden damit auch unsere Sorgen zu Ende sein?

IX.

Im schwedischen Stationshause.

Mit der Rückkehr des Sonnenlichts erfuhr selbstverständlich unsere Tageseinteilung eine Änderung, d. h. sie wurde wieder normal, indem wir nun während der hellen Stunden unser Tagewerk verrichteten und in der dunkelen Nacht schliefen. Immer wieder freuten wir uns jetzt über die vielstündige Helle, staunten immer wieder über die Farbe aller möglichen Dinge, die uns das dauernde Lampenlicht ganz anders vorgespiegelt hatte.

Aber es gab noch mehr und noch anderweitige Überraschungen. Der Eislotse und Rotvold hatten seit Weihnachten wiederholt davon gesprochen, sie wollten Ende Februar nach Advent-Bai aufbrechen. Als der Monat Februar verstrichen war, ohne daß es zur Ausführung dieses Planes gekommen war, fragte Rave die beiden Norweger, wann sie nun die Absicht hätten zu gehen. Sie erklärten: Um den 10. März herum.

Als Rave daraufhin den beiden anderen Norwegern mitteilte, wir hätten nichts dagegen, wenn auch sie uns verließen und nach Advent-Bai gingen, beschlossen sie, Ende der zweiten Märzwoche gemeinsam aufzubrechen. Wir hatten aus folgenden Gründen nichts dagegen: Wenn die vier Norweger gemeinsam gingen, so war für uns die Gewähr größer, daß sie wirklich Advent-Bai erreichten, und daß die Telegramme und Briefe, die wir Julius als dem zuverlässigsten mitgeben wollten, tatsächlich nach Deutschland kamen, damit dort Maßregeln getroffen würden, uns im Laufe des Sommers abzuholen. Würde die Mannschaft oder auch nur ein Teil derselben an Bord bleiben, so blieb es trotzdem immerhin mehr als zweifelhaft, ob es bei der geringen Zahl der zur Verfügung stehenden Kräfte gelingen würde, das Schiff abzubringen.

Die Briefe an die Vertretung der Expedition in Berlin und unsere Angehörigen daheim schrieben wir sogleich, und die Freude und Aufregung, die sie bei ihrer Ankunft auslösen würden, kosteten wir selbst beim Schreiben schon reichlich durch. Würden sie überhaupt ihr Ziel erreichen und wann wohl? würden wir daraufhin abgeholt werden? das waren Fragen, die wir eifrigst diskutierten und doch nicht beantworten konnten. Und dann unterhielten wir uns von der nächsten Zukunft, wenn die Norweger fort sein würden und wir wieder auf uns allein angewiesen wären. Im April wollten wir nach dem schwedischen Stationshause an der Ostseite der Bai übersiedeln. Den März über galt es also nur noch auf dem Schiff auszuhalten, aber wir blickten ihm mit etwas Sorge entgegen, da er nach den Beobachtungen der Schweden der kälteste Monat sein sollte mit einer Mitteltemperatur von — 26,7°, einem Minimum von — 40° und einem Maximum von — 7,2°.

Inzwischen arbeiteten die Norweger emsig an den Vorbereitungen für ihren Marsch nach Advent-Bai. Sie bauten sich einen neuen Schlitten, da der Müller-Schlitten, den sie während des Winters zum Holz- und Schneeholen gebraucht hatten, sich nicht gut bewährt hatte und kürzlich zerbrochen war. Seine Kufen waren zu schwach, sein Aufbau zu hoch und daher zu wenig stabil, der ganze Schlitten, dessen Teile mit Schrauben aneinander befestigt waren, nicht fest genug gewesen. Zu dem neuen Schlitten verwandten sie ein Paar Skier als Kufen und das Gestell des alten Schlittens, allerdings um etwa zwei Drittel erniedrigt. Der neue Schlitten erwies sich bei den ersten Versuchen als fest und gut verwendbar.

Am 10. März schafften die Norweger je eine Kiste Pemmikan und Plasmon-Cakes für uns zum Hause hinüber. Am folgenden Tage brachten sie ihren Schlitten, mit einem Sack Proviant beladen, bis auf den oberen Rand des Hochplateaus, um am 12. März nach Mossel-Bai zu gehen und die im September dort zurückgelassenen Sachen, vor allem Raves Apparate, Platten und Films, zu holen. In nur neun Stunden hatten sie den Weg hin und zurück gemacht und sich so leicht und rasch die 100 Kronen, die wir ihnen für das Bringen der Sachen versprochen hatten, verdient. Zwar stöhnten sie über die Beschwerlichkeiten des Weges nicht schlecht: Die Werkzeugtasche hätten sie als zu schwer zurücklassen müssen; einmal wären sie bis fast an die Brust im Schnee versunken, und — das wichtigste — der Anblick des wirren

Packeises der Mossel- und Wijde-Bai hatte Julius so entmutigt, daß er doch lieber mit seinem Bruder an Bord bleiben, als nach Advent-Bai gehen wollte.

Diese Unentschlossenheit kannten wir ja bereits, und so waren wir nicht sehr erstaunt darüber, vielmehr hatten wir allen Grund jetzt anzunehmen, daß auch der Eislotse und Rotvold nicht gehen würden und daß wir die bereits geschriebenen Briefe wohl selbst einmal — wer

Das schwedische Stationshaus an der Sorge-Bai.

wußte, wann? — in die Heimat mitnehmen müßten. Der Umstand aber, daß die Leute nun an Bord blieben, wie das auffallend milde März-Wetter ließen die Umzugsidee rascher, als wir je gedacht hatten, zur Ausführung kommen.

Bereits am Anfang dieser Woche hatte Rave einigen Proviant zum Hause hinübergeschafft. Am Freitag und Sonnabend folgte eine zweite und dritte Last, wobei Jule und Cäsar ganz wacker zusammen mitzogen. Mit der vierten Last am Sonnabendnachmittag um 5½ Uhr machte ich mich dann auch auf den Weg.

Seit genau 3½ Monaten setzte ich zum ersten Male den Fuß vom

Schiff. Ich trug am linken Fuß nicht den mechanischen Stiefel, sondern einen ebenfalls von Rave verfertigten halben Pelzstiefel und am rechten einen Stiefel aus Segeltuch. Zuerst ging es recht gut, aber bald merkte ich, daß mir der ganze Weg doch sehr sauer werden würde, zumal der Schnee ziemlich weich war. Wir waren etwa in Höhe der Landzunge, als uns Rotvold und Jörgen mit ihrem Schlitten nachgelaufen kamen und sich erboten, mich zu ziehen. In Pelz und Mantel gehüllt, gelangte ich nun schnell und bequem über die Bai, und bereits eine Stunde später waren wir in unserem neuen Heim, wo Rave das nach Norden und Osten gelegene Eckzimmer schon vorher für uns eingerichtet hatte.

Wie recht wir daran getan hatten, so plötzlich überzusiedeln, das merkten wir bald. Zufällig war der 15. März auch der geeignetste Umzugstag; denn, wie sich herausstellte, war die Mittagstemperatur dieses Tages von —8,5° die mildeste des ganzen Monats.

* * *

In einem wesentlich anderen Rahmen spielte sich jetzt unser Leben ab als bisher. Sehr bald fühlten wir uns recht wohl in ihm; das lag einmal an der belebenden Abwechselung überhaupt, die solch' ein Umzug mit sich bringt, und es war ferner durch ein erfreuliches Mehr an Raum und Licht bedingt, das wir hier genießen durften, wie auch durch die Unabhängigkeit von den Launen der Leute.

Bewohnten wir doch jetzt im Vergleich mit der kleinen Schiffskajüte einen Palast von etwa einem Dutzend Zimmern, und wenn wir uns auch mit einem einzigen Zimmer begnügten, so war dieses doch mehr als sechsmal so groß wie die Kajüte. Unser Wohnraum hatte ein Fenster nach Norden und eins nach Osten. Die Aussicht aus dem ersteren war beschränkt durch den gleich hinter dem Hause sich erhebenden felsigen Hügel, der die Landzunge mit Point Crozier bildet. Nach Osten erblickte man den Hekla Mount mit seinen nördlichen Ausläufern und dem davorliegenden Flachland bis zur Hinlopen-Straße hin. Wenn die Sonne die beschneiten Hänge und Flächen beleuchtete, die Felsen rötlich und schwärzlich schimmerten und darüber der Himmel im lichtesten Blau erschien, so war das ein weit höherer Genuß als der eintönige Blick durch das Oberlicht unserer kleinen Kajüte.

Unser Zimmer war für die hochnordischen Verhältnisse fast komfortabel eingerichtet, indem alle sich im ganzen Hause vorfindenden,

Auf der Sorge=Bai

noch heilen Mobilien hier zusammengestellt wurden. Zwei bequeme, gut erhaltene Liegesofas, die zum Schlafen umgekippt wurden, dienten uns als Betten. Ein Schrank, der fast Zimmerhöhe besaß, und ein Eckwandschrank boten Raum genug für unsere vielen Sachen. Ein großer Tisch stand in der Mitte, während die beiden Fenstertische, der nach Osten gelegene Rave als Maltisch diente, der andere meine Bücher beherbergte. An drei überaus bequemen Sesseln und einem halben Dutzend anderer Stühle hatten wir genug, um eine Gesellschaft geben zu können. Über Raves Lager hing eine riesige Wandtafel, die wohl einst für mathematische Berechnungen verwandt worden und dann im Laufe der Jahre über und über mit Namen vollgeschmiert war. Jetzt wurde sie gereinigt, und in ihrer Mitte prangte eine deutsche Flagge, umrahmt von einigen Ölstudien Raves. Von den beiden Türen führte die eine zu dem großen Mittelzimmer des Hauses, die andere zur Küche, deren Herd allerdings nicht ganz intakt war, aber doch gebraucht werden konnte. In unserem Zimmer sorgte ein leidlich erhaltener Dauerbrandofen für Wärme. Seine Tür wurde von Rave repariert, so daß er sogar über Nacht — wenn einmal nachgeworfen wurde — Feuer hielt.

Für Rave gab es nach wie vor Arbeit genug. Zunächst mußte ja alles, was wir irgendwie gebrauchten, vom Schiff herübergeschafft werden. Da kam manchmal eine schöne Last zusammen, denn Proviant, Geschirr, Kleidung, Waschtisch, Schreibmaschine, Sanitätskasten, manche Apparate und Instrumente und vieles andere mehr wanderten auf dem Schlitten vom Schiff zum Hause. Dann war die Feuerung zu beschaffen. Holz fand sich im Hause und in der nächsten Umgebung zunächst genug. Erfreulicherweise war auch das Kohlenlager nur etwa 150 m weit entfernt, wenn auch gerade die Arbeit des Kohlenlospickens die unangenehmste von allen war. Der vorhandene Kohlenrest stammte von einer dänischen Jagdexpedition, die eigentlich nach Grönland wollte, aber hierher verschlagen wurde. Laut Eintragung in dem Fremdenbuch des Hauses hatten hier vom 8. September 1902 bis zum 30. Juni 1903 sechs Fangleute dieser Expedition gewohnt.

In einem der Vorderzimmer, wo das halbe Fenster fehlte, brachte Rave den losgeschlagenen Kohlenvorrat unter. Es waren alles schöne, große Stücke, aber nur solange sie im kalten Raum lagen. Der Schein trog. Kamen sie in den Ofen oder auch nur in seine wärmende Nähe, so zerfielen sie völlig zu Grus und verschütteten sehr leicht das Feuer, wenn nicht vorher Holz untergelegt war. Schwarz wie ein Kohlenbergmann kam Rave jedesmal von diesen Arbeiten zurück. Aber auch dieser Schaden ließ sich jetzt leichter beheben. Wir hatten immer genügend Wasser, denn den ganzen Tag über stand ein großer Wassertopf auf dem Ofen, und in der Wanne, worin der Schnee ins Zimmer gestellt wurde, bildete sich infolge der Zimmerwärme ebenfalls genügend Wasser. So konnten wir uns jetzt jeden Tag wenigstens einmal, wenn nicht noch öfter, waschen.

Überhaupt ließ sich manche Arbeit vereinfachen, da wir genügend Platz hatten, um etwas beiseite stellen zu können, woran es an Bord immer gefehlt hatte. Vor allem wurde gleich für mehrere Tage gekocht und dann das Essen für die einzelnen Mahlzeiten auf dem Ofen nur aufgewärmt. Unsere Hauptmahlzeiten bestanden, wie auch schon in der zweiten Hälfte des Winters, seitdem Rave nicht mehr mit der Mannschaft zusammenkochte, aus Dörrgemüse. Und zwar war die Zubereitung, die im Laufe der Zeit von Rave immer mehr vervollkommnet war, die folgende. Das Gemüse wurde längere Zeit eingeweicht und dann zusammen mit etwas Pemmikan und Speck, wodurch das Fleisch ersetzt wurde, gekocht. An Stelle der Kartoffeln wurden Plasmon-Cakes verwandt, die, mit einer Flasche zermahlen, mit dem weich gekochten Gemüse gemischt wurden. Dadurch erhielten wir ein äußerst wohlschmeckendes und bekömmliches Gericht, das gerade durch wiederholtes Aufwärmen nur schmackhafter wurde; ich erinnere nur an das bekannte Wort von Busch:

„Wofür sie besonders schwärmt,
wenn er wieder aufgewärmt.“

Trotzdem wir Monate hindurch täglich dieses Gemüsegericht — abwechselnd Rotkohl, Savoyenkohl, Rosenkohl, Leipziger Allerlei und Karotten — aßen, verspürten wir niemals einen Widerwillen dagegen, und unser Appetit blieb stets gut.

Kochendes Wasser für Tee und Kakao wurde mit einer kleinen Benzinlötlampe hergestellt, mit deren Hilfe auch öfter Hartbrot und Fischklöße in Butter gebraten wurden. Durch diese Vereinfachungen gewann Rave endlich auch so viel Zeit, um sich seiner Kunst zu widmen, wofür an Bord keine Zeit, kein Platz und nicht genügend Licht vorhanden gewesen waren.

So kam das Osterfest heran. Am zweiten Feiertage, dem 24. März, schrieb ich folgendes in mein Tagebuch: „Keine Osterglocken, keine Osterblümlein und Ostereier waren uns dieses Jahr beschieden. Auch einen Osterspaziergang haben wir nicht unternommen, denn „der alte Winter in seiner Schwäche“ hat sich hier noch nicht zurückgezogen und das Thermometer hält sich um — 22°. Jule, die bereits ihr Winterkleid abzulegen begonnen hat, wird dies wohl als etwas verfrüht noch bereuen müssen. Im übrigen fühlt sie sich hier so wohl, wie vielleicht niemals zuvor in ihrem Leben. Auch wir fühlen uns recht wohl hier, wenn auch die Sehnsucht nach der Heimat stärker und stärker zu werden scheint, je näher der Zeitpunkt unserer endlichen Erlösung rückt. — Wann und wie werden wir wohl von hier fortkommen? Wer von den übrigen Expeditionsteilnehmern ist noch am Leben? Darüber unterhalten wir uns oft und kommen doch nicht über bloße Kombinationen hinaus. — Besonderes zu berichten gibt es nichts; denn wir sind hier ja von den Einfällen der Leute verschont, die uns auch ihren Besuch noch nicht gemacht haben. Wir leben ruhig und in gleichmäßiger Tätigkeit die Tage dahin. Rave malt jetzt fleißig, und die große Wandtafel ist bereits mit zahlreichen Ölstudien geschmückt, Partien und Stimmungen aus der Wijde-Bai und Treurenberg-Bai.“

„Eben habe ich dies geschrieben“ — und nun kam doch noch eine Osterüberraschung — „als die Matrosen Julius und Rotvold ankommen und erzählen, daß sie morgen — alle vier — nach Advent-Bai aufbrechen wollen. Während die beiden einen von Rave rasch gebrauten Tee trinken, schreibe ich auf der Schreibmaschine zwei Telegramme, welche die Leute in Green Harbour nach Berlin aufzugeben versprechen, und eine Bescheinigung darüber, daß Leutnant Schröder-Stranz der Mannschaft eine Monatsheuer extra für das Vordringen des Schiffes östlich vom Nordkap versprochen habe. — Rave wird nun morgen früh noch zum Schiff hinübergehen, um Julius seine Fuchsfelle, die in der abgeschlossenen Leutnantskammer liegen, herauszugeben. — Hoffentlich kommen die Leute nach Advent-Bai und kehren nicht auf halbem Wege wieder um! Dann wird diese einzige Osterüberraschung auch für uns und unsere Erlösung vielleicht ihr Gutes haben!“

Am 25. März, dem Tage nach Ostern, marschierten die vier Norweger ab, nachdem Rave sie noch zum Abschied photographiert und kinematographiert hatte. Seitdem waren wir die einzigen menschlichen

Bewohner der Sorge-Bai, aber unser Hausstand hatte sich doch um ein Glied vermehrt. Der schwarze Cäsar war zu uns übergesiedelt, da die Norweger nur Lotte mitgenommen hatten. So hatte Jule wenigstens einen Spielgefährten erhalten, und beide vertrugen sich ganz gut miteinander. Cäsar mußte sich allerdings bei uns erst etwas akklimatisieren an das weniger Fressen, Saufen und daran, daß er nicht neben dem Ofen liegen durfte. Er war während des Winters in jeder Hinsicht verwöhnt worden und hatte sich durch das dauernde Hocken in unmittelbarer Nähe des Ofens seine sämtlichen Schnauzenhaare völlig abgesengt. Die Macht der Gewohnheit zog ihn immer wieder zum Ofen hin, und nachts oder in einem unbewachten Augenblick am Tage versuchte er es auch des öfteren, allerdings meist ohne längeren Erfolg.

Jule neigte, seit die Tage heller wurden, immer mehr zum Vagabundieren hin. Schon an Bord sprang sie öfter die hohe Leiter vom Deck zum Eise hinab um sich herumzutreiben, obgleich sie wußte, daß ihrer bei ihrer Rückkehr jedesmal eine ordentliche Tracht Prügel harrte. Eines Sonntagabends Ende März, als beide Hunde wie gewöhnlich etwas herausgelassen wurden, liefen sie schnurstracks davon. Jule saß nachts um 3 Uhr vor der Tür, mit leisem Jaulen um Einlaß flehend, der ihr auch gewährt wurde. Aber Cäsar blieb fort.

Am anderen Morgen entdeckte ihn Rave durchs Glas beim Schiffe, und wir hörten auch sein Bellen herübertönen — eine auffallende Erscheinung, da nach unseren bisherigen Beobachtungen der Schall hier meist gar nicht weit getragen wird; möglicherweise lag es an dem bedeckten Wetter und der dicken Luft.

Es wurde Mittag, ohne daß Cäsar zurückkam. Nachmittags begab sich Rave auf Storkobbenjagd. Seit mehreren Tagen hatten wir eine ganze Reihe Robben in der Nähe des Westufers der Bai liegen sehen. Ein frischer Braten war uns nicht unwillkommen. Für die Jagd hatte sich Rave einen überaus praktischen Aufbau auf dem Schlitten angebracht, und zwar hinten einen kleinen Tisch und davor einen großen Schirm aus weißem Nesseltuch. So konnte er den Schlitten bequem vor sich herschieben, selbst durch den Schirm gedeckt, konnte auch von hier aus bequem schießen, die Ellbogen auf den Tisch stützend und die Mündung des Gewehrs, durch einen Schlitz im Tuch gesteckt, auf eine Querleiste auflegend. Die Vorbedingungen für eine erfolgreiche Jagd waren also denkbar günstig, zumal das Wetter überaus milde war, d. h. kaum —10°.

Auf etwa 100 m kam er an eine der Storkobben, die nahe der Westseite der Bai auf dem Eise lagen, heran. Aber diese war doch unruhig geworden, sei es, daß sie irgendetwas gehört oder gesehen hatte, — in dem Moment, als Rave die Mündung des Gewehrs durch den Schlitz schob, verschwand sie in ihrem Wasserloch, von dem Rave übrigens keine Spur finden konnte. Die übrigen Robben waren zu weit entfernt, als daß sich eine Wiederholung des Versuchs gelohnt hätte, und auf die Schüsse, die mehr des Schießens überhaupt als des Treffens wegen abgegeben wurden, verschwanden sie ebenfalls sofort.

Einen Erfolg hatte dieser Jagdversuch aber doch, indem Rave mit Cäsar zurückkam, dem die Warterei beim Schiff wohl zu langweilig geworden war. Er war recht klapperig und schien keine große Lust zu verspüren, seinen fast vierundzwanzigstündigen Ausflug so bald zu wiederholen. Und der zweite Erfolg, allerdings negativer Natur, war der, daß wir uns nicht mehr zu ärgern brauchten, wenn drüben auf dem Eise Storkobben lagen; sie zu erbeuten, war keine Kleinigkeit, und später bei offenem Wasser würde sich hoffentlich bessere und leichtere Gelegenheit zur Jagd bieten.

Bereits Ende März wurden die Nächte nicht mehr völlig dunkel, und wir brauchten abends kein Licht mehr anzuzünden; in der ersten Zeit unseres Aufenthalts im Hause hatte uns die Karbidlampe des Depots gute Dienste geleistet.

Tagsüber wurde fleißig gearbeitet: Rave malte und ich schrieb. Die Schnee- und Eislandschaften, von denen zehn die große Wandtafel zierten, hatte Rave bald satt bekommen, und was er nun malte, das trug einen ganz anderen, durchaus nicht polaren Charakter. Es waren wunderbare Phantasiegestalten des Meeres, Nixen, Necke und Kentauren, die auf seinen Bildern zu sehen waren, die einem heitere Fabeln erzählten und liebliche Weisen sangen, die in der duftigen Zartheit und reichen Mannigfaltigkeit lebensfroher Farben so gar nicht in das öde Einerlei von Schnee und Eis paßten und doch unsere solcher Farben entwöhnten Augen aufleuchten ließen, unsere Sehnsucht nach einem schöneren und besseren Land wachriefen. Es war das erste Mal, daß Rave derlei Gestalten in Öl malte, aber auf jeden Fall ein Feld der künstlerischen Betätigung, das ihm liegt, und ich mußte wieder und wieder staunen, wie er so etwas ohne jede Vorlage und ohne jedes Modell hervorzaubern konnte. Und wer vermag es heute zu sagen, ob nicht unsere arktische Verbannung seiner Kunst neue Wege gewiesen hat, die ihn dereinst zu größerem Ruhm führen werden?

Auch meine Aufzeichnungen unserer Erlebnisse machten gute Fortschritte, so daß ich hoffen durfte, sie hier bis zu ihrem vorläufigen Abschluß fördern zu können. Wenn wir beide dann ein Stück vollendet hatten, so wurde vorgelesen oder betrachtet, und jeder übte an der Kunst des anderen seine freundschaftliche Kritik.

Durch solche Arbeiten und Plaudereien und zwischendurch bei manchem Spiel Halma, Salta oder Domino vertrieben wir uns die Zeit. Nur eins wirkte auf die Dauer erschlaffend: Der arktische Winter wollte kein Ende nehmen! Solange wir in Spitzbergen weilten, jedenfalls seit unserem Einlaufen in die Sorge-Bai, hielt er uns in seinem Bann, nun bald volle acht Monate! Die Winternacht hatten wir lange hinter uns, der März, dessen Kälte wir besonders fürchteten, war glücklich überstanden, — aber immer wieder brach dieselbe Kälte durch, und der April war so kalt oder gar noch kälter als der Oktober, und immer noch war alles unter einer tiefen Schneedecke begraben, trotzdem die Sonne nun bald Tag und Nacht schien. So gedachten wir oft sehnsüchtig der fernen Heimat, wie sich dort jetzt bei Sonne und Regen das erste Grün regt und Bäume und Hecken sich plötzlich über Nacht mit einem grünen Schimmer überziehen!

In diesen allerdings vereinzelten Stunden der sehnsüchtigsten Heimatgedanken beschlich uns etwas, was wir vorher, selbst in der Winternacht, nie gekannt, die Langeweile.

Was ich am Sonntag, den 20. April, in mein Tagebuch schrieb — das Reisetagebuch wurde in den Zeiten, wo wir so wenig erlebten, meist nur einmal in der Woche geführt, das meteorologische Tagebuch dagegen täglich —, das will ich hier wörtlich wiederholen, und der Leser, falls er es nicht schon ahnt, wird bald erfahren, warum dies geschieht:

„Die Zeit geht rasch dahin, aber für uns manchmal doch noch nicht rasch genug. Die Norweger sind nun schon fast vier Wochen fort, und es scheint, als ob sie dieses Mal nicht umkehren werden. Freilich, sie mögen noch unten in der Wijde-Bai sitzen und jagen. Wir denken oft daran, ob und wann unsere Telegramme wohl nach Deutschland kommen werden. Oder Rave steigt auf den Hügel nördlich des Hauses, um mit dem Glase auszuspähen, ob sich draußen schon ein Schiff zeigen wird. Denn wir haben seit einer Reihe von Tagen vor der Bai und weithin im Nordwesten, Norden und Osten offenes Wasser. Starke Südwinde, seit dem 12. April abends, haben dies bewirkt, haben seitdem die Temperatur wesentlich erhöht, an mehreren Tagen sogar bis über den Nullpunkt — seit einem Vierteljahr zum ersten Male! —, haben den Schnee mächtig zusammengeweht und schnell zusammenschmelzen lassen. Gelegentlich wurde der Wind zum Sturm und sang in den eigenartigsten Tönen, der Äolsharfe gleich, um unser Haus herum.

„Also der eigentliche Winter ist vorbei. Und schon haben sich uns die Vorboten des Frühlings gezeigt. Denn am 14., als Rave zum Schiff hinüber war, um das eine der Kajaks und mehrere andere Sachen zu holen, sah er an mehreren Stellen Vogelschmutz liegen, und an den beiden folgenden Tagen erblickten wir die ersten Vögel: einen Schneesperling und eine große Möwe (Bürgermeister-Möwe). Über ein halbes Jahr hatten wir keinen Vogel gesehen, und unsere Freude ist daher begreiflich. Auch das erste bescheidene Grün entdeckte Rave auf dem nahen Hügel und brachte es mir mit, einige winzige, knospende Blättlein zwischen den alten abgestorbenen hervorkommend. Ich legte das Pflänzlein in eine Schale mit Wasser, und wir erwarten seine weitere Entwicklung.

„Auch sonst sind einige Fortschritte zu verzeichnen: Vorgestern wurde der um ein Glied gekürzte rechte Ringfinger des Däumlings enthüllt. Die Heilung hat allerdings lange genug gedauert, aber dafür hat sich der Finger sehr hübsch abgerundet, so daß Rave auf die Operation stolz sein darf. — Nachts lege ich jetzt meine Lodenhosen ab, die ich seit dem Verlassen des Schiffes im September Tag und Nacht am Körper getragen habe.

„Um aber wieder auf das zurückzukommen, womit ich meine heutige Aufzeichnung begonnen, so sehnen wir uns jetzt mehr als je zuvor von hier fort, werden immer ungeduldiger, je näher der Zeitpunkt einer möglichen Abholung rückt. Wir lechzen förmlich nach Kultur, nach Abwechselung, nach anderen Menschen! Unser Asyl, über das wir uns sonst in keiner Hinsicht beklagen können, ähnelt einer Sibirischen Gefangenschaft — und in Sibirien soll es auch nicht sehr schön sein!"

X.

Die Hilfsexpeditionen.

Nicht von dort, woher wir sie erwarteten, woher wir bei stillem Wetter die Wogen des Meeres herübertönen hörten, kam uns Hilfe. Sie kam auf dem Landwege von Süden her, gänzlich unerwartet, völlig überraschend und kaum für uns faßbar!

Wir hatten uns am 20. April erst spät zur Ruhe gelegt. Es mochte etwa 2 Uhr in der Nacht sein, als wir durch ein lautes Bellen Jules geweckt wurden. Ich rief sie zur Ruhe, in der Meinung, daß sie wieder einmal zu lebhaft geträumt hatte. Nur widerstrebend und knurrend verfügte sie sich an ihren Platz neben meinem Lager. Wir horchten angestrengt hinaus, jedoch war nichts zu vernehmen, so daß wir uns auf die andere Seite drehten und wieder einschliefen. Eine Viertelstunde später: Beide Hunde sprangen wütend bellend auf, und fast gleichzeitig hörten wir draußen eine Stimme Raves Namen rufen. Wer war das? Die Stimme kam uns bekannt vor, als ob der Eislotse gerufen hätte. Sollte unsere Mannschaft doch auf halbem Wege umgekehrt sein? Das war unser erster und einziger Gedanke. Und so kam es, daß Rave, der rasch in die Kleider gefahren war, mit nicht allzu liebenswürdigem Gesicht die Tür öffnete.

Unser Erstaunen war um so größer, als plötzlich drei Herren in unser Zimmer traten, mich gleich beim Namen nannten und sich nach meinem Befinden erkundigten. Ein sehr langer, schmaler Herr, der sich als Arzt, Dr. Böckmann, vorstellte, ein wohl um zwei Hauptеslängen kleinerer, Hauptmann Staxrud, und ein dritter, ebenfalls Norweger, namens Nois. Als vierter kam tatsächlich unser Eislotse. Wir konnten nicht sogleich begreifen, wen wir eigentlich vor uns hatten. Die Überraschung war zu groß; zu plötzlich sahen wir fremde Gesichter, die ersten Menschen wieder seit dem 12. August. Wie kamen sie hierher? Was hatten unsere Matrosen nur in Advent-Bai berichtet, daß so rasch nun mit einem Male die Hilfe kam? So dringender Hilfe hatten wir doch gar nicht bedurft! Unsere ersten Fragen mögen den Norwegern recht eigentümlich geklungen haben. Erst allmählich begriffen wir, und damit auch der Leser zum vollen Verständnis gelange, muß ich hier etwas weiter zurückgreifen und die Ereignisse der letzten vier Monate schildern, welche der Ankunft Hauptmann Staxruds in Treurenberg-Bai vorangingen. Für uns so lange von Welt und Menschheit Abgeschiedenen war dies alles gänzlich neu.

* * *

Kapitän Ritscher hatte am 27. Dezember 1912 allein Advent-Bai erreicht. Er hatte sich auf dem Marsche über den Eis-Fjord beide Füße und die eine Hand erfroren, so daß er sogleich in ärztliche Behandlung genommen werden mußte. Telegraphisch berichtete er über das Geschick der Expedition nach Deutschland, wo seine Telegramme ungeheueres Aufsehen erregten.

Auf Veranlassung der norwegischen Regierung wurde in der Kohlenbergwerk-Ansiedelung der Advent-Bai eine Expedition ausgerüstet, die Rave und mir Hilfe bringen sollte. Da die Eisdecke des Eis-Fjords noch nicht fest genug war, mußte man mehrere Wochen mit dem Aufbruch warten, und als man schließlich aufbrach, sehr bald wieder umkehren. Endlich am 24. Januar 1913 konnte die Expedition abgehen. Sie bestand aus vier Teilnehmern: Ingvar Jenssen, Einar Pedersen, Einar Tessem und Jacob Rognlie; der Erstgenannte, der in Advent-Bai den Posten eines Materialverwalters bekleidete, war der Führer [15]). Zunächst wurden sie von einem Pferd und drei Mann begleitet; das Pferd mußte in Advent-City bleiben, da das Eis zu schwach war, die drei Männer gingen bis Raevnaes mit. Hier zerbrach die Kufe des einen Schlittens, und da der Schaden nicht repariert werden konnte, mußte die Last auf die beiden anderen Schlitten verteilt werden. An dem ersten Tage legten sie etwa 26 km bis Kap Thordsen zurück, am zweiten etwa 15 km bis zur der Hütte am Nord-Fjord, am dritten nur etwa 13 km, da sie wegen dichten Nebels nicht weiter konnten, und am vierten, wo sie im Nebel längs der Westseite der Dickson-Bai weitergingen, etwa 11 km. Am 28. und 29. Januar mußten sie wegen Schneesturms ihren Marsch unterbrechen. Am 30. Januar brachen sie wieder auf, aber der Schnee war zu tief und die Zughunde versagten gänzlich, so daß sie kaum vorwärts kamen und nur 9 km zurücklegten. Am letzten Januar wurde es noch schlechter; sie mußten einen Schlitten zurücklassen, ein Hund lief ihnen fort, und die Tagesleistung betrug nur etwa 5 km. Als sie am Tage darauf die Wasserscheide zwischen Dickson-Bai und West-Fjord zu ersteigen begannen, wurde das Wetter klar, aber der Weg blieb gleich schwierig, obwohl sie nur noch einen Schlitten hatten. Am 3. Februar beim Niedergang zum West-Fjord bemerkte Rognlie, daß ihm beide Füße erfrören. Der eine Fuß hatte bereits Blasen, der andere wurde so lange mit Schnee gerieben, wie Rognlie es vor Schmerzen aushalten konnte. Sie überlegten, ob sie Rognlie bis zur Hütte im West-Fjord transportieren sollten, doch hielten sie es für zu gewagt, mit einem kranken Mann den Marsch fortzusetzen. Da er nicht gehen konnte, mußten sie ihn im Schlafsack auf dem Schlitten zurückschaffen und daher ihre ganze Ausrüstung bis auf den notwendigsten Proviant im Stich lassen. Tag und Nacht wurde marschiert; mehrere Hunde gingen ein. Am 7. Februar erreichten sie die Hütte am Nord-Fjord. Von hier sandte Jenssen Tessem nach Advent-Bai, um von dort ein Pferd zu beordern. Er kehrte zurück mit der Meldung, daß bei Kap Thordsen das Eis aufgebrochen wäre und starke Dünung herrschte. Wegen Wind und Nebel mußten sie am 9. Februar in der Hütte bleiben. Am nächsten Tag versuchten sie, Rognlie weiter nach Advent-Bai zu ziehen; die Hunde waren ohne jeden Nutzen. In der Mitte des Eis-Fjords stießen sie auf Schraubeneis und Jungeis. Jenssen sandte nun Tessem und Pedersen nach Advent-Bai voraus; er selbst blieb mit Rognlie im Schlafsack bis zum Vormittag des 12. Februar, wo die beiden mit fünf weiteren Männern zurückkehrten. Auch der letzte Teil des Marsches war außerordentlich beschwerlich. Bei dem Hyperit-Berg ließen sie Schlitten und Schlafsack liegen. Ein Hund blieb dabei sitzen und wollte nicht mehr weitergehen; es war Bella, die im Dezember den Kapitän nach Advent-Bai begleitet hatte. Rognlie wartete in Advent-City, bis ihn ein mit einem Pferd bespannter Schlitten abholte. 10 Uhr abends an demselben Tage waren sämtliche Teilnehmer wieder in Advent-Bai.

Den Grund für das Scheitern dieser Expedition sahen die Teilnehmer vor allem in dem schlechten Wetter; fast die ganze Zeit über herrschten Nebel, Sturm und Schnee. Außerdem waren die Hunde und Schlitten wenig brauchbar. Die Teilnehmer selbst hatten sehr unter Kälte und Nässe zu leiden; die Schlafsäcke waren in schlechtem Zustand. Der Vorrat an Petroleum war sehr gering; sie mußten daher drei Paar Ski verbrennen.

Daß sie trotz allem leisteten, was sie unter solchen Umständen leisten konnten, muß man diesen mutigen Männern zu hohem Verdienst anrechnen. Nicht nur, daß sie in der Winternacht diesen gefährlichen Marsch antraten, sondern daß sie gerade in der Woche unterwegs waren, in der nach unseren eigenen Beobachtungen das schlechteste Wetter des ganzen Winters herrschte, so daß Rave und ich fast 8 Tage lang in Decken liegen mußten. Beinahe hätte ja auch ihr Marsch Erfolg gehabt. Denn an dem Tage, wo Rognlie die Füße erfroren, hätten sie die Hütte am West-Fjord erreicht und sich von hier aus mit Benutzung der verschiedenen Hütten an der Wijde-Bai unter weit geringeren Schwierigkeiten als bis dahin zur Treurenberg-Bai begeben können. Nun hatten sie auf ihrer schwierigen Tour fast die ganze Ausrüstung verloren, so daß es unmöglich war, von Advent-Bai aus eine zweite Hilfsexpedition abzusenden.

Dies gab in Deutschland den Anstoß, nun von hier eine Hilfsaktion in die Wege zu leiten. Nach den Telegrammen Ritschers mußte man annehmen, daß Rave und ich in der Hütte an der Wijde-Bai bis Ende Januar reichlich Proviant hatten, daß aber auch auf dem Schiff für die dort Zurückgebliebenen wie für die dorthin eventuell Zurückgekehrten Proviantmangel bestände. Für beide Parteien war, wenn überhaupt noch möglich, rasche Hilfe nötig. So trat in Berlin ein Komitee zur „Hilfe für deutsche Forscher im Polareis" zusammen, und im ganzen deutschen Vaterlande wurden Sammlungen für eine Hilfsexpedition veranstaltet. Auch Norwegen hatte daran lebhaftes Interesse, da die Mannschaft unserer Expedition aus Norwegern bestand. Geheimrat Miethe reiste im Auftrage des Hilfskomitees nach Kristiania, um mit der Regierung und berufenen Vertretern der Polarforschung, an ihrer Spitze Fridtjof Nansen, Plan und Ausrüstung der Hilfsexpedition festzulegen. Mit deutschem Geld wurde die Hilfe ermöglicht, von norwegischen Männern wurde sie in die Tat umgesetzt.

Bevor sie jedoch zur Ausführung gelangte, brach von Croß-Bai Dr. Kurt Wegener, der Leiter des dortigen deutschen Observatoriums — einer Schöpfung des Grafen Zeppelin und Geheimrat Hergesells —, zur Hilfe nach der Wijde-Bai auf. Auch dieser Expedition, die mit außerordentlicher Umsicht und Energie wie unter nicht geringen Strapazen für die Teilnehmer durchgeführt wurde, war kein Erfolg beschieden, was in Anbetracht der aufgewandten Mühen sehr zu bedauern ist.

Dr. Wegener[16]) unternahm seine Expedition zusammen mit den von Mansfield, dem Direktor der Northern Exploration Company, telegraphisch zur Verfügung gestellten Leuten. Von diesen nahmen Millar, der Vertreter Mansfields in Kings-Bai, und die Norweger Olsson und Abrahamsen an der Expedition teil.

Dr. Wegener ging am 21. Februar von Croß-Bai nach Kings-Bai, um dort wegen einer Hilfsexpedition zu unterhandeln. Von hier aus legte er zusammen mit den Mansfieldschen Leuten ostwärts mehrere Depots an; fünf Mann, denen die Anstrengungen zu groß waren, gaben den Weitermarsch auf und kehrten zurück. Am 5. März erfolgte der endgültige Aufbruch Dr. Wegeners mit den oben genannten drei Teilnehmern von den Lovén-Inseln in Kings-Bai. Sie marschierten ostwärts über Die Drei Kronen, gelangten aber wider Willen statt zum West-Fjord zur Wood-Bai, wo sie Treibholz fanden und drei Renntiere schossen, so daß sie den Gedanken an Umkehr aufgaben und weiter marschieren konnten. Am 17. März erreichten sie Grey-Hook. Da sie die Mündung der Wijde-Bai unpassierbar fanden, gaben sie den Marsch nach Treurenberg-Bai auf und schlossen folgenden Kompromiß (wörtlich nach dem Tagebuch Dr. Wegeners): „Wir beschränken uns auf die in der Wijde-Bai liegen gebliebenen „Verunglückten" und ziehen über Wijde-Bai, West-Fjord zurück." Während des Marsches längs der Westseite der Wijde-Bai erreichten sie am 20. März die Hütte in Second-Valley und fanden dort die von uns, Eberhard und den Norwegern hinterlassenen Nachrichten. Nach einem Ruhetag gelangten sie am 22. zu dem 15 km südlich davon gelegenen Russenhaus, am 23. zur Hütte bei Kap Petermann und hielten am 24. Ruhetag in der Hütte am West-Fjord. Von hier wandten sie sich westwärts zum Rückmarsch nach der Kings-Bai. Am 27. März war ihr Proviant zu Ende. Vom 28. März zitiere ich das Tagebuch Dr. Wegeners: „Olsson und Abrahamsen erklären als einzigen Ausweg schleunige Flucht auf Schneeschuhen über die Berge in der Richtung auf die Depots unter Mitnahme nur des Allernotwendigsten. Schlitten und Ausrüstung wird zurückgelassen. Erreichen gegen Mittag das letzte Depot: Essen es vollständig leer." Am 29. März erreichten sie das große Depot beim Diadem-Berg, das sie ebenfalls fast ganz aufaßen. Am 30. März trafen sie in Kings-Bai ein, und am 31. kehrte

Dr. Wegener, teilweise durch das Treibeis ein Boot benutzend, nach Croß=Bai zurück.

Dieser Marsch Dr. Wegeners muß als eine überaus hervorragende Leistung gewertet werden. Was diese vier Männer, verhältnismäßig sehr schlecht ausgerüstet und verproviantiert, geleistet haben, ist über alles Lob erhaben. Das deutsche Hilfskomitee hat ihnen die Belohnungen, die es für die ersten Nachrichten über die Mitglieder der Schröder=Stranz=Expedition ausgesetzt hatte, zuerkannt. Und wir, zu deren Rettung dieser gefahrvolle Marsch unternommen wurde, neigen uns voll tiefer Dankbarkeit vor diesen Männern und freuen uns zumal, daß ein Deutscher an ihrer Spitze stand.

Schließlich auch ein kurzes Wort der Kritik! Wie leicht hätte sich gerade dieses Hilfsunternehmen erfolgreicher und weniger gefährlich gestalten lassen können, wenn die Croß=Bai=Station von Advent=Bai aus richtig instruiert worden wäre! Ihre so unendlich mühselige Reise basierte auf einem Mißverständnis. Infolge der erteilten Instruktion nahm sie an, daß Anfang Januar wegen Proviantmangels die ganze Schiffsmannschaft vom Schiff aufgebrochen und teilweise krank in der Wijde=Bai liegen geblieben wäre. Wäre es Dr. Wegener bekannt gewesen, daß an Bord des „Herzog Ernst" noch reichlich Proviant war, so hätte er sich dort neu verproviantieren und — mit oder ohne uns — in Ruhe den Rückmarsch antreten können. — —

So reich unsere Expedition an sonderbaren Zufällen, tragischen Verwickelungen und Ereignissen war, zu den sonderbarsten dürften die Begleitumstände gehören, unter denen sich der Marsch unserer norwegischen Matrosen nach Advent=Bai abspielte.

In dem vorigen Kapitel hatte ich von dem Aufbruch der Norweger vom Schiffe am 25. März berichtet. Sie mußten, da sie keine Schlafsäcke bei sich hatten, in einem Gewaltmarsch von dem Haus in der Mossel=Bai bis zur Hütte in Second=Valley marschieren. Hier hatten Eberhard, Stenersen und Rotvold im Dezember ihre Schlafsäcke zurückgelassen; diese sollten jetzt auf dem Marsch nach Advent=Bai wieder benutzt werden. Sie fanden zu ihrer großen Enttäuschung nur noch einen der Schlafsäcke. Denn Dr. Wegener, der gerade vor ihnen die Hütte berührt hatte — wie sie aus einem vorgefundenen Zettel erfuhren —, hatte seine verdorbenen Schlafsäcke hier gegen die besseren eingetauscht. So ruhten sie sich in der Hütte aus und gingen dann weiter zu der Croß=

point-Hütte, gegenüber von Kap Petermann. Hier fanden sie eine kleine Hündin vor, deren Geschirr am Körper festgefroren war; sie war der Hilfsexpedition Dr. Wegeners entlaufen und wurde nun von den Norwegern in Pflege genommen.

Von der Croßpoint-Hütte ist bei klarem Wetter die Hütte im West-Fjord zu sehen. Unsere Norweger bemerkten nun, wie dort Rauch aufstieg. Sogleich beluden sie ihren Schlitten und brachen auf in der Hoffnung, Dr. Wegener noch anzutreffen. Abermals eine große Enttäuschung! Sie fanden statt der Hütte einen rauchenden Trümmerhaufen. Augenscheinlich hatte Dr. Wegener wenige Tage vorher die Hütte verlassen, um nach Croß-Bai zurückzukehren, hatte vergessen, das Feuer im Ofen zu löschen, und durch irgendeinen unglücklichen Zufall war dann der Brand entstanden, dem die ganze Hütte zum Opfer fiel. So erzählten wenigstens die Norweger. Auffallend ist jedoch, daß zwischen dem Verlassen der Hütte durch Dr. Wegener am 25. März und dem Eintreffen unserer Norweger am 3. April ein Zeitraum von über einer Woche liegt, was die Erzählung der Norweger sehr zweifelhaft macht. Dr. Wegener selbst berichtete, daß er das Feuer im Ofen gelöscht und daß er während des Marsches von der Hütte wiederholt Ausschau nach der verlorenen Hündin gehalten, etwas Auffälliges aber nicht bemerkt hätte.

Wie dem auch sein mag, unsere Norweger gelangten in einem mehr als 30stündigen Marsch bis zur Hütte am Nord-Fjord. Hier ließen sie ihren Schlitten zurück und kamen über den Eis-Fjord glücklich nach Advent-Bai — bereits am 5. April. Durch sie gelangte endlich die erste Kunde von uns nach Deutschland, daß Rave und ich am Leben, daß Detmers, Moeser und Eberhard vermißt und daß der Koch Stave gestorben sei.

Fast gleichzeitig mit dem Eintreffen unserer Matrosen in Advent-Bai geschah die Ankunft der Staxrudschen Hilfsexpedition in Green Harbour. Staxrud brach sogleich von seinem Schiff auf und traf in Advent-Bai die Matrosen, von denen der Eislotse für einen erkrankten Teilnehmer der Hilfsexpedition beitrat. Die Einzelheiten, welche Staxrud von unserer Mannschaft erfuhr, gaben für sein Vorgehen ganz bestimmte Richtlinien, die vorher bei der allgemeinen Unklarheit über unsere Schicksale bei weitem nicht so genau hatten festgelegt werden können. Auf seinem Marsch von Advent-Bai zur Treurenberg-Bai legte Staxrud eine Reihe von Depots für den Rückmarsch an. Dadurch und indem er ferner von der Wasserscheide zwischen Dickson-Bai und West-Fjord die Hälfte seiner Renntiere mit zwei Mann zurückschickte, erleichterte er seine Kolonne ganz wesentlich und kam sehr rasch vorwärts. An der Wijde-Bai untersuchte er sämtliche Hütten und machte auch von der Croßpoint-Hütte einen Abstecher zu der Hütte an der Ostseite des Ost-Fjords. Nirgends fand er eine Spur von Dr. Detmers und Dr. Moeser, so daß er daraus schließen mußte, daß beide bereits Anfang Oktober auf dem Eise an der Ostseite der Wijde-Bai querab von dem ersten oder zweiten Gletscher eingebrochen und ertrunken seien.

Als er von der Hütte in Second-Valley aus die Ostseite der Wijde-Bai gewinnen wollte, stieß er hier auf offenes Wasser, und zwar bis zur Albert Dirkses-Bai hin fast in der ganzen Breite der Wijde-Bai, südlich davon in einem schmaleren Streifen längs der Ostseite bis etwa gegenüber von Second-Valley. Er mußte deswegen ein Stück nach Süden zurück und über das Inlandeis bis zur Mossel-Bai. Im Hause der Mossel-Bai fand er für seine 9 Renntiere sehr viel Moos, das hier volle 40 Jahre lag, als letztes Überbleibsel jener Nordenskiöldschen Expedition, der während eines Schneesturms sämtliche — 37 — Renntiere bis auf eins entlaufen waren. Wäre dies Futter nicht noch dort gewesen, so hätte Staxrud seine Renntiere töten müssen. Bergingenieur Ellingsen und zwei Lappen blieben mit den Renntieren in Mossel-Bai, während Hauptmann Staxrud, Dr. Böckmann, Nois und Stenersen mit drei Hundeschlitten zu uns zur Treurenberg-Bai hinüberkamen.

* * *

Hauptmann Staxrud und Dr. Böckmann blieben bei uns im Hause; Nois und Stenersen bezogen auf dem „Herzog Ernst" Quartier. Obgleich wir kaum geschlafen und auch die Norweger nach ihrem langen Marsch wohl der Ruhe bedurften, kamen wir vorläufig nicht dazu. Wieviel gab es zu erzählen! Nachdem wir all' die vielen Einzelheiten über die Hilfsexpeditionen erfahren, nachdem wir darüber Gewißheit erlangt hatten, daß Detmers und Moeser verschollen, daß Schröder-Stranz und Begleiter nicht auf einem anderen Wege zur Westküste gelangt waren, wie wir immer im geheimen gehofft hatten, — nach all' dem hörten wir mit dem größten Interesse von der gespannten Lage in Europa, von dem Kriege zwischen der Türkei und den Balkanstaaten, von Filchners

Rückkehr und Kapitän Vahsels Tode, von dem tragischen Ausgang der Scottschen Südpol-Expedition. Trauriges und Erfreuliches, Politisches und Polares, alles bunt durcheinander. Zu dem Erfreulichsten gehörte vor allem die Kunde davon, daß Senat und Bürgerschaft unserer Vaterstadt Hamburg einstimmig 5000 Mark für die Hilfsexpedition bewilligt

Der Arzt der Hilfs-Expedition Dr. Böckmann.

hatten, daß der greise Graf Zeppelin als einer der Ersten 10 000 Mark dafür gezeichnet hatte.

Als sich dann die Norweger zur Ruhe gelegt hatten, blieben wir beide noch lange auf und lasen die Briefe und Karten, die man uns aus der Heimat mitgebracht hatte. Post unter dem 80. Breitengrad zu erhalten, das ist nur wenigen Sterblichen vergönnt! Meine Post stammte allerdings nur vom Juli bis November des vorigen Jahres. Der neueste Brief war also bereits ein halbes Jahr alt! Die Freude war deswegen nicht geringer. Rave war in dieser Hinsicht besser daran als ich; denn die an ihn gerichteten Briefe waren der „Hertha", dem Schiff der Hilfsexpedition, nach Tromsoe übersandt worden. Ihnen lag auch eine große Reihe von Zeitungsausschnitten bei, aus denen wir leider ersehen mußten, daß manche der von Advent-Bai abgesandten Telegramme den Tatsachen nicht entsprachen. Dies gab unserer Freude einen bitteren Unterton; denn schon ahnten wir die Schwierigkeiten und Unannehmlichkeiten, die uns daraus bei unserer Rückkehr erwachsen würden.

Am 22. April trafen auch Bergingenieur Ellingsen und die Lappen Per Hansen und Samuel Klemetsen mit den Renntierschlitten von Mossel-Bai her ein. Ellingsen blieb ebenfalls bei uns wohnen, während die Lappen mit den Renntieren zur Mossel-Bai und zu den dort lagernden Moosvorräten zurückkehrten.

Der Arzt Dr. Böckmann verband zum ersten Male meine Füße und Finger. Er war sehr zufrieden mit dem Zustand der Wunden und äußerte sich höchst anerkennend über Raves Amputationen und Wundbehandlung. Er erklärte, daß eine Operation jetzt nicht notwendig wäre, und falls überhaupt erforderlich, damit bis zu meiner Rückkehr nach Deutschland gewartet werden könnte. Diese Erkläruug stellte Raves ärztlicher Tätigkeit das glänzendste Zeugnis aus. Dr. Böckmann brauchte nichts weiter zu tun, als von jetzt ab die Behandlung meiner Wunden zu übernehmen, nachdem Rave dies fast 7 Monate lang in unermüdlicher Treue besorgt hatte.

Mit dem Eintreffen der Hilfsexpedition hatte sich unser Hausstand ganz wesentlich vergrößert, und unser tägliches Leben erfuhr manche Veränderung. Wie sich an vielen Tagen die Einteilung völlig verschob, kennzeichnet am besten folgende Bemerkung im Tagebuch: „Das Mittagessen vom Freitag wurde Sonnabend 1/4 Uhr früh eingenommen." Fast immer saßen wir mit den norwegischen Herren bis zum Morgen beisammen. Raves Kochkunst schuf uns manches Festessen, wozu die Norweger auf der Schlittenreise erlegtes Wild, Eisbär und Renntier, beisteuerten, während wir ihnen unsere Gemüsegerichte vorsetzten. Nach dem Essen gab es Kaffee und Zigarren, für uns langentbehrte und daher doppelt willkommene Genüsse. Dazu wurde viel gesungen; Hauptmann Staxrud ließ die Harmonika ertönen, und diese Musik, so primitiv sie war, hatte für uns förmlich etwas Beseligendes.

Hauptmann Staxruds Absicht war zunächst, über die Hinlopen-Straße nach Nordostland zu gehen und nach Schröder-Stranz und seinen drei Begleitern zu suchen. Er hoffte bestimmt, in der Rijp-Bai, wenn nicht Schröder-Stranz selbst, so doch Spuren von ihm zu finden; die Rijp-Bai gilt als Eldorado für Jäger, und wenn Schröder-Stranz den größten Teil seiner Ausrüstung bis zum Land gebracht und sich dort zur Überwinterung eingerichtet hatte, so durfte man wohl annehmen, daß er noch am Leben war. An der Schlittenreise nach Nordostland sollten außer Staxrud Ellingsen und Nois teilnehmen, während wir mit Dr. Böckmann in Treurenberg-Bai bleiben sollten, bis Staxrud zurückkehrte, um dann gemeinsam nach Advent-Bai und Green Harbour zu marschieren.

Die Teilnehmer der Hilfsexpedition nahmen zusammen mit Rave den noch an Bord des „Herzog Ernst“ befindlichen Proviant auf und stellten einwandfrei fest, daß nicht nur noch reichlich Proviant vorhanden war, sondern derselbe auch für eine Überwinterung aller Teilnehmer auf dem Schiffe gut ausgereicht hätte.

Am 25. April holten Dr. Böckmann und Ellingsen auf einem Hundeschlitten Treibholz zusammen. Währenddessen unternahmen Hauptmann Staxrud und Nois eine Exkursion, um nach den Eisverhältnissen der Hinlopen-Straße Ausschau zu halten. Von 370 m Höhe am Hekla Mount konnten sie die Hinlopen-Straße bis zur Wahlenberg-Bai übersehen. Die Straße war voll Eis, das der Nordwestwind herangetrieben, aber breite Flächen von Schneeeis (sörpe) und ein Strich offenen Wassers bis etwa zur Höhe des Südufers der Murchison-Bai machten vorläufig ein Erreichen des Nordostlandes im Boot wie zu Schlitten unmöglich. Bei Shoal-Point und Low-Island herrschte Nebel, der hier die Fernsicht verhinderte.

Ungefähr gleichzeitig kehrten beide Partien zurück. Hauptmann Staxrud hatte mit dem Revolver zwei Schneehühner geschossen und brachte die Nachricht mit, daß eine Bärin mit zwei Jungen auf dem Eise der Bai zu sehen wäre. Sogleich begaben sich alle auf die Bärenjagd; nur Ellingsen und ich blieben zurück und beobachteten vom Hause aus das interessante Schauspiel. Ein Hundeschlitten ging voran mit den Jägern, auf einem zweiten folgte Rave, um die Jagd kinematographisch aufzunehmen. Als man näher herangekommen, wurden drei Hunde losgelassen. Sie umringten sogleich die Mutter, die den Rückzug ihrer Jungen deckte. Zwei Hunde packten ständig abwechselnd die Bärin von hinten; der dritte folgte den beiden Jungen. Dr. Böckmann erlegte mit zwei Schüssen die Bärin; der zweite traf ins Herz und war sofort tödlich. Währenddessen machte sich Nois mit einem Hundeschlitten an die Verfolgung der Jungen, die sich inzwischen getrennt hatten. Die Hunde stürzten wie rasend hinter dem einen Jungen her und mit einem letzten Satz sprangen sie über dasselbe hinweg, so daß dies plötzlich mitten unter den Hunden saß. Nois stürzte sich auf das Junge und fing es so lebendig. Mit der einen Hand fest die Zunge

Erlegte Bärin.
Staxrud. Nois. Böckmann.

packend, brachte er den kleinen Kerl zum Hause, der sich förmlich im Handschuh festbiß und erbärmlich wie ein kleines Kind schrie.

Wie zu erwarten war, hatte sich das zweite Junge, nachdem es sich nicht mehr verfolgt sah, auf den Platz zurückbegeben, wo seine Mutter geschossen und ausgeweidet war. Hier wurde es etwa zwei Stunden später von Dr. Böckmann gefangen und ebenfalls zum Hause gebracht. Es war bedeutend ruhiger als sein Bruder — oder seine Schwester? Aber als dann beide in einem kleinen dunklen Raum des Hauses zusammen eingesperrt wurden, erhuben sie ihre Stimmen zu einem kläglichen Doppelkonzert.

Am folgenden Tage wurden beide in einem andern Gelaß, das ein hohes Fenster hatte, untergebracht. Hier erhielten sie ihr weiches Schneelager, und allmählich beruhigten sie sich auch. Die Milch, die Rave ihnen hinsetzte, vertilgten sie gierig; Hartbrot verschmähten sie. Die liebste Nahrung schien ihnen das Fett ihrer eigenen Mutter zu sein. Mit ihrem possierlichen Benehmen machten sie uns allen viel Freude. Nur schade, daß die schimmernd weiße Farbe ihres Pelzes in dem Gefängnis bald verloren ging. Trotzdem sie erst wenige Monate alt sein mochten, verleugneten sie keineswegs ihren gefährlichen Raubtiercharakter. Wenn man ihnen ihr Futter brachte, sprangen sie oft über einen Meter hoch gegen einen an, und man mußte ihnen erst die Peitsche zeigen, um sich dagegen zu schützen.

Am 27. April unternahmen Hauptmann Staxrud und Ellingsen eine abermalige Erkundungstour zur Hinlopen-Straße und konnten feststellen, daß sich die Eisverhältnisse in keiner Weise gebessert hatten. Im Anschluß daran hatten wir mit Hauptmann Staxrud eine lange Besprechung, bei der wir zu den folgenden Ergebnissen kamen:

Die Eisverhältnisse in der Hinlopen-Straße waren augenblicklich zu ungünstig für eine Schlittenreise nach Nordostland. Wohl wäre eine Überquerung mit Schlitten weiter im Süden möglich, aber die Rückkehr war ohne die Mitnahme eines Bootes sehr gefährlich. Sobald das Eis aufging, müßte ein Boot nachgebracht werden; dazu fehlte aber die genügende Anzahl von Leuten. Daher war es das richtigste, wenn Hauptmann Staxrud zunächst mit uns nach Green Harbour marschierte; sonst könnte es leicht für diese Reise zu spät werden und der Eisfjord nicht mehr passierbar sein. Von dort wollte Hauptmann Staxrud mit sechs Mann zurückkehren, von denen drei nach Nordostland gehen, drei in der Treurenberg-Bai bleiben sollten, um eventuell ein Boot nachbringen zu können. Im Juni würden außerdem die Schneeverhältnisse zum Absuchen der Küsten bessere sein. Schließlich gab folgende Überlegung den Ausschlag: Falls Schröder-Stranz noch lebte, sich also bereits über acht Monate am Leben erhalten hatte, dann kam es nicht darauf an, ob er einen Monat früher oder später Hilfe erhielte, zumal die Lebensbedingungen nach der Rückkehr des Tageslichts viel günstiger waren. Da er von der Jagd gelebt haben mußte, so war eine Erkrankung an Skorbut nicht wahrscheinlich.

Wir mußten Hauptmann Staxrud in allem recht geben. Wenn es auch für uns an und für sich gleichgültig war, ob wir in der Sorge-Bai oder in Green Harbour warten mußten, bis der erste Dampfer nach Europa fahren konnte, so war unsere Freude trotzdem groß, endlich die Sorge-Bai zu verlassen. Alles war in eifrigster Tätigkeit bei den Vorbereitungen für den bevorstehenden Aufbruch. Der Arzt untersuchte den Gletscher am Südende der Bai, um dort einen Aufstieg zum Inlandeis zu finden. Ellingsen stellte den Proviant für die Reise zusammen, Rave machte sein Zeug zurecht; ich begann Briefe und Berichte zu schreiben, um auch in dieser Hinsicht für die Heimkehr gewappnet zu sein. Hauptmann Staxrud ging mit Stenersen zur Mossel-Bai, um nach der Leiche Eberhards zu suchen. Am Morgen des 29. April kam er von dort zurück, ohne etwas gefunden zu haben. Er hatte an Ort und Stelle die Aussagen Stenersens zu Protokoll genommen und auch eine kleine Kartenskizze darüber gezeichnet. Der Platz, wo Stenersen und Rotvold Eberhard zum letzten Mal sahen, liegt etwa 4 km südlich von Mossel-Bai, nur etwa 8 bis 10 km vom Haus entfernt. Auch Hauptmann Staxrud blieb das Verlieren Eberhards nach wie vor unerklärlich. An ein Verirren Eberhards glaubte er nicht, eher an ein Niedersetzen — vielleicht beim Festmachen eines Skiriemens — und dann ein Einschlafen vor Übermüdung.

Der Aufbruch wurde auf den 1. Mai festgesetzt, um noch das gute Wetter auszunutzen. Es war windstill und klar, und das Barometer stand mit 777,9 (am 29. April 7 Uhr vormittags) so hoch wie niemals zuvor. Da kam am 30. April gegen 8 Uhr abends eine neue Überraschung: Wir erhielten den Besuch von drei Deutschen. Es waren drei Mediziner, Mitglieder des Akademischen Skiklubs in Freiburg; als Dr. med. Biehler, cand. med. Villinger und cand. med. Graetz stellten sie sich uns vor. Sie kamen von Mossel-Bai herüber, wo am Eisrande das Schiff der deutschen Hilfsexpedition Theodor Lerners lag[17]. In sechs Tagen war Lerner mit seinem Motorkutter „Loevensskiold" von Tromsoe bis zur Mossel-Bai gelangt und bot uns nun in einem sehr freundlichen Schreiben seine Hilfe an.

Der freudigen Überraschung folgte ein eigentümlicher Zweifel. Was sollten wir tun? Zwei Hilfsexpeditionen warben um unsere Gunst. Uns, die wir Monate lang auf uns allein angewiesen waren, die wir bereits erwogen hatten, selbst in einem Boot die Reise an die Westküste antreten zu müssen, standen jetzt mit einem Schlage zwei Wege in die Heimat offen. Der eine führte über Land zusammen mit dem Norweger, dem Abgesandten des offiziellen deutschen Hilfskomitees, der andere war der Schiffsweg mit dem Schiffe eines Deutschen, eines hilfsbereiten Privatmannes. Beide Wege waren nicht ohne Schwierigkeit und Gefahr, die Entscheidung daher nicht leicht.

Die drei Deutschen blieben zunächst bei uns und feierten mit uns den Beginn des Wonnemonds. Dr. Böckmann und Ellingsen gingen im Auftrage von Hauptmann Staxrud nach Mossel-Bai, um mit Lerner selbst zu verhandeln und ihn zu einer Besprechung nach der Treurenberg-

Die drei Mediziner der Hilfsexpedition Lerner.

Bai einzuladen. Um 5 Uhr nachmittags am 1. Mai kamen beide zurück ohne Lerner, der wegen der veränderlichen Eisverhältnisse sein Schiff nicht verlassen wollte. Er schrieb an uns und an Hauptmann Staxrud sehr freundliche Briefe, stellte sein Schiff für die weiteren Nachforschungen nach Schröder-Stranz zur Verfügung und schlug vor, mich zunächst mit dem Schiff nach Green Harbour zu bringen. Gemeinsam mit Hauptmann Staxrud faßten wir aber den Entschluß, auf den Schiffsweg zu verzichten und mit Staxrud die Landreise anzutreten. Damit verzichteten wir auf den unter Umständen viel rascheren und bequemeren Schiffsweg. Die Gründe dafür waren folgende: Die Schwierigkeit, 1. mich zum Schiff zu transportieren; 2. die Nordküste verlassen zu können; 3. den Eisfjord überhaupt wegen vorliegenden Eises erreichen zu können; 4. dieses Eis mit Schlitten passieren zu können, um mich an Land zu bringen; 5. der Verlust an Zeit, wenn wir auf Lerners Schiff bis nach Norwegen gebracht werden müßten, und der Aufschub, wenn nicht gar die Verhinderung der Nachforschungen nach Schröder-Stranz durch die Schiffsexpedition. Hauptmann Staxrud und Rave schrieben in diesem Sinne an Lerner; die deutschen Mediziner gaben uns Briefe an ihre Angehörigen in Deutschland und verabschiedeten sich gegen Abend aufs herzlichste von uns. Unsere aufrichtigsten Wünsche, daß sie recht bald das Nordostland erreichen und Schröder-Stranz noch rechtzeitig Hilfe bringen möchten, begleiteten sie.

Rüdiger und Rave vor dem Hause an der Sorge-Bai.

Das erste Lager.

XI.

Über das Inlandeis zum Eis-Fjord.

Endlich hieß es auch für uns, Abschied nehmen von der Sorge-Bai. Um 2 Uhr früh am 2. Mai brachen wir vom Hause auf. Unsere Karawane bestand aus den vier Norwegern, den beiden Lappen und uns beiden Deutschen; aus 13 Hunden, 9 Renntieren und 9 Schlitten. Beim Schiff mußte bereits ein Renntier erschossen werden. Der Eislotse Stenersen blieb seinem Wunsche gemäß auf dem „Herzog Ernst" zurück; drei Hündinnen, die trächtig waren, und die beiden kleinen Eisbären leisteten ihm Gesellschaft.

Über das Eis der Bai ging es glatt und schnell; der Anstieg über die Moränen des Gletschers war etwas schwieriger, aber Hauptmann Staxrud hatte die Inlandeisroute, von der Treurenberg-Bai genau südwärts, gewählt, weil die Eisverhältnisse im nördlichen Teil der Wijde-Bai zu unsicher waren.

Ich lag in einem bequemen Bettschlitten. Auf einem Nansen-Schlitten war ein im Stationshause vorgefundenes Bett — ohne die Füße — befestigt; als Boden dienten zwei Paar Reserveski, darüber waren einige Rettungswesten aus Kapok und ein Schlafsack aus Renntierfell ausgebreitet. Ich selbst ruhte in einem Doppelschlafsack aus Renntierfell und Eiderdaunen, gegen die Kälte völlig geschützt. Mein Schlittenführer war der ältere Lappe, Per Hansen. Ein Renntier zog, ein zweites war hinten am Schlitten angebunden; es löste nicht nur das Zugtier ab, sondern diente vor allem als lebende Bremsvorrichtung beim Bergabfahren.

Ganz plötzlich, gleich nachdem wir vom Schiff aufgebrochen waren, war es mit dem guten Wetter vorbei. Ein frischer Südost setzte ein und wurde bald zum heftigen Schneesturm, so daß wir um 8 Uhr vormittags in etwa 400 m Höhe Lager schlagen mußten. Ich war bei dem heftigen Schneewehen ganz in meinen Schlafsack hineingekrochen und sanft eingeschlummert; erst als die Zelte aufgeschlagen waren, erwachte ich wieder. Rave, der zusammen mit Cäsar und Jule den größten Teil seiner eigenen Sachen zog, war weit zurückgeblieben. Hauptmann Staxrud schickte Nois mit drei Hunden ihm entgegen; um 10 Uhr trafen sie im Lager ein.

Fast zwei ganze Tage, nämlich 43 Stunden, hielt uns der Sturm im Lager fest, in diesem ersten Lager, noch im Angesicht der Sorge-Bai. Es schien wirklich so, als ob uns der Abschied von ihr möglichst schwer gemacht werden sollte. Während dieser Tage lagen wir in den beiden kleinen Zelten, die eigentlich für je drei Personen berechnet, doch für uns acht gerade hinreichenden Raum boten. Trotzdem der Sturm das Zelt ständig aufs heftigste erschütterte, lag es sich recht gemütlich darin; denn die Zelte der Norweger waren außerordentlich praktisch und wetterfest. Ihre Grundfläche war nicht kreisrund und ihr Aufbau nicht kegelförmig zugespitzt wie bei den Zelten, welche Schröder-Stranz mitgenommen hatte, sondern quadratisch und etwa mit einem Giebeldach vergleichbar. Das Maß der Grundfläche betrug 2 × 2 m und das der Höhe in der Mitte 1,30 m. Der Eingang bestand aus einem kurzen Schlauch, gerade groß genug zum Hereinkriechen, und von innen fest verschnürbar. Ein weiterer Vorteil dieser Zelte war, daß der Stoff, aus dem sie bestanden, das Tageslicht durchscheinen ließ und man daher kein Licht zu brennen brauchte. Trotz der Dünne des Stoffes war die Temperatur im Inneren des Zeltes gut erträglich; wurde es einmal zu kalt, dann konnte man den Primusbrenner, der sonst nur zum Bereiten der Mahlzeiten verwandt wurde, anzünden.

Überhaupt hatten wir — Rave und ich — während dieser Reise im Geleit der norwegischen Hilfsexpedition Tag für Tag die beste Gelegenheit, Vergleiche anzustellen und höchst lehrreiche Studien zu machen in Fragen der Ausrüstung, Verproviantierung u. a. Einige Beispiele zeigen dies deutlich. Als Hauptnahrung diente uns Pemmikan, und zwar norwegischer, den, wie wir erfuhren, Amundsen aus den für seine Nordpolardrift bereits angeschafften Vorräten zur Verfügung gestellt hatte. Dieser norwegische Pemmikan fand in weit höherem Grade unseren Beifall als der englische, den wir an Bord benutzt hatten. Unsere Mannschaft hatte nicht so ganz unrecht gehabt, wenn sie ihn mit dem kurzen Ausspruch „too strong“ abtat. Auch wir hatten ihn niemals allein, sondern immer nur als Zutat zu Gemüse, Brot u. dgl. genossen. Der norwegische Pemmikan dagegen war sehr gut allein genießbar, da ihm bereits außer Fleisch und Fett grünes Gemüse beigemischt ist, das ganz wesentlich seinen Geschmack mildert.

Dann ein kurzes Wort über die Kleidung der Norweger. Sie trugen fast immer über der wollenen Unterwäsche und dem Islandhemd — einer Art Sweater — nicht wie wir erst dickes Lodenzeug, sondern gleich eine Windjacke aus kräftigem Segeltuchstoff. Und in der Tat ist die für arktische Schlittenreisen zweckmäßigste und wichtigste Kleidung ganz entschieden ein guter Segeltuchanzug, der am besten gegen Wind und Nässe schützt und vor allem den Vorzug hat, daß er nicht zu warm ist. So merkwürdig es auch klingen mag, Pelzkleidung ist im allgemeinen auch in der Arktis beim Marschieren zu warm. Beim Rasten, bei wissenschaftlichen Beobachtungen im Freien oder beim Sitzen auf den Schlitten während der Fahrt ist sie sehr angebracht, aber für die anstrengenden Arbeiten während eines Marsches, das Ziehen und Heben der Schlitten u. dgl. ist sie zu schwer. Man brauchte nur auf unsere Lappen zu achten, die stets ganz barbarisch schwitzten und daher meist ihren Renntierpelz ablegten.

Schließlich die Zugtiere. Drei verschiedene Arten hatten wir: Die Renntiere, die norwegischen Hunde und Jule und Cäsar, die letzten Vertreter unserer deutschen Expeditionshunde. Der zweitägige Aufenthalt in dem ersten Lager wurde für das Geschick der Renntiere entscheidend. Am 4. Mai mußten sie alle bis auf eins getötet werden. Jedes Renntier braucht jeden Tag an Futter 10 kg Moos. Die Moose, von denen sie in Mossel-Bai gelebt hatten, waren wegen ihres hohen Alters nicht sonderlich verdaulich gewesen. Schon unterernährt und entkräftet, traten die Renntiere die Reise an, fraßen während des zweitägigen Sturms fast 200 kg Moose, so daß das Futter zu Ende war. Das Fleisch der getöteten Renntiere erhielten zum Teil die Hunde, zum Teil wurde es zusammen mit den zurückbleibenden Schlitten in einem Depot niedergelegt. Die Frage, ob Renntiere für eine solche Schlittenreise als Zugtiere geeignet sind, braucht trotzdem nicht durchweg in verneinendem Sinn entschieden zu werden. Bei der Nordreise Staxruds hatten sie sich gut bewährt und damit das, was Staxrud mit ihrer Hilfe erreichen wollte, geleistet. Die größte Schwierigkeit bei der Benutzung von Renntieren wird immer die Futterfrage bleiben; denn bei ihrem sehr großen Tagesverbrauch können sie nicht viel mehr als ihr eigenes Futter fortschaffen. In dieser Hinsicht eignen sich Hunde weit besser.

Die Hunde der Hilfsexpedition waren zumeist norwegischer Herkunft; einige Eskimo- und Samojedenhunde, wie auch verschiedene Mischrassen waren unter ihnen, ebenso auch einige Exemplare, die bereits an Polarexpeditionen teilgenommen hatten. So z. B. Storm, der auf der „Fram“ während Amundsens Marsch zum Südpol geboren war; Amundsens Lucie war trächtig in Advent-Bai zurückgelassen worden. Der bejahrteste unter den Hunden hatte seinerzeit Wellmans verunglückte Luftschifferxpedition mitgemacht. Sämtliche norwegischen Hunde waren klein und leicht, und der Hauptvorzug, den sie vor unseren größeren deutschen Hunden voraus hatten, dürfte in der Schnelligkeit ihrer Fortbewegung bestehen. Kälte verursachte ihnen nicht die geringste Unannehmlichkeit, und Hauptmann Staxrud erzählte, er hätte in den ersten Tagen nach seiner Landung auf Spitzbergen für die Hunde ein Loch in den Schnee gegraben und es mit einem Segel überdeckt, aber am nächsten Morgen hätten alle Hunde über dem Segel gelegen, da es ihnen darunter zu warm war.

Jule und Cäsar konnten mit den norwegischen Hunden nicht Schritt halten. Deswegen erhielt Rave noch einen dritten Hund für seinen Schlitten. Jule bewährte sich wieder durchaus, während Cäsar zu sehr verweichlicht war und bald gänzlich versagte. Überdies hatte er sich gleich beim ersten Halt den Arzt zum Todfeind gemacht; da es ihm zu kalt war, auf dem Schnee zu liegen, hatte er den einen Zeugsack des Doktors vom Schlitten heruntergezerrt, auseinandergebissen und den ganzen Inhalt weithin im Schnee verstreut.

Am 4. Mai setzten wir mit sechs Schlitten den Marsch fort. In der Frühe des 5. versagte auch das letzte Renntier, mein Zugtier. Die Hundeschlitten waren ein gutes Stück voraus. Der Lappe Per versuchte vergeblich das Renntier zum Weiterziehen zu ermuntern. Es nützte alles nichts, und ruhig setzte sich mein Lappe neben den Schlitten, mit dem Rücken gegen den Wind, steckte sich seine Pfeife in Brand und harrte der Dinge, die da kommen würden. Das Renntier schaute sich eine Weile neugierig um und legte sich dann an meiner anderen Seite ebenfalls nieder. So warteten wir etwa eine Viertelstunde. Dann kam

Auf dem Inlandeis in 1200 m Höhe.

Hauptmann Staxrud zurück, zog zunächst mit dem Lappen zusammen meinen Schlitten bis zu den anderen nach und kehrte wieder um, mit seinem Browning das Renntier zu erschießen.

Mit kombiniertem Menschen- und Hundevorspann zogen wir weiter. Voran Hauptmann Staxrud und Dr. Böckmann mit dem ersten Schlitten. Auf dem zweiten Schlitten saß Rave, dem jetzt vier Hunde zugeteilt waren, die mit ihren Zugleinen dem ersten Schlitten von hinten nachhalfen. Nois folgte mit dem zusammengekoppelten dritten und vierten Schlitten, von vier Hunden gezogen, Ellingsen mit dem fünften und mit ebenfalls vier Hunden und schließlich mein Bettschlitten, von den beiden Lappen und einem Hund befördert.

Es ging durch jungfräuliches Gebiet, das niemals zuvor eines Menschen Fuß betreten. Sehr allmählich nahm die Steigung zu. Flach wie ein Teller das Ganze, manchmal von leichten Wellen unterbrochen. Während ich in meinem bequemen Schlittenbett lag, dachte ich über die Frage nach: Ist dies nun eine zusammenhängende Inlandeisdecke, die über ganz Neu-Friesland lagert? Da tauchte zur Linken etwas auf, das dem zu widersprechen schien: eine Taleinsenkung in nordwest-südöstlicher Richtung, an ihrer Nordostseite von niedrigen eis- und auch fast schneefreien Felsenhängen begleitet. Das war nicht vereinbar mit der Bezeichnung „Inlandeis" für das ganze Neu-Friesland. Im Südosten zeigten sich mehrere Höhen, die Berge der Lomme-Bai, und die erwähnte Talmulde führte nach Staxruds Ansicht zu der kleinen nordwestlichen Nebenbucht der Lomme-Bai, in welcher der „Herzog Ernst" am 17. und 18. September des vorigen Jahres geankert hatte. Leider lag die Talmulde im Nebel, und außerdem stand die Sonne darüber, so daß eine photographische Aufnahme nicht möglich war.

Wir marschierten etwa in der Mitte zwischen der Lomme-Bai und der Wijde-Bai. Nach Westen zur Wijde-Bai hin sah man nichts als eine zusammenhängende Hochfläche. Feierliche Stille umgab uns. Einmal hörte ich einen kanonenschußähnlichen Knall, der wahrscheinlich von dem Kalben eines Gletschers herrührte. Ein einziger Vogel kam uns zu Gesicht, als das Fleisch der Renntiere den Hunden gegeben wurde; eine Möwe, doch waren sich die Gelehrten nicht darüber einig, welche Art es war.

In den Vormittagsstunden des 5. Mai wurde das Wetter völlig klar. Um 7¾ Uhr tauchte plötzlich die Westseite der Wijde-Bai auf, d. h. nur ihre oberen Partien; Grey-Hook lag Nordwestzuwest. In sanfter, wellenförmiger Abdachung fiel das Land nach Westen ab, stieg in einer etwas steileren Welle zu den Bergen an der Ostseite der Wijde-Bai auf; unmittelbar darüber schienen sich die Berge der Westseite der Wijde-Bai zu erheben. Um 8 Uhr passierten wir den zweiten Gletscher und etwas später den dritten Gletscher, von denen wir allerdings nur die steile, felsige, südost-nordwestlich verlaufende Begrenzung sahen, während die Gletscher selbst sich zur Wijde-Bai hinabsenken. Im Süden erblickten wir die mächtige Kuppe des Chydenius-Berges. Nach dem Aneroid Staxruds befanden wir uns 1035 m hoch.

Am 6. Mai wurde mittags 12 Uhr der Marsch fortgesetzt. Nach etwa 10 km mußte um 4 Uhr wieder Halt gemacht werden, nach dem Aneroid in 1160 m Höhe. Bei dem herrschenden Nebel war es nicht ratsam weiterzugehen, da wir sonst leicht den besten Abstieg zur Wijde-Bai verpassen konnten. Abends um 10 Uhr wurde aufgebrochen, aber bereits nach einer Viertelstunde mußten wir wegen dichten Nebels wiederum

Abstieg zur Wijde-Bai.

Lager beziehen. Dasselbe wiederholte sich am 7. Mai, an dem wir nur von 2 bis 3 Uhr nachmittags etwa 5 km weiterkamen, bis — wie sich herausstellte — dicht vor einen ziemlich steilen Talabfall.

Der Arzt wechselte meine Verbände, was trotz der Enge im Zelt ganz gut vonstatten ging; die Instrumente wurden vorher auf dem Primusbrenner ausgekocht. Währenddessen untersuchte Hauptmann Staxrud mit drei Begleitern das vor uns liegende, von Nordosten nach Südwesten verlaufende Tal, um einen Abstieg zur Wijde-Bai zu finden. Das Aneroid zeigte eine Höhe von 1223 m; südöstlich dieses Lagers erreichte Staxrud den höchsten Punkt mit 1320 m (Veteran?). In der

Nacht zum 8. Mai und den ganzen Tag über schneite es; die Temperatur, die sich während der bisherigen Schlittenreise stets über — 10° gehalten hatte, sank plötzlich auf — 20,3°. Erst früh um 2 Uhr am 9. Mai wurde das Wetter sichtiger, so daß wir den Abstieg wagen durften. Ein Teil der Hunde wurde ausgespannt, starke Taubremsen unter den Schlittenkufen befestigt. Der Neuschnee gestattete eine gute Abfahrt. Das Tal, in das wir hinabstiegen, war von einem großen Gletscher erfüllt und an beiden Seiten von steilen Felsbergen derselben Formation wie an der Treurenberg-Bai umrahmt. An der steilsten Stelle brauchte ich nicht, wie beabsichtigt war, meinen Schlitten zu verlassen, um in einem Schlafsack heruntergelassen zu werden, sondern Staxrud setzte sich zum Bremsen und Steuern vorn auf den Schlitten, während die Lappen von hinten mit Tauen bremsten.

Auf der linken Seite klebte an der Felswand steil über uns ein kleiner Hängegletscher, an der rechten lag weiter abwärts ein Kargletscher, oberhalb des großen Gletschers abbrechend — ein typisches Beispiel für die Übertiefung des Haupttales.

Die weitere Abfahrt ging glatt und rasch. Wir stießen alsbald auf ein ostwestlich verlaufendes zweites Tal; der Blick nach Osten an der Stelle, wo sich beide Täler vereinigten, war von wildromantischer Schönheit. Nach der Vereinigung der beiden Gletscherströme tritt eine starke Mittelmoräne zutage, über die wir zweimal unter vielen Mühen hinwegmußten. Die steilen Felswände an der Nordseite hallten von tausenden und abertausenden Vogelstimmen wider; Alken und Rotjes hatten hier ihre Nistplätze.

Über zwei Stellen des in Moränen erstickten Gletscherendes wurde jeder Schlitten einzeln heruntergeseilt, und so gelangten wir auf einen etwa 3 km langen, vor dem Gletscher liegenden See. Seine besonders an der Nordseite ausgeprägte Strandterrasse dürfte nicht marinen, sondern glazial-erosiven Ursprungs sein; ein abermaliger Beweis für den Rückgang der Vereisung.

Während des Marsches über die Eisdecke dieses Sees gelang es Hauptmann Staxrud, ein junges Renntier zu schießen. Die Jagd gestaltete sich höchst einfach; denn die Renntiere sind am Ende des Winters meist sehr wenig scheu und kommen neugierig herbeigelaufen, wenn man ihnen zuwinkt. Wir sahen hier im ganzen fünf Renntiere; ihr helles

Winterkleid, das allerdings gerade im Ausfallen begriffen war, leuchtete weithin.

Der See hat nach Süden zu einen Abfluß, der dann nach Westen zur Wijde-Bai hin abbiegt. Wir folgten diesem Flußtal, das sich weit ausbreitet. Der wenige Schnee, der hier lag, und andere Anzeichen wiesen auf ein bereits vorhandenes, gelegentliches Wasserfließen hin, und überhaupt zeigte sich der starke Einfluß der Sonne auch an den nach Süden liegenden Bergwänden, die völlig von Schnee frei waren.

Am Rande der Wijde-Bai[1]), die von Grey-Hook bis Kap Petermann und bis weit in den West-Fjord hinein zu überblicken war, wurde um 2 Uhr nachmittags Halt gemacht. Es war unser erstes Lager nicht auf Schnee, sondern auf einem fast ebenen Steinpflaster. Eine besondere Wohltat nach dem achttägigen Aufenthalt auf dem Inlandeis!

Am 10. Mai früh 2 Uhr wurde aufgebrochen, und rasch ging es nach Südwesten über das Eis der Wijde-Bai. Diese meine dritte Überquerung der Wijde-Bai war ohne Zweifel die angenehmste; ganz abgesehen davon, daß ich dieses Mal nicht zu gehen brauchte, so war das Eis auch in jeder Hinsicht besser als im September und im November. Bereits nach $2\frac{1}{2}$ Stunden hatten wir die Korspynt- (Croßpoint-) Hütte erreicht, gegenüber von Kap Petermann, an der Stelle, wo Wijde-Bai und West-Fjord ineinander übergehen.

Staxrud war vorausgeeilt und hatte Feuer angeheizt, um uns von den überreichlichen Vorräten des hier niedergelegten Depots ein Essen zu bereiten. Die übrigen kamen etwa um 6 Uhr morgens nach. Sie berichteten, daß Cäsar unterwegs auf der Wijde-Bai hatte erschossen werden müssen. Ob ihm die Pfoten erfroren waren oder irgendeine Krankheit plötzlich in ihm ausgebrochen war, vermag ich nicht zu sagen; wer abergläubisch ist, wird darin, daß er der dreizehnte Hund war, einen hinreichenden Grund für seinen Tod sehen. Mit ihm schied unser singender Polarhund aus dem Leben; denn bei jeder Rast während der Schlittenreise hatte er uns fast ununterbrochen sein jämmerliches Los in den höchsten Wimmertönen geklagt.

Die Hütte liegt auf einer kleinen Insel, durch zwei Sandriffe mit dem Ufer verbunden. Sie ist im Sommer 1911 von zwei Fangleuten, dem Norweger Gustav Fors und dem Schweden Anton Eilertsen, aus festen Treibholzbalken erbaut worden. Bis auf die abgebrochene Koje war sie noch mit allen notwendigen Gerätschaften und Mobilien eingerichtet.

Eine ebensolche Hütte hatten diese Männer an der Ostseite des Ost-Fjords, etwas südlich von Kap Petermann, errichtet. Die Geschichte ihrer Überwinterung ist eines jener zahlreichen arktischen Fangmannsdramen. Der Norweger erkrankte schwer an Skorbut und Schwindsucht. Mit dem Tode ringend, blieb er liegen, während der Schwede, ebenfalls stark skorbutisch, im April 1912 nach Advent-Bai ging. Hier gesundete er bald und holte später seine Jagdbeute aus der Hütte zurück. Sein Kamerad war inzwischen gestorben; er wurde im August von der Expedition des norwegischen Geologen Hoel, an der auch Ellingsen teilnahm, aufgefunden und begraben. Am 25. August 1912 verließ Hoel mit seinem Schiff westwärts die Wijde-Bai. Es gelang ihm, gerade noch den von Norden herantreibenden Eismassen auszuweichen, die an dem Morgen dieses Tages den Eingang der SorgeBai versperrten und den „Herzog Ernst" gefangen setzten.

Wie eigenartig sind diese Zusammenhänge! Ein Teilnehmer der Expedition, die an jenem 25. August noch glücklich der Umklammerung durch die Eismassen entrann, nahm jetzt an der Rettung der anderen Expedition teil, der an demselben Tage das Eis zum Verhängnis geworden war. Das merkwürdigste aber ist wohl der Zusammenhang zwischen dem eben erzählten Fangmannsdrama und den Ereignissen unserer Expedition. Nur dadurch, daß jene beiden Fangleute erkrankten und einen großen Teil ihres Proviants unbenutzt zurückließen, wurde es den vieren, die zu unserer Hilfe ausgezogen waren, ermöglicht, so lange in der Hütte bei Kap Petermann zu leben. Nur durch diese Fügungen kam das zustande, was zur Hauptsache den Inhalt dieses Buches bildet. — —

Das Pfingstfest wurde durch ein größeres Essen gefeiert: gebratene Renntierkoteletts, Kaffee und andere Herrlichkeiten aus dem Depot. Das Wort „Depot" ist vielleicht das klangvollste und schönste auf Schlittenreisen, ähnlich wie das Wort „Quartier" für den Soldaten im Manöver, wenn das Zeltlager etwa dem Biwak entspricht. Hauptmann Staxrud hatte beabsichtigt, den Pfingstsonntag als Ruhetag in der Hütte zu feiern. Doch wurde diese Absicht nicht ausgeführt; bereits um 7 Uhr früh ging es weiter, in den West-Fjord hinein. Es galt, die herrschende Kälte (— 11,5°), die für die Erhaltung der festen Eisdecke des Eis-Fjords von großer Bedeutung war, auszunutzen.

Das Marschtempo wurde beschleunigt. Jedenfalls gerieten die drei

Hundeschlitten bald weit voraus, während Rave mit seiner Jule und die Lappen mit meinem Schlitten zurückblieben; der sechste Schlitten war bei der Hütte geblieben. Wir hielten uns etwa in der Mitte des Fjords; das Eis war teilweise recht schlecht, und zum ersten Male kippte mein Schlitten um. Der West-Fjord ist auf beiden Seiten von hohen Bergen eingerahmt, die den spitzen Westseitencharakter haben; zur Rechten zeigt sich ein kleiner, stark verschmutzter Gletscher, links sahen wir die Trümmer der niedergebrannten Hütte. Bald war das Ende des Fjords erreicht, der unmerklich in ein flaches Marschland übergeht; nur das umherliegende Treibholz zeigte die Strandlinie an. Das Flachland wird durch eine breite Moräne mit starken Schuttkegeln abgeschlossen; die Länge der Moräne vom Flachland bis zum Gletscher mag an 3 km betragen.

Wir verfolgten an ihrer Ostseite den Verlauf eines schmalen Gletscherbachtales. Das Tempo wurde wieder langsamer, die Schlitten blieben dicht beisammen; gelegentlich mußte jeder Schlitten einzeln aufwärtsgeschafft werden. Mittags ein kurzer Halt; kaltes Renntiersteak schmeckte vorzüglich, währenddessen uns die Lappen unablässig durch ihren eintönigen, unübersetzbaren Gesang erfreuten. Nachdem ein gut passierbarer Aufgang auf die Moräne gefunden, lag unser weiterer Weg in der Mitte der Moräne und bald in der des breiten Gletschers. Der Schnee war sehr weich, dazu begann es von neuem zu schneien, und unser Vorwärtskommen wurde immer langsamer. Es war ungemütlich genug in meinem Schlittenbett, wenn mich nicht der Anblick der gewaltigen Gletschererscheinungen ringsherum etwas entschädigt hätte. Rechts und links zwei an ihrem Steilende stark zerklüftete Talgletscher; ebenso münden in den großen Gletscher mehrere kleinere Seitengletscher. Wir waren nicht mehr in einem Inlandeisgebiet — sofern diese Bezeichnung überhaupt auf den von uns durchquerten Teil Neu-Frieslands zutrifft —, sondern in einem Gebiet typischer, allgemeiner Talvereisung.

Erst um 12 Uhr nachts legten wir uns zur Ruhe, übermüde nach einem sehr langen Tage. Wir waren 345 m über dem Meeresspiegel, die Temperatur betrug — 14°, und bei leichtem Nordwind schneite es. So ging der Pfingstsonntag zu Ende.

In 1½ Stunden erreichten wir am Mittag des nächsten Tages die 500 m hohe Wasserscheide zwischen West-Fjord und Dickson-Bai. Auf ihrer Südseite wurde das Wetter klar. In der Ferne tauchten die Berge im Süden des Eis-Fjords auf. Der Nordwind setzte plötzlich mit unheimlicher Stärke ein. Die Abfahrt ging gut vonstatten, zunächst in eine enge Schlucht hinab, dann an einem steilen Gletscherabbruch vorbei; auf der Schutthalde davor lagen viele herabgestürzte Eisblöcke. Gelegentlich wurde gerodelt, ein Lappe vorn sitzend und steuernd, der andere hinten stehend und bremsend, bis der Schlitten umkippte und die Lappen voll treuer Besorgnis um mein ihnen anvertrautes Leben vorsichtiger wurden.

Im Norden wird die Dickson-Bai durch ein etwa 8 km langes Marschland abgeschlossen. Hier lag ein Depot, das von der ersten Hilfsexpedition, die im Januar von Advent-Bai ausging, stammte; Reserveportionen, Kakes, Hundepemmikan und ein Schlitten; letzterer wurde von uns bis zur nächsten Hütte mitgenommen.

Da der Wind gleich stark anhielt, so erhielt mein Schlitten bei dem Aufbruch um 7 Uhr abends ein Rahsegel; Skier dienten als Mast, die Zeltdachleiste als Rahe und die Zeltbodenpersenning als Segel. Bei dem heftigen, kalten Winde von hinten kroch ich wieder ganz in meinen Schlafsack hinein und merkte von den nächsten drei Stunden nichts. So wurde mein Schlitten zu dem ersten „Schlafwagen" Spitzbergens. Zum Zeichen jedoch, daß diese Bezeichnung, die nicht von mir stammte, nicht ganz richtig und daß ich nicht immer geschlafen habe, diene die folgende Bemerkung: Die hohen Berge zu beiden Seiten der Dickson-Bai haben markante, aber sich stets ziemlich gleichbleibende Formen. Durch die scharf hervortretende, fast horizontale Lage der Schichten und dadurch, daß mancher dieser langgestreckten Berge in der Mitte einen kuppelartigen Aufbau hat — einer heißt deswegen Lygdan (Leuchtturm) —, wird der Eindruck hervorgerufen, als ob man sich in einer Straße mit riesigen, großstädtischen Geschäftshäusern befindet.

In der Frühe des 13. Mai wurde Halt gemacht, aber schon nach fünfstündiger Ruhe erhoben wir uns wieder. Um 1 Uhr mittags ging es weiter nach Süden; das Wetter war von einer herrlichen Klarheit, — 11,2° bei leichtem Nordwind. Bei der Landzunge Stroemen an der Westseite der Dickson-Bai beginnt der Nord-Fjord. Von diesem Punkte waren die Berge des Eis-Fjords bis zu seiner Mündung zu übersehen: im Westen die wildesten Formen, im Süden der hohe Nordenskiöld-Berg bei Advent-Bai und der Vesuvius bei Coal-Bai besonders hervortretend.

Um 6 Uhr abends trafen wir bei der Hütte an der Ostseite des

Fjords ein. Sie ist zur Hälfte Schuppen, zur kleineren Hälfte Wohnraum, wo wir mancherlei von unserer Mannschaft Zurückgelassenes vorfanden, vor der Tür auch ihren selbstgefertigten Schlitten. Bereits um 12 Uhr nachts wurde es in der Hütte wieder lebendig; ich hatte mich in einer der Kojen zur Ruhe gelegt, während die anderen im Zelt oder im Freien schliefen. Hauptmann Staxrud kochte Kakao, der von unserer Mannschaft herrührte, und eine Suppe aus Dörrkartoffeln und Reserve-

Hütte am Nord-Fjord.

portionen, Fleischkonserven, wie sie das norwegische Militär im Manöver verwendet.

Der Aufbruch erfolgte am 14. Mai 1/4 Uhr in der Frühe. Mein Schlitten hatte jetzt drei Hunde als Vorspann erhalten. So rasch und leicht ging es vorwärts, daß sich die Lappen, auf den Skiern stehend, von den Hunden oft mitziehen lassen konnten. Bis Kap Thordsen zogen wir an der Küste entlang. Hauptmann Staxrud konnte von einer Höhe aus feststellen, daß der Eis-Fjord in der Mitte aufgebrochen war. So mußten wir nach Südosten ausbiegen, ein etwa zweitägiger Umweg war erforderlich. Das war wieder eine kleine Enttäuschung, doch dafür ging es über die ebene Eisdecke des Eis-Fjords um so schneller. Überall lagen Seehunde auf dem Eise, und die Hunde bekamen es nicht satt, wie wild auf diese schwarzen Punkte loszustürzen. Sie verschwanden immer rechtzeitig mit einem einzigen Satz in ihrem Wasserloch, aber schon war wieder ein neues Opfer entdeckt, und die Hunde jagten weiter.

So erreichten wir von Kap Thordsen in nur dreistündiger Fahrt die

Renntierjagd im Advent-Tal.

Südseite des Eis-Fjords, wo wir etwa in der Mitte zwischen Advent-Bai und dem de Geer-Tal an Land gingen und Lager schlugen. Hauptmann Staxrud ging gleich nach 12 Uhr mittags über Land auf dem schnellsten Wege nach Advent-Bai, um dort Telegramme nach Norwegen und Deutschland aufzugeben; denn nur Mittwochs und Sonntags stand Advent-Bai mit Green Harbour in funkentelegraphischer Verbindung. In unserem Lager herrschte eitel Freude, die letzten Zigaretten wurden verraucht. Wie bald schon sollten unsere Lieben daheim direkte Kunde von uns erhalten!

In der Frühe des 15. Mai brachen wir auf. Da der Weg nach

Westen auf dem Eise zur Advent-Bai nicht passierbar war, so gingen wir zunächst ostwärts an der Küste entlang, vorbei an steilen Hyperit-Felsen, die von zahllosen Vögeln wimmelten. In zwei Stunden gelangten wir bis zum Eingang des de-Geer-Tales, das sich ganz allmählich nach Süden hinaufzieht. Die Wasserscheide zwischen de-Geer-Tal und Advent-Tal ist nur etwa 150 m hoch. Leicht bewältigten wir den Anstieg und rollten in wundervoller, langgestreckter Talfahrt ins Advent-Tal hinab bis zur obersten Jagdhütte der Arctic Coal Company. In der Hütte fand sich

Longyear-City an der Advent-Bai.

allerlei Proviant wie auch Geschirr und — als erstes Anzeichen der sich nahenden Kultur — allerdings leere Flaschen mit der Aufschrift „Bayrisk Oel". Die Hütte selbst war nur klein, mit drei Kojen übereinander, Herd, Tisch und Stühlen ausgestattet; sie hatte als kleinen Vorraum einen Pferdestall, während draußen ein zweirädriger Karren stand.

Mittags gingen Dr. Böckmann und Nois das Tal aufwärts zur Jagd. Sie erlegten drei Renntiere und hätten noch vier weitere schießen können, gaben dies jedoch auf, da sie nicht mehr tragen konnten. Bald nachdem die Jäger zurückgekehrt, trafen drei neue Teilnehmer der Hilfsexpedition ein, zwei Verwandte von Nois und der Lappe Johannes, die Hauptmann Staxrud von Green Harbour telegraphisch herbeigerufen hatte. Er selbst war mit dem vierten Nois nach Green Harbour weitergegangen, um dort seine Schlittenreise nach Nordostland vorzubereiten. Brieflich teilte er uns mit, daß er für uns in Advent-Bai Quartier und Verpflegung bis zur ersten Schiffsgelegenheit nach Norwegen besorgt hätte.

Wir hatten noch vier Hunde dazu bekommen. So ging es in der Frühe des 16. Mai in rascher dreistündiger Fahrt bis zur Advent-Bai. Ein Schlitten jagte immer schneller als der andere; der meinige wurde von vier Hunden gezogen, von den drei Lappen eskortiert. Vor dem Longyear-Tal wurde Halt gemacht. Dr. Böckmann ging voraus in die kleine Bergwerksansiedelung, um uns anzumelden. Bald kam ein großer Schlitten, mit einem Pferde bespannt, zurück. Unser Gepäck wurde darauf geladen und mein „Schlafwagen" angehängt. Um 12 Uhr mittags hielten Rave und ich unseren Einzug in Longyear-City.

Schachteingang der Kohlenmine, Advent-Bai.

XII.

Heimwärts!

Die kleine Bergwerksansiedelung Longyear-City an der Advent-Bai steckte in den Tagen und Wochen unseres dortigen Aufenthalts in einem eigenartigen Fieber. „Munroe"-Fieber, so hieß es, das sehnsüchtige Erwarten des ersten Dampfers, nach diesem selbst benannt. Auch hier fanden wir dieselbe Erscheinung, die wir an uns hatten beobachten können: Nicht in der Winternacht ist die Sehnsucht nach der Heimat am stärksten, sondern gerade in der Übergangszeit zwischen Winter und Sommer. Daß sie derartig stark hervortreten würde, hätten wir allerdings kaum für möglich gehalten. Denn die Mehrzahl der Arbeiter — es hatten 200 Personen überwintert, darunter sechs Frauen und zwei Kinder — arbeitete nicht mehr oder gab jedenfalls mit dem Ende Mai die Arbeit auf, um nichts weiter zu tun, als eben ungeduldig auf den ersten Dampfer zu warten.

Dr. Böckmann, Rave und ich — die übrigen Teilnehmer der Hilfsexpedition marschierten am 17. Mai weiter nach Green Harbour — bewohnten das oberste der etwa 20 Häuser im Longyear-Tal. Es war gerade vor unserer Ankunft eine Wohnung von drei Zimmern in ihm fertig geworden, während in den übrigen noch gearbeitet wurde; das Haus enthielt im ganzen vier Wohnungen für je eine Familie. Nun hatten wir beide zusammen und Dr. Böckmann je ein Schlafzimmer und ein gemeinsames Wohnzimmer. Ein junger, halbinvalider Arbeiter aus Tromsoe versah unsere Bedienung.

Vor der Tür unseres Hauses befand sich gerade der steile Bremsberg mit der Seilbahn, die die Arbeiter zur Kohlenmine hinaufbeförderte. Die Kohlen wurden direkt in schwebenden Förderkörben bis in die Nähe des Landungssteges an der Bai selbst geschafft, um hier in die Dampfer verladen zu werden. Das Bergwerk selbst haben wir nicht besichtigt, und einer besonderen Schilderung bedarf es hier auch nicht, da dies bereits wiederholt von anderer Seite geschehen ist. Die Kohle — aus dem Tertiär stammend — ist von hervorragender Güte, wie wir uns selbst überzeugen konnten. Für einen Teil der norwegischen Staatsbahnen wird sie mit gutem Erfolge verwendet.

Zwei Umstände sind es vor allem, mit denen ein spitzbergisches Bergwerk zu kämpfen hat. Einmal die Schwierigkeit der Verfrachtung; kaum vier Monate ist es den Kohlendampfern möglich zu landen und zu laden. Anfang Oktober 1912 hatte der letzte Dampfer Advent-Bai verlassen, und Ende Mai 1913 war die Bai noch von einer festen Eisdecke bedeckt. War auch der Winter 1912/13 besonders ungünstig gewesen und schien es im Jahre 1913 auch ungewöhnlich spät Sommer zu werden, so muß doch immer mit dieser Ungunst gerechnet werden und ebenfalls damit, daß auch während der Sommermonate, in denen die Schiffahrt möglich ist, sie durch die wechselnden Eisverhältnisse stets stark behindert werden kann.

Die zweite Schwierigkeit beruht darin, daß die Verwaltung des Betriebes in amerikanischen Händen ruht, während der größte und für dieses Unternehmen geeignetste Teil der Arbeiter aus Norwegern besteht. Das ist nach meiner Ansicht ein entschiedener Nachteil, zumal die Arbeiterfrage unter den besonderen, abgeschlossenen arktischen Verhältnissen eine in ihrer Art ganz einzigartige ist. Wenn ein Mann beispielsweise nicht arbeitet, so muß er trotzdem von dem Unternehmer bis zum nächsten

Sommer Wohnung, Kleidung und Beköstigung erhalten; denn er kann ja Spitzbergen nicht verlassen! Gerade in Verwaltungsfragen gibt es eine Unzahl von Schwierigkeiten, welche die Rentabilität eines solchen Betriebes sehr leicht in Frage stellen. Dieser kurze Hinweis mag hier jedoch genügen.

Die idyllische Ruhe zur Arbeit, die wir in der Sorge-Bai vor der Ankunft der Hilfsexpedition genossen hatten, war uns in Advent-Bai

Abfahrt von der Advent-Bai.

nicht vergönnt. Durch den drahtlosen Telegraphen standen wir in Verbindung mit der Kulturwelt. Mit einer ganzen Reihe von Angestellten der kleinen Ansiedelung traten wir in freundschaftliche Beziehungen. Besonders der einzige Deutsche in Longyear-City, Bergingenieur Hornhauer, leistete uns manche Stunde Gesellschaft, und ebenso der Materialverwalter Jenssen, der Führer der ersten Hilfsexpedition. Aus Green Harbour erhielten wir eines Tages Besuch von dem Direktor der dortigen Telefunkenstation Henrikssen und unserem Matrosen Julius. Ersterer berichtete, daß in Green Harbour vor wenigen Wochen ein Kind geboren wäre, wohl das erste Kind, das auf Spitzbergen das Licht der Welt erblickte.

Inzwischen ging der Mai zu Ende. Die Temperatur blieb, wenn auch nur wenig, so fast dauernd unter dem Gefrierpunkt. „Munroe", auf dem wir die Überfahrt nach Tromsoe anzutreten hofften, kam noch nicht. Endlich am 2. Juni traf Hauptmann Staxrud von Green Harbour ein und brachte die erfreuliche Kunde, daß sich der Direktor der Northern Exploration Company Mansfield erboten hätte, uns auf

Funkenstation Green Harbour.

seinem Schiffe nach Europa zu bringen; zunächst sollten wir in dem Motorboot der Hilfsexpedition nach Green Harbour übersiedeln.

In einem mit einem Pferd bespannten Schlitten verließen wir Longyear-City. Nur — unsere Jule blieb zurück; wir schenkten sie dem Kaufmann Maehre. Das hat man uns manches Mal nach unserer Heimkehr als Treulosigkeit vorgehalten, aber wir erfüllten damit eine Pflicht der Dankbarkeit. Maehre war einer der Männer gewesen, die Anfang Januar, als die telegraphische Verbindung zwischen Advent-Bai und Green Harbour eine Zeitlang unterbrochen war, die erste Nachricht von unserem Unglück nach Green Harbour gebracht hatten. Auf diesem Wege war ihm eine Hand erfroren. Die Freude, die er über

Wieder in der Kultur.

Henriksen, Telegraphendirektor. Dr. Rüdiger. Rave. Danielsen, 1. Assistent. Dr. Böckmann.

unser Geschenk empfand, die ihn vielleicht noch manches Mal in der Eintönigkeit des arktischen Lebens, wo ein Hund wirklich ein lieber Gefährte ist, unser gedenken läßt, sollte ein kleines Entgelt für die ausgestandenen Schmerzen sein.

Das Pferd brachte uns bis Hotelnaes, bis an den Rand des festen Eises, wo uns das kleine Motorboot aufnahm. Hauptmann Staxrud

Die letzten Renntiere und der Bettschlitten.

sagte uns hier Lebewohl, um mit Ellingsen, drei Nois, drei Schlitten und sämtlichen Hunden über Sassen-Bai und das Inlandeis nach Treurenberg-Bai zu marschieren und von dort aus seine Nachforschungen in Nordostland zum Abschluß zu bringen.

In glatter, fünfstündiger Fahrt brachte uns — Dr. Böckmann, Ritscher, Rave und mich — das Motorboot nach Green Harbour, wo wir in dem traulichen Heim der Telegraphenbeamten eine überaus herzliche Aufnahme fanden, bis uns Mansfields Schiff „Aktiv" abholte. Die fünf Tage in Green Harbour gehören zu den schönsten überhaupt unseres Aufenthaltes in Spitzbergen. Dieser Platz, von dem die elektrischen

Funken die Schicksale unserer unglücklichen Expedition nach Europa hinübergetragen, — d i e Beamten, durch deren Hände alle Nachrichten über uns hin- und hergegangen waren, sie führten uns wieder zur Kultur zurück. Grammophonklänge, deutsche Lektüre, illustrierte Zeitschriften, Post, die uns „Munroe" mitbrachte, richtige Betten und manches andere,

Der gastfreundliche Engländer Mansfield.

das ist mit wenigen kurzen Worten, was wir hier empfingen, was uns durch eine besonders gastfreundliche Herzlichkeit doppelt verschönt wurde.

Am Sonntag, dem 8. Juni, kam endlich der „Aktiv", unser Erlösungsschiff. Wir drei überlebenden Deutschen, unsere drei norwegischen Matrosen, die heimkehrenden Teilnehmer der Hilfsexpedition, zwei Beamte der Telegraphenstation, Angestellte Mansfields und einige

Fangleute waren die Passagiere, die Mansfield auf seinem Schiff nach Tromsoe brachte. Auch Millar, der in Kings-Bai während des Winters Mansfield vertreten und an der Hilfsexpedition Dr. Wegeners teilgenommen hatte, befand sich darunter. Damals ahnten wir und er nicht, wie bald ihn, der alle Fährnisse jenes Marsches glücklich überstanden, ein grausames Geschick ereilen würde. Kurz nach seiner Rückkehr fand er bei einem Automobilunglück in London einen frühen Tod.

Ankunft in Tromsoe.

Am 10. Juni landeten wir in Tromsoe. Während Ritschers Frostschäden eine sofortige Überführung in das Hospital und eine Operation notwendig machten, reisten Rave und ich auf dem Seewege in die Heimat. Am 21. Juni trafen wir in unserer Vaterstadt Hamburg ein.

* * *

Schon sind Monate seitdem verflossen. Die Hilfsexpeditionen Staxruds und Lerners sind heimgekehrt[19]. Lerner fand keine Spur von Schröder-Stranz und seinen drei Begleitern; schließlich verlor er am Nordkap sein eigenes Schiff. Staxrud versuchte seit dem 17. Juni vergeblich, von der Sorge-Bai aus das Nordostland zu erreichen. Als Lerner mit seinen Booten in der Sorge-Bai eintraf, war es Staxrud gerade gelungen, den „Herzog Ernst“ abzubringen. Auch „Herzog Ernst“ ist jetzt wieder in Tromsoe.

Ein neuer Winter bricht herein, neue Stürme und abermals monatelange Finsternis. Spitzbergen liegt wieder in seiner winterlichen Einsamkeit und Abgeschlossenheit. Dürfen wir da noch hoffen, daß einer der Verschollenen heimkehre? Übertriebenen Hoffnungen haben wir glücklich Heimgekehrten uns niemals hingegeben, aber ob der letzte Hoffnungsfunke schon verglommen ist, das wagen wir auch jetzt noch nicht kategorisch zu entscheiden.

Wir durften heimkehren und uns alles dessen wieder erfreuen, was wir lange entbehren mußten. Aber unsere Freude ist nicht rein; manches Mal überwiegt die Trauer. Ja, eigentlich sind wir erst nach unserer Rückkehr uns dessen bewußt geworden, was wir verloren. Draußen im Kampfe ums eigene Leben, gewiß, wir haben auch dort der ringenden Gefährten oft gedacht, aber die eigenen Sorgen überwogen, der Tod, dem wir selbst Auge in Auge gegenübergestanden, war etwas ganz Selbstverständliches und Unabänderliches. Erst zu Hause haben wir erfahren, wie man um uns selbst gebangt. Hier sind wir erst dessen inne geworden, was es heißt, einen lieben Sohn oder Bruder hinausziehen zu lassen, nicht wiederkehren zu sehen und niemals zu wissen, wo er im ewigen Schlaf ruht.

Niemals wird ein Grabstein von ihrem Leben künden, niemals Blumen von liebender Hand ihre letzte Lagerstatt schmücken. Hier allein in diesem Buch können wir ihnen ein schlichtes Denkmal der Erinnerung weihen. Sie gehörten zu den Besten unseres Volkes, zu den treuesten Söhnen ihrer Familien, zu den geachtetsten unter ihren Berufsgenossen.

Herbert Schröder, einer alten Bremer Patrizierfamilie entstammend, wurde am 9. Juni 1884 auf Stranz in Westpreußen, dem Rittergut seiner Eltern, geboren. Herbst 1903 trat er als Einjährig-Freiwilliger in das 4. Garderegiment zu Fuß ein und meldete sich März 1904 zum Kampf gegen die aufständischen Herero [20]). 1905 heimgekehrt, meldete er sich bei den Jägern in Kulm als Avantageur. Doch sein sonst gesunder Körper war durch die Anstrengungen des Krieges, durch Typhus und monatelange Dysenterie zu geschwächt für den Dienst. Auf Rat des Arztes machte er eine lange Seereise, zunächst durch die nördlichen Meere nach Finnland, Schweden und England, später nach

Mittel-, Nord- und Südamerika, überall Land und Leute studierend. Um die Festigkeit seiner wiedergekehrten Gesundheit zu prüfen, machte er schließlich einen Ritt von Bahia Blanca bis Buenos Aires quer durch Argentinien, der ihm glänzend gelang und bewies, daß er die alte zähe Kraft wiedererlangt hatte. 1907 trat er in das Colbergsche Grenadierregiment Nr. 9 in Stargard ein. Als Offizier dieses Regiments durchquerte er die Halbinsel Kola, Karelien, nur begleitet von seinem treuen Hunde Tell. Während dieser Reise reifte in ihm der Plan, die Nordost-Passage nutzbar zu machen und damit die Schätze Nordsibiriens für Europa zu erschließen.

August Sandleben wurde am 19. März 1882 zu Magdeburg geboren. Nach Absolvierung des dortigen Realgymnasiums widmete er sich der Seeoffizier-Laufbahn der Kaiserlichen Marine, aus der er im Jahre 1911 als Kapitänleutnant ausschied, um sich für die Schröder-Stranz-Expedition vorzubereiten. Mut, Entschlossenheit, Zähigkeit und Energie zeichneten ihn von jeher aus; so rettete er als Fähnrich einem Menschen das Leben unter Hintansetzung seines eigenen, wofür ihm die goldene Rettungsmedaille am Bande verliehen wurde.

Max Mayr wurde am 13. Januar 1885 zu Ansbach in Bayern geboren. Er besuchte das Luitpold-Gymnasium in München und studierte an den Universitäten München und Berlin Geographie, Geologie und Anthropologie. Im Jahre 1909 erwarb er sich die Doktorwürde. Seiner Dienstpflicht genügte er im Telegraphen-Bataillon in München, dessen Reserveoffizier er war. Durch verschiedene Schriften, Beteiligung an gemeinsamen wissenschaftlichen Arbeiten, Rezensionen und Vorträge machte sich Dr. Mayr in Gelehrtenkreisen bereits einen Namen [21]). Prinzessin Therese von Bayern, die seit vielen Jahren dem Studium der Naturwissenschaften lebt, ließ ihn im Sommer 1912 zu sich bitten und unterhielt sich mit ihm aufs leutseligste über die bevorstehende Expedition nach Spitzbergen. Seit vielen Jahren war Dr. Mayr ein hervorragender Alpinist, allerdings scheint diese Eigenschaft Familiengut gerade dieser Familie Mayr zu sein, denn die bayrischen Alpen nennen uns eine Otto Mayr-Hütte, einen Julius Mayr-Weg, deren Benennung nach den nächsten Familienangehörigen erfolgte. Mager und zäh im Äußeren, ausgerüstet mit einem staunenswerten Orientierungsvermögen und mit großer körperlicher Ausdauer, war er besonders geschaffen, um Strapazen aushalten zu können. Die Ferien gehörten immer einer großen Fußwanderung; sollte sie durch Ober-Italien gehen, so war das Endziel Korsika. Land und Leute waren ihm dabei so interessant, daß er, begabt mit einem guten Sprachtalent, einer angeborenen Einfachheit und Bescheidenheit, stets inmitten der Einwohner verkehrte, fern vom internationalen Verkehr der Hotels. So gelangen ihm eingehende Studien über Gebräuche, Sitten und Lebensführung anderer Völker. Durch seinen Lehrer Professor von Drygalski wurde er angeregt, sich der Polarforschung zuzuwenden.

Richard Schmidt wurde am 1. Juni 1887 in Muttrin, Kreis Belgard, geboren. Er widmete sich dem landwirtschaftlichen Beruf und trat im Oktober 1907 in das Colbergsche Grenadier-Regiment Nr. 9 ein, in dem er Januar 1910 zum Unteroffizier befördert wurde. Später wurde er der Privatsekretär von Schröder-Stranz und sollte für die Hauptexpedition als Präparator ausgebildet werden.

Erwin Detmers wurde am 30. Dezember 1888 in Frankfurt a. M. geboren. Den größten Teil seiner Jugend verlebte er in Lingen a. d. Ems, das ihm zur eigentlichen Heimat wurde; denn hier besuchte er die Schule und das Gymnasium Georgianum. Er genoß die Freiheit der kleinen Stadt in vollen Zügen und konnte so recht seinen Liebhabereien nachgehen, die von Kind an in der Liebe zur Natur und im besonderen zur Tierwelt bestanden. So war es seine höchste Freude, Wald und Heide zu durchwandern und eifrig Naturstudien zu machen und womöglich daheim eine ganze Menagerie von Tieren zu halten, zu pflegen und zu beobachten. Er hat darin wirklich seltene Erfolge gehabt und war dann eifrig bemüht, alle seine Studien schriftlich aufzuzeichnen. Als ganz kleiner Knabe, der kaum die Feder zu führen verstand, hatte er schon manche Beschreibung seiner Tiere in unmöglicher Orthographie zu Papier gebracht und übergab sie seinen Eltern mit dem Bemerken: „Das soll gedruckt werden!" Mit 15 Jahren hatte er die Freude, seinen ersten gedruckten Aufsatz in einer zoologischen Zeitschrift lesen zu können. Nun der Anfang gemacht war, folgte ein Aufsatz dem andern, und mit 16 Jahren begann er ein Büchlein zu schreiben „Die Pflege, Zähmung, Abrichtung und Fortpflanzung der Raubvögel in der Gefangenschaft", das im Verlag von Pfennigsdorf erschien. Zum Studium der Naturwissenschaften bezog Detmers 1908 die Universität Berlin. Da Beruf und Liebhaberei zusammenfielen, arbeitete er mit großem Fleiß und Interesse, so daß er bereits im 6. Semester, im März 1911, zum Doktor promoviert wurde. Seiner Dissertation „Studien zur Avifauna der Emslande" wurde das Prädikat „valde laudabile" erteilt. Im Juni 1911 erhielt er die Aufforderung, sich als Zoologe an der Deutschen Arktischen Expedition zu beteiligen, und er ergriff mit großem Eifer diese Gelegenheit, seinen Gesichtskreis zu erweitern.

Walter Moeser wurde am 14. September 1885 zu Berlin geboren. Ostern 1906 verließ er mit dem Zeugnis der Reife das Gymnasium zu Steglitz, um an der Friedrich-Wilhelms-Universität zu Berlin Naturwissenschaften mit besonderer Berücksichtigung der Botanik zu studieren. Er promovierte am 15. Juli 1909 auf Grund seiner Dissertation über „Systematische Gliederung und geographische Verbreitung der afrikanischen Arten von Helichrysum Adans", abgedruckt in Englers Botanischen Jahrbüchern (1910). Nachdem er in Halle seiner militärischen Dienstpflicht genügt hatte, begann Moeser seine praktische Tätigkeit am Königlich Botanischen Museum zu Dahlem und arbeitete hier an dem systematischen Ausbau der außereuropäischen Pflanzenwelt mit. Besondere Sorgfalt widmete er der botanischen Ausbeute, welche Herzog Adolf Friedrich zu Mecklenburg von seiner Forschungsreise durch Afrika mitgebracht hatte; rückhaltlos erkannte der Herzog die botanischen Studien Moesers an. Im Juli 1912 wußte Geheimrat Engler ihn für die geplante Vorexpedition nach Spitzbergen zu interessieren.

Wilhelm Eberhard wurde geboren am 13. März 1886 in Frankfurt a. M. Er war lange Jahre als Monteur und Chauffeur tätig, um dann beim Aufschwunge des Flugsports den Beruf eines Flugtechnikers zu ergreifen. Als Monteur, Chauffeur und Flugtechniker war er auch von Schröder-Stranz engagiert worden und übernahm dann, als die Mitnahme von Automobilschlitten und Flugapparat für die Vorexpedition aufgegeben wurde, die Pflege der Zughunde und schließlich in Tromsoe den Posten eines Maschinisten auf dem „Herzog Ernst". Eberhards Ende in der Weihnachtsnacht war von besonders ergreifender Tragik, zumal Aufzeichnungen von ihm, die nicht lange vor seinem Tode niedergeschrieben wurden, vorliegen; Dr. Wegener fand dieselben in der Hütte von Second Valley. In dieser Aufzeichnung vom 22. Dezember 1912 heißt es u. a.: „Wir nahmen bis hierher Schlafsack und Proviant mit, nun soll es aber ohne alles gehen. Da es nun ein Stoppen für mich nicht gibt, und Proviant für mehrere Tage nicht vorhanden, so bin ich gezwungen, mich dem Marsch von 45 km auch anzuschließen, und hoffe ich, daß die beiden Norweger auch ihr Versprechen halten und mich nicht im Stiche lassen; ich fühle mich sehr elend, besonders die Füße............" Die letzte Aufzeichnung stammt vom 24. Dezember 6 Uhr abends und ist kurz vor dem Verlassen der Hütte niedergeschrieben. Ich verzichte darauf, sie hier wiederzugeben, um damit nicht eine Anschuldigung gegen die beiden Norweger zu erheben; jedenfalls spricht aus den nur wenige Stunden vor seinem Ende geschriebenen Sätzen eine düstere Todesahnung!

Knut Stave wurde am 18. April 1878 in Tromsoe geboren. Er wurde in Tromsoe als Koch des „Herzog Ernst" angemustert und starb am 24. Februar 1913 an Bord des Schiffes in der Sorge-Bai.

* * *

Ein trauriges Ergebnis einer Expedition! Von fünfzehn Teilnehmern, die hinausfuhren, kehrten nur sieben zurück, von zehn Deutschen nur drei und von diesen zwei als Invaliden.

Es ist sonst wohl üblich, am Schluß eines Expeditionsberichtes im Zusammenhang von den wissenschaftlichen Ergebnissen zu sprechen. Was wir heimbringen durften, es ist so verschwindend klein gegen die gewaltige Tragik des Ganzen, daß hier nicht der Platz ist, von diesen geringen Beobachtungen der polaren Natur zu berichten. Wie unbegreiflich grausam waltet die Natur! Vor ihr beugen wir uns in schweigender Ehrfurcht.

Übersichtskarte von Spitzbergen

Maßstab auf 80° Breite 1 : 2000000

Erklärungen:

1. Punkt, wo Schröder-Stranz und Begleiter das Schiff verließen.
2. Winterhafen des „Herzog Ernst“.
3. Fanghütte in Second Valley.
4. Russenhütte.
5. Großpoint-Hütte.
6. Fanghütte am West-Fjord.
7. Fanghütte am Nord-Fjord.
8. Longyear-City, Advent-Bai.
9. Telefunken-Stat., Green Harbour.
10. Deutsches Observatorium, Groß-Bai.

Anmerkungen.

[1]) E. v. Drygalski, Spitzbergens Landformen und ihre Vereisung. München 1911. S. 5 f.

[2]) Annalen der Hydrographie und maritimen Meteorologie. 40. Jahrgang 1912. S. 374.

[3]) Zum ersten Male gelang eine Umsegelung ganz Spitzbergens der norwegischen Brigg „Jaen Mayen" unter E. Karlsen im Jahre 1863. Vgl. Torell und Nordenskiöld, Die schwedischen Expeditionen nach Spitzbergen. Jena 1869. S. 478 ff.

[4]) Kap Tscheljuskin ist das Nordkap Asiens und als solches der mittelste Punkt der Nordostpassage, deren Erforschung Leutnant Schröder-Stranz bekanntlich für die Hauptexpedition geplant hatte.

[5]) Vgl. Petermanns Mitteilungen, Gotha 1873, S. 444 ff.: Die Schlittenfahrt der schwedischen Expedition im nordöstlichen Teile von Spitzbergen.

[6]) Bei dieser Gelegenheit sollte ein von Professor W. Ule-Rostock konstruierter Hydrophotometer erprobt werden, ein Apparat, mit dessen Hilfe man die Lichtdurchlässigkeit des Wassers bis zu großen Meerestiefen auf photographischem Wege feststellen kann.

[7]) Vgl. Torell und Nordenskiöld, a. a. O. S. 159, 165 u. 189.

[8]) Vgl. Torell und Nordenskiöld, a. a. O. S. 60.

[9]) Vgl. Torell und Nordenskiöld, a. a. O. S. 105.

[10]) Die Proviantfrage ist während und nach dem unglücklichen Ausgang der Expedition in der Öffentlichkeit am eifrigsten diskutiert worden. Daß unser Proviant für eine Überwinterung ausreichte, veranschaulichen am besten einige Zahlen, nach denen sich jeder Kenner der Verhältnisse ein deutliches Bild machen kann. An Bord des „Herzog Ernst" waren bei der Ausreise:

2308 Pfund englischer hochkonzentrierter Pemmikan (50 und 60% Fettgehalt),
1440 Pfund Plasmon-Kakes,
150 Pfund reines Milcheiweiß (Plasmon),
80 Pfund Plasmon-Schokolade,
60 Dosen Spis- und Knäkebröd,
240 Pfund Zucker (fein),
120 Pfund Zucker (Würfel),
176 Dosen Dörrgemüse und konzentrierte Suppen,
191 Dosen Käse (Tilsiter, Edamer, Camembert, Tip-Top usw.),
310 Pfund gute Butter,

105 Dosen Trockenmilch,
144 Dosen kondensierte Milch,
65 Plockwürste,
120 Dosen Kakao,
75 Dosen Haferkakao,

außerdem Pflaumen, Rosinen, Datteln, Feigen, Biskuits usw.

In Tromsoe war noch eine ganze Reihe von Fässern und Säcken dazugekauft mit:

100 Pfund Bohnen,
180 Pfund Erbsen,
200 Pfund Hartbrot,
300 Pfund Mehl,
80 Pfund Graupen,
4 Kisten Fischklöße,
156 Pfund Butter,
10 Seiten Speck,
Salzfleisch,
Salzfisch,
Kartoffeln,
15 Ztr. Trockenfisch.

Diese Angaben beziehen sich nur auf den sogenannten Schlitten- und Schiffsproviant; dazu kam dann noch der Kajütsproviant (z. B. Konserven) und das durch die Jagd erlangte frische Fleisch.

Es muß daher hier noch einmal aufs nachdrücklichste betont werden: Das Schiff wurde verlassen, nicht aus zwingender Notwendigkeit und Mangel an Proviant, sondern aus dem freiwilligen Entschluß aller, den Versuch zu machen, einer Überwinterung zu entgehen und noch nach Europa zu gelangen. Nicht Schröder-Stranz ist hierfür verantwortlich zu machen, sondern alle die, welche diesen Beschluß faßten. Ich bin so ehrlich einzugestehen, daß ich leider mit zu diesen gehörte.

[11]) Vgl. Torell und Nordenskiöld, a. a. O. S. 44.

[12]) Vgl. Petermanns Mitteilungen, Gotha 1873, S. 337 ff. 1872 wurden drei Schiffe — eines derselben hieß „Polhem" — der Nordenskiöldschen Expedition in Mossel-Bai vom Eise eingeschlossen; 67 Mann mußten mit dem für 21 berechneten Proviant überwintern. Von hier aus unternahm Nordenskiöld 1873 statt des geplanten Vorstoßes zum Nordpol die oben erwähnte Schlittenreise durch das Nordostland.

[13]) Merkwürdigerweise wurde die vierte, beste Möglichkeit nicht in Betracht gezogen: Auf dem Schiff zu überwintern und nach Beendigung der Winternacht die Schlittenreise anzutreten. Gerade hieraus wird der einsichtige Leser am deutlichsten erkennen, daß die Frage des Proviants für das Verlassen oder Nichtverlassen des Schiffes keine Bedeutung hatte.

[14]) Vgl. Torell und Nordenskiöld, a. a. O. S. 248.

[15]) Die Schilderung der ersten Hilfsexpedition von Advent-Bai aus nach einem Bericht, den mir ihr Führer Ingvar Jenssen freundlichst zur Verfügung stellte.

[16]) Vgl. den Bericht und die Karte Dr. Kurt Wegeners in Petermanns Mitteilungen, Gotha 1913, II. Halbband, S. 137 ff. und Beilage 28.

[17]) Über die Vorgeschichte und den Plan des Lernerschen Unternehmens orientiert am besten die kurz vor seiner Abreise von ihm herausgegebene Broschüre: Deutsche Hilfe für die Schröder-Stranz-Expedition. Eine offenherzige Werbeschrift vom Polarfahrer Theodor Lerner. Frankfurt a. M. 1913. Im Selbstverlag. 40 S.

[18]) Das Aneroid Hauptmann Staxruds zeigte im Niveau der Wijde-Bai 65 m; man korrigiere danach die vorher erwähnten Höhenangaben!

[19]) Bis zur Stunde liegen mir noch keine ausführlichen Berichte Staxruds und Lerners über die Hilfsexpeditionen vor, trotzdem ich beide gleich nach ihrer Rückkehr Anfang August darum gebeten habe. Es ist daher ein abschließendes Urteil über den Verlauf und das Ergebnis ihrer Hilfsunternehmen noch nicht möglich.

[20]) Vgl. „Südwest", Kriegs- und Jagdfahrten von Schröder-Stranz. Verlag von Wilhelm Süßeroth, Berlin.

[21]) Von Dr. Max Mayr wurden folgende Arbeiten veröffentlicht: 1. Morphologie des Böhmerwaldes, Mitteilungen der Geographischen Gesellschaft, München, Bd. V, 1910. 2. Die Siedlungen des Bayrischen Anteils am Böhmerwald. Forschungen zur deutschen Landes- und Volkskunde, Bd. XIX, Heft 4, 1911. 3. Die Routenaufnahme von Dr. E. Snethlage vom Xingú zum Tapajoz. Petermanns Mitteilungen 1912. II. Halbband, S. 209 f. mit Tafel 41.

FSC
www.fsc.org
MIX
Papier | Fördert
gute Waldnutzung
FSC® C083411

Kolibri 360 GmbH
Ferdinand-Jühlke-Straße 7
99095 Erfurt, Deutschland
produktsicherheit@kolibri360.de